图灵教育

站在巨人的肩上
Standing on the Shoulders of Giants

图灵程序设计丛书

机器学习流水线实战

Building Machine Learning Pipelines

[美] 汉内斯·哈普克　凯瑟琳·纳尔逊 著

孔晓泉　郑炜　江骏 译

Beijing · Boston · Farnham · Sebastopol · Tokyo

O'Reilly Media, Inc.授权人民邮电出版社出版

人民邮电出版社

北　京

图书在版编目（CIP）数据

机器学习流水线实战 / （美）汉内斯·哈普克
(Hannes Hapke)，（美）凯瑟琳·纳尔逊
(Catherine Nelson) 著；孔晓泉，郑炜，江骏译.
-- 北京：人民邮电出版社，2021.11
（图灵程序设计丛书）
ISBN 978-7-115-57321-6

Ⅰ. ①机… Ⅱ. ①汉… ②凯… ③孔… ④郑…
⑤江… Ⅲ. ①机器学习 Ⅳ. ①TP181

中国版本图书馆CIP数据核字(2021)第184375号

内 容 提 要

　　本书介绍如何构建完整的机器学习流水线，从而在生产环境中准备数据以及训练、验证、部署和管理机器学习模型。你将了解机器学习流水线的每个环节，以及如何利用 TensorFlow Extended（TFX）构建机器学习流水线。模型的生命周期是一个闭环，其中包括数据读取、数据校验、数据预处理、模型训练、模型分析、模型验证、模型部署、模型反馈等环节。你将学习如何利用 Beam、Airflow、Kubeflow、TensorFlow Serving 等工具将每一个环节的工作自动化。学完本书，你将不再止步于训练单个模型，而是能够从更高的角度将模型产品化，从而为公司创造更大的价值。

　　本书适合机器学习工程师、算法工程师、数据项目负责人以及参与数据项目的开发人员阅读。

◆ 著　　　[美] 汉内斯·哈普克　凯瑟琳·纳尔逊
　　译　　　孔晓泉　郑　炜　江　骏
　　责任编辑　张海艳
　　责任印制　周昇亮

◆ 人民邮电出版社出版发行　　北京市丰台区成寿寺路11号
　　邮编　100164　　电子邮件　315@ptpress.com.cn
　　网址　https://www.ptpress.com.cn
　　天津翔远印刷有限公司印刷

◆ 开本：800×1000　1/16
　　印张：18.75
　　字数：443千字　　　　　　2021年11月第1版
　　印数：1 – 2 500册　　　　2021年11月天津第1次印刷
　　著作权合同登记号　图字：01-2021-0984号

定价：109.80元
读者服务热线：(010)84084456　印装质量热线：(010)81055316
反盗版热线：(010)81055315
广告经营许可证：京东市监广登字 20170147 号

版权声明

O'Reilly Media, Inc.介绍

O'Reilly 以"分享创新知识、改变世界"为己任。40 多年来我们一直向企业、个人提供成功所必需之技能及思想，激励他们创新并做得更好。

O'Reilly 业务的核心是独特的专家及创新者网络，众多专家及创新者通过我们分享知识。我们的在线学习（Online Learning）平台提供独家的直播培训、图书及视频，使客户更容易获取业务成功所需的专业知识。几十年来 O'Reilly 图书一直被视为学习开创未来之技术的权威资料。我们每年举办的诸多会议是活跃的技术人员聚会场所，来自各领域的专业人士在此建立联系，讨论最佳实践并发现可能影响技术行业未来的新趋势。

我们的客户渴望做出推动世界前进的创新之举，我们希望能助他们一臂之力。

业界评论

"O'Reilly Radar 博客有口皆碑。"
　　——*Wired*

"O'Reilly 凭借一系列非凡想法（真希望当初我也想到了）建立了数百万美元的业务。"
　　——*Business 2.0*

"O'Reilly Conference 是聚集关键思想领袖的绝对典范。"
　　——*CRN*

"一本 O'Reilly 的书就代表一个有用、有前途、需要学习的主题。"
　　——*Irish Times*

"Tim 是位特立独行的商人，他不光放眼于最长远、最广阔的领域，并且切实地按照 Yogi Berra 的建议去做了：'如果你在路上遇到岔路口，那就走小路。'回顾过去，Tim 似乎每一次都选择了小路，而且有几次都是一闪即逝的机会，尽管大路也不错。"
　　——*Linux Journal*

目录

本书赞誉

"我希望在我刚接触机器学习生产环境的时候就有这本书！它出色地概述了生产环境中的机器学习系统，特别是其在 TFX 中的实现。汉内斯和凯瑟琳直接与 TensorFlow 开发团队合作，将最准确的信息汇总成清晰、简明的解释和示例呈现在了这本书中。"

——Robert Crowe，谷歌 TensorFlow 开发者大使

"数据科学家知道，应用级机器学习不仅仅是简单的模型训练。这本书解释了隐藏在现代机器学习流水线中的技术债，从而帮助你将实验或工厂数据科学工作模式集成到可重复的工作流中。"

——Josh Patterson，帕特森咨询公司 CEO，《深度学习基础与实践》[1]
和 *Kubeflow Operations Guide* 联合作者

"如果你想知道如何创建自动化、可扩展、高复现性的机器学习流水线，那么这本书是不二之选！不论你是数据科学家、机器学习工程师、软件工程师还是 DevOps 工程师，都可以从这本书中学到很多有用的知识。这本书还介绍了 TFX 的最新特性和组件。"

——Margaret Maynard-Reid，Tiny Peppers 机器学习工程师，
谷歌认证机器学习开发者专家，谷歌开发者协会西雅图主要组织者

"这是一本令人愉悦的书。作为此领域的全面指南，这本书可以帮助数据科学家和机器学习工程师创建自动化、可复现的机器学习流水线。这本书清晰地概述了搭建机器学习流水线所需的组件，并提供了实用的代码示例，让你能快速上手。"

——Adewale Akinfaderin，AWS 数据科学家

注 1：该书已由人民邮电出版社出版，详情请见 ituring.cn/book/2542。——编者注

"我很享受阅读这本书的过程。在谷歌内部使用 TFX 多年后，随着它的发展，我必须说，如果一开始就有这本书，我就不用从零开始摸索了。这本书可以省去我许多精力。感谢这本高质量的指南！"

——Lucas Ackerknecht，谷歌机器学习反滥用专家

"大家手上都有很多实验模型。这本书介绍的工具和技术可以帮助你将实验模型部署在生产环境中。不仅如此，你还可以学习如何创建端到端的流水线，用它自动、顺畅地发布任何改进模型。这是一本出色的书，想要进一步掌握机器学习运维（MLOps）的新手可以使用书中知识与大团队合作，充分发挥新模型的作用。"

——Vikram Tiwari，Omni Labs 联合创始人

"作为只使用 TensorFlow 框架训练深度学习模型的用户，当我阅读这本书时，TensorFlow 生态圈提供的流水线功能令我相当叹服。如果想用 TensorFlow 开发机器学习流水线，那么这本书对 TFX 模型分析和模型部署所用到的诸多工具提供了出色、易用的指南。"

——Jacqueline Nolis 博士，Brightloom 数据科学家，
Build a Career in Data Science 联合作者

"这本书对机器学习工程进行了非凡的深度探讨。书中清晰、实用的示例将教会你如何创建适用于生产的机器学习基础架构。我认为，对所有想用机器学习解决现实问题的工程师和数据科学家来说，这都是一本需要仔细阅读的书。"

——Leigh Johnson，Slack 机器学习服务资深工程师

"在谷歌内部，TensorFlow Extended 被广泛用于各种机器学习项目。它系统地解决了机器学习系统的多个工程问题，涵盖任务编排、海量数据处理、数据校验、特征转换、模型训练、模型分析、模型验证、线上服务等方面。此外，它还可结合多种编排系统，如 Airflow、Kubeflow 等。除了上述内容，这本书还覆盖了差分隐私、联邦学习等方向。3 位译者作为 GDE，活跃于技术社区，以很好的翻译质量将高质量内容呈现给中文读者。这本书可作为机器学习基础设施团队的常备参考书。"

——顾仁民，SmartNews 广告投放和商品广告系统负责人，前谷歌工程师

"这本书对构建企业级机器学习流水线所涉及的典型组件和技术方法进行了系统的阐述，并通过丰富实用的案例实践介绍了机器学习流水线各环节所需的先进工具，为企业实施 MLOps 以及实现和自动执行机器学习系统的持续集成、持续交付和持续训练提供了十分有价值的参考。通过这本书，你可以学习如何构建自动化、可扩展、可复现的机器学习流水线，帮助团队节省成本和时间，交付更好、更可靠、更安全的算法模型。"

——黄绿君，京东科技算法架构师

序

在亨利·福特的公司于 1913 年建造第一条用于生产传奇的福特 T 型汽车的流水线后，每架汽车底盘的组装时间从 12 小时降至约 90 分钟。这条流水线大大降低了成本，使福特 T 型汽车成为历史上第一款大众可购买的汽车。它也实现了量产化，因此在不久之后，路上便出现了大量的福特 T 型汽车。

当生产过程被定义为一系列清晰的步骤时（这个系列又称为**流水线**），如果将一部分步骤自动化，则可以节省很多时间和金钱。在今天，汽车的生产大部分是依赖机器完成的。

然而，节省时间和金钱并不是自动化的全部目的。对于大部分重复性的工作来说，机器比工人更稳定，进而保证了最终产品的可预期性、一致性和可靠性。同时，当工人们不再需要在重型机械旁工作时，生产安全极大地提高了，他们也可以从无聊的工作中解放出来，从事更有价值的工作了。

从另一个角度来看，搭建一条流水线既耗时又耗材。如果只想生产小批量或高度定制化的产品，流水线并不是理想的选择。福特曾有一句名言："当汽车只有黑色一种颜色时，客户便没有定制颜色的权利。"

在过去的几十年中，我们可以在软件行业看到汽车量产史的影子：今天大部分的重要软件是由 Jenkins 或者 Travis 等自动化工具构建、测试和部署的。然而，福特 T 型汽车的例子并不能完全反映软件行业的现状。与投放汽车不同，软件不仅需要部署，还需要日常的监测、维护和升级。软件开发流水线更像是灵动的循环，而不是缺少变化的生产线。快速、可靠地升级软件或者流水线是非常重要的。任何软件都比福特 T 型汽车更能被个性化，**软件可以"拥有"各种各样的颜色**（打个比方，你可以算算微软 Office 有多少个版本）。

可惜的是，"传统"的自动化工具不能满足机器学习流水线的需求。实际上，机器学习模型并不是传统意义上的软件。

第一，机器学习模型的大部分行为由训练数据驱动。因此，训练数据本身必须是某种意义上的"代码"（比如需要版本控制）。对数据进行版本控制是个非常棘手的问题，因为每天都会出现大量的新数据，这些数据会随着时间而变化，通常还掺杂着隐私数据，而且必须进行标注后才能用于监督式学习算法。

第二，这些模型的行为往往不够透明。它们可能在一些测试数据上通过所有检测，但在另一些测试数据上无法通过。因此，你需要保证测试样例能够反映模型在生产环境中所接触的所有数据。特别需要防范模型对某一部分用户的歧视。

因为某些原因，数据科学家和软件工程师在早期都是用"小作坊"的方式手动构建和训练机器学习模型的。许多人至今仍然保持着手动开发模型的工作方式。但近几年的新型自动化工具，比如 TensorFlow Extended（TFX）和 Kubeflow，可以用来应对机器学习流水线中的各种挑战。越来越多的组织开始用这些工具创建机器学习流水线，进而将大部分（甚至全部）机器学习模型的构建步骤和训练步骤自动化。和汽车行业的自动化一样，机器学习的自动化可以节省成本和时间，构建更好、更可靠、更安全的模型。人们可以将更多的时间用在有价值的工作上，而不是在简单的复制数据或者分析数据的任务上浪费时间。但是，构建机器学习流水线并不是一件简单的事情。该如何开始呢？

答案就在这本书中！

在这本书中，汉内斯和凯瑟琳提供了清晰的机器学习流水线自动化指南。作为通过上手实操学习技术内容的坚定支持者，我特别享受这本书一步一步带你完成示例项目的过程。有了大量的代码示例和简洁明了的解释，你很快就能架设和使用自己的机器学习流水线，并且知道如何将它用在各种应用场景中。强烈建议你在阅读的同时在计算机上进行实操练习，这样会学得更快。

2019 年 10 月，我在美国加利福尼亚州圣克拉拉市举办的 TensorFlow World 会议上第一次见到了汉内斯和凯瑟琳。会上我演说了如何用 TFX 搭建机器学习流水线。他们当时正在撰写这本书，而且我们的编辑是同一个人，所以我们聊了很多共同话题。演讲结束时，一些与会者问了我很多关于 TensorFlow Serving（TFX 的一个部件）的技术问题，汉内斯和凯瑟琳帮我找到了这些问题的答案。汉内斯甚至接受了我的临时邀请，在会上介绍了TensorFlow Serving 的进阶特性。他的演说简直就是宝藏，充满了深刻见解和实用的建议。你可以在这本书中学到这些见解和建议，以及更多丰富精彩的内容。

开始创建专业的机器学习流水线吧！

——Aurélien Géron
前 YouTube 视频分类团队主管
《机器学习实战：基于 Scikit-Learn、Keras 和 TensorFlow》作者
2020 年 6 月 18 日于新西兰奥克兰市

前言

现在所有人都在讨论机器学习，它正从一项学术研究转变成最令人兴奋的技术之一。从理解自动驾驶汽车采集的视频流到个性化药方，机器学习在每个领域里都变得更加重要。虽然模型架构和设计理念颇受关注，但是机器学习还没有建立起软件行业在过去 20 年中建立的标准化流程。本书将展示如何创建标准的自动化机器学习系统，并用它产出可复现的模型。

什么是机器学习流水线

机器学习领域在过去几年的进展令人吃惊。随着图形处理单元（graphics processing unit，GPU）、BERT、生成对抗网络（generative adversarial network，GAN）、深度卷积 GAN 等深度学习概念的流行，AI 项目的数量正在飞速增长，同时出现了大量的 AI 初创公司。很多商业组织越来越频繁地用最新的机器学习概念来解决各种业务问题。在寻找最佳机器学习解决方案的狂潮中，我们留意到了大家经常忽视的一些问题。对于模型的加速、复用、管理和部署等方面的工具和概念，数据科学家和机器学习工程师往往缺乏足够的信息来源。他们需要标准化的机器学习流水线来完成这些工作。

机器学习流水线实现了加速、复用、管理和部署机器学习模型的整个流程，并将流程标准化。软件工程在 10 多年前通过持续集成（continuous integration，CI）和持续部署（continuous deployment，CD）建立了类似的标准化流程。在过去，测试和部署 Web 应用是非常烦琐的工作，需要 DevOps 工程师和软件开发人员合作完成。在今天，这些工作被一些工具和概念大大地简化了，一个应用的测试和部署可以在几分钟内可靠地完成。数据科学家和机器学习工程师可以从软件工程的工作流中学到很多有用的知识。本书旨在带领你从头到尾地了解整条机器学习流水线，进而为机器学习项目的标准化贡献绵薄之力。

根据我们的经验，大多数需要将模型部署到生产环境中的数据科学项目是由小团队主导的。小团队很难从零开发自己的机器学习流水线，这会导致机器学习项目变成一场有始无终的闹剧。模型的性能可能会随着时间的推移而下降，数据科学家要花大量时间去修复数据漂移造成的问题，或者模型并没有被广泛使用。自动、可复现的流水线可以减少部署模型的工作量。这条流水线应该包括以下步骤：

- 有效地对数据进行版本控制，并且新数据会触发新模型训练任务；
- 校验收到的数据，对比数据，发现数据漂移；
- 为模型的训练和验证提供高效的数据预处理；
- 高效地训练机器学习模型；
- 跟踪模型训练进度；
- 分析并验证训练后或微调后的模型；
- 部署验证过的模型；
- 扩容部署后的模型服务；
- 在反馈循环中记录新训练数据和模型的性能指标。

这个列表不包含一个很重要的步骤：选择模型架构。我们假设你对此步骤已经非常了解。如果刚开始接触机器学习或者深度学习，那么以下资源将对你大有帮助：

- *Fundamentals of Deep Learning: Designing Next-Generation Machine Intelligence Algorithms*；
- 《机器学习实战：基于 Scikit-Learn、Keras 和 TensorFlow（第 2 版）》。

读者对象

本书主要针对想进一步产品化数据科学项目的数据科学家和机器学习工程师。在读本书时，你需要熟悉基本的机器学习概念，并了解至少一个机器学习框架（例如 PyTorch、TensorFlow 或 Keras）。本书的机器学习示例基于 TensorFlow 和 Keras 编写，但书中的核心概念适用于任何其他框架。

本书也适合想在组织内部加速数据科学项目的数据科学项目经理、软件开发人员和DevOps 工程师。如果想了解自动化机器学习的生命周期，或者了解组织可以如何从中受益，那么本书介绍的工具链可以帮助你实现这些目标。

为什么选择TensorFlow和TensorFlow Extended

本书所有的流水线示例都使用 TensorFlow 生态圈内的工具，包括 TensorFlow Extended（TFX）。我们基于以下几个原因选择了这个框架。

- 在撰写本书时，TensorFlow 生态圈在机器学习领域的可用性是最强的。它包括很多有用的项目，也支持很多核心功能之外的库，比如 TensorFlow Privacy 和 TensorFlow Probability。
- 它广泛应用于各种生产环境中，拥有很活跃的用户群体。

- 它支持从学术研究到机器学习生产环境等各种各样的应用场景。TFX 和 TensorFlow 核心平台紧密集成，支持种类繁多的生产应用环境。
- TensorFlow 和 TFX 都是开源工具，在使用上没有任何限制。

不过，本书介绍的原则在其他工具或者框架中依然适用。

章节总览

本书会逐章介绍创建机器学习流水线所需的不同步骤，并通过示例项目展示这些步骤的原理。

第 1 章会对机器学习流水线进行概述，讨论它适合的场景，并描述流水线的所有步骤。这一章也会介绍本书用到的示例项目。

第 2 章会介绍 TFX 生态圈，解释各个任务如何相互通信，并描述 TFX 组件的工作原理。这一章也会介绍 ML MetadataStore 和它在 TFX 中的作用，以及 Apache Beam 如何协同 TFX 中的各个组件。

第 3 章会讨论流水线如何稳定地获取数据，还会介绍数据版本控制的概念。

第 4 章会解释如何用 TensorFlow 数据校验（data validation）高效地校验进入流水线中的数据。当新旧数据之间的差异变大并可能影响模型性能时，它会向你示警。

第 5 章会聚焦于如何用 TensorFlow Transform 做数据预处理（特征工程），从而将原始数据处理成机器学习模型可用的特征。

第 6 章会讨论如何在机器学习流水线中训练模型，还会解释模型微调的概念。

第 7 章会介绍用于评估模型的有用的指标（某些甚至能帮助你发现模型预测中存在的偏见）和一些解释模型预测结果的方法。7.5 节会解释当新版本在指标上有进步时，如何对模型进行版本控制。流水线中的模型可以自动更新到最新版本。

第 8 章会聚焦于如何高效地部署机器学习模型。我们会先基于 Flask 进行简单的部署，然后研究这种定制化模型应用的局限性。我们会介绍 TensorFlow Serving 以及如何设置服务实例，还会讨论批量处理功能，并指导你创建用于发起模型预测请求的客户端。

第 9 章会讨论如何优化模型部署以及如何监测模型的运行情况。这一章会介绍优化 TensorFlow 模型性能的策略，以及用 Kubernetes 进行基础部署的方法。

第 10 章会介绍用于机器学习流水线的自定义组件，从而帮助你摆脱 TFX 中标准组件的限制。无论是增加额外的数据读取环节，还是将导出的模型转化为 TensorFlow Lite（TFLite）模型，这一章的内容都将逐步讲解这些任务所需的步骤。

第 11 章会将前面各章的内容融会贯通。我们会讨论如何把各个组件组成流水线，以及如何在你的协同平台上设置它们。这一章会带你用 Apache Beam 和 Apache Airflow 完成一条端到端的流水线。

第 12 章会继续前一章的内容，我们会在 Kubeflow Pipelines 和 Google Cloud AI Platform 上带你完成一条端到端的流水线。

第 13 章会讨论如何将模型流水线打造成一个基于用户反馈进行改进的循环，也会讨论选用什么类型的数据来为将来的版本改进模型，以及如何将新数据输入流水线中。

第 14 章会介绍近年来快速发展的隐私保护机器学习方式，并会讨论 3 种保护隐私的方法：差分隐私、联邦学习和加密机器学习。

第 15 章会展望未来对机器学习流水线有可能产生深远影响的技术，以及对未来机器学习工程的看法。

附录 A 会提供简短的 Docker 和 Kubernetes 入门介绍。

附录 B 会提供如何在 Google Cloud 上设置 Kubernetes 的补充材料。

附录 C 会提供一些关于运行 Kubeflow Pipelines 的建议，包括 TFX 命令行界面的概述。

排版约定

本书使用以下排版约定。

- **黑体字**
  表示新术语或重点强调的内容。

- 等宽字体（constant width）
  表示程序片段，以及正文中出现的变量名、函数名、数据库、数据类型、环境变量、语句和关键字等。

- 等宽粗体（**constant width bold**）
  表示应该由用户输入的命令或其他文本。

- 等宽斜体（*constant width italic*）
  表示应该由用户输入的值或根据上下文确定的值替换的文本。

 此图标表示提示或建议。

此图标表示一般性注记。

 此图标表示警告或警示。

使用示例代码

示例代码等补充材料可从 https://oreil.ly/bmlp-git 下载。

对于本书的评论和技术性问题，请发送电子邮件到 bookquestions@oreilly.com 或者 buildingmlpipelines@gmail.com。

本书旨在帮助你完成工作。一般来说，你可以在自己的程序或文档中使用本书提供的示例代码。除非需要复制大量代码，否则无须联系我们获得许可。比如，使用本书中的几个代码片段编写程序无须获得许可，销售或分发 O'Reilly 图书的示例光盘则需要获得许可；引用本书中的示例代码回答问题无须获得许可，将本书中的大量示例代码放到你的产品文档中则需要获得许可。

我们很希望但并不强制要求你在引用本书内容时加上引用说明。引用说明通常包括书名、作者、出版社和 ISBN，比如 "*Building Machine Learning Pipelines*, by Hannes Hapke and Catherine Nelson (O'Reilly). Copyright 2020 Hannes Hapke and Catherine Nelson, 978-1-492-05319-4"。

如果你觉得自己对示例代码的用法超出了上述许可的范围，欢迎你通过 permissions@oreilly.com 与我们联系。

O'Reilly在线学习平台（O'Reilly Online Learning）

O'REILLY® 40 多年来，O'Reilly Media 致力于提供技术和商业培训、知识和卓越见解，来帮助众多公司取得成功。

我们拥有独特的由专家和创新者组成的庞大网络，他们通过图书、文章、会议和我们的在线学习平台分享他们的知识和经验。O'Reilly 的在线学习平台让你能够按需访问现场培训课程、深入的学习路径、交互式编程环境，以及 O'Reilly 和 200 多家其他出版商提供的大量文本资源和视频资源。有关的更多信息，请访问 http://www.oreilly.com。

联系我们

请把对本书的评价和问题发给出版社。

美国：

O'Reilly Media, Inc.
1005 Gravenstein Highway North
Sebastopol, CA 95472

中国：

北京市西城区西直门南大街 2 号成铭大厦 C 座 807 室（100035）
奥莱利技术咨询（北京）有限公司

O'Reilly 的每一本书都有专属网页，你可以在那儿找到本书的相关信息，包括勘误表、示例代码以及其他信息[1]。本书的网页是 https://oreil.ly/build-ml-pipelines。

要了解更多 O'Reilly 图书、培训课程、会议和新闻的信息，请访问以下网站：http://www.oreilly.com。

我们在 Facebook 的地址如下：http://facebook.com/oreilly。

请关注我们的 Twitter 动态：http://twitter.com/oreillymedia。

我们的 YouTube 视频地址如下：http://www.youtube.com/oreillymedia。

致谢

在本书撰写过程中，我们得到了很多杰出人士的支持。感谢每位提供过帮助的朋友！我们想在此做出特别感谢。

在本书的整个出版过程中，我们与 O'Reilly 所有人的合作都非常愉快。感谢编辑 Melissa Potter、Nicole Taché 和 Amelia Blevins 给予我们强力的支持、不断的鼓励和深刻的反馈。同时感谢 Katie Tozer 和 Jonathan Hassell 一直以来的支持。

感谢 Aurélien Géron、Robert Crowe、Margaret Maynard-Reid、Sergii Khomenko 和 Vikram Tiwari，他们帮助审阅了本书并且提供了大量颇具建设性的建议和深刻的意见。他们的审阅使本书变得更好。感谢他们花了大量时间仔细审阅本书。

感谢 Yann Dupis、Jason Mancuso 和 Morten Dahl 对机器学习隐私章节的细致审阅。

许多杰出的谷歌员工也为我们提供了大量支持。感谢他们帮忙寻找和修复 bug，也谢谢他

注 1：也可以通过图灵社区下载示例代码或提交中文版勘误：ituring.cn/book/2815。——编者注

们创造了这些开源工具包！在此特别感谢以下谷歌员工：Amy Unruh、Anusha Ramesh、Christina Greer、Clemens Mewald、David Zats、Edd Wilder-James、Irene Giannoumis、Jarek Wilkiewicz、Jiayi Zhao、Jiri Simsa、Konstantinos Katsiapis、Lak Lakshmanan、Mike Dreves、Paige Bailey、Pedram Pejman、Sara Robinson、Soonson Kwon、Thea Lamkin、Tris Warkentin、Varshaa Naganathan、Zhitao Li 和 Zohar Yahav。

感谢 TensorFlow 社区、谷歌开发者专家社区和其中出色的成员们。我们向他们的支持表示诚挚的谢意。

感谢 Barbara Fusinska、Hamel Husain、Michał Jastrzębski 和 Ian Hensel 在各个阶段对本书做出的贡献。

感谢 Concur Labs 和 SAP Concur 的同事在讨论中给我们提供的灵感。在此特别感谢 John Dietz 和 Richard Puckett 对本书的大力支持。

汉内斯

感谢我伟大的伴侣 Whitney 在我撰写本书期间给我提供的巨大帮助。感谢她给予我持续的鼓励和反馈，并理解和容忍我在写作上花费大量时间。感谢我的家人，尤其感谢让我在这个世界上自由逐梦的父母。

本书的出版少不了好朋友的帮助。感谢我伟大的朋友兼导师 Cole Howard。我们共事的经历引发了我对机器学习流水线的思考，也启发了我撰写本书。感谢我的朋友 Timo Metzger 和 Amanda Wright，他们让我领悟到了语言的力量。感谢 Eva、Kilian Rambach、Deb 和 David Hackleman，没有他们的帮助，我不可能去俄勒冈州进修学位。

感谢前东家 Cambia Health、Caravel 和 Talentpair。当本书中的概念仍然处于襁褓状态时，是他们允许我在生产环境中实现了它们。

如果没有我的联合作者凯瑟琳，本书永远不可能出版。感谢她的友谊、鼓励和无尽的耐心。感谢命运在冥冥之中让我们相遇。能够与她一起完成本书，我非常高兴。

凯瑟琳

虽然我在本书中写了非常多的内容，但再多的文字也无法表达我对丈夫 Mike 的感激。感谢他的鼓励、照顾、建设性的讨论、讽刺的玩笑和细致的反馈。感谢父母在很早以前就给我播下了编程的种子——虽然种子发芽花了很长时间，但他们做的是对的！

感谢我有幸参与的那些伟大社区。我在西雅图 PyLadies、“数据科学女性工作者”和其他 Python 社区遇到了许多优秀的人。感谢他们的鼓励！

最后也要感谢汉内斯邀请我一起撰写本书！没有他，这一切都不可能发生。他的博学、对细节的追求和坚持都是本书成功的原因。和他共事的时光令我十分愉快！

电子书

扫描如下二维码，即可购买本书中文版电子版。

第 1 章

入门

本章将介绍机器学习流水线并给出框架性的构建步骤。我们将讲解如何将机器学习模型从一个小实验转变成健壮的工业级生产系统。同时，本章也将介绍一个贯穿全书的示例项目，通过这一项目来演示本书要介绍的各个准则。

1.1　为什么要用机器学习流水线

机器学习流水线的关键性优势建立在模型生命周期的自动化上。当有新的训练数据可用时，一个包含数据校验、预处理、模型训练、分析和部署的工作流就会被触发。我们观察到有许多数据科学团队手动做这些工作，不仅费时费力而且容易出错。下面来看看使用机器学习流水线的一些具体的好处。

只需专注于新模型而不用维护既有模型

　　自动化的机器学习流水线将数据科学家从烦琐的模型维护任务中解放出来。我们观察到很多数据科学家将精力花在了更新之前已经开发完成的模型上。他们会手动运行脚本去预处理训练数据、使用一次性的部署脚本或者手动微调模型。自动化的流水线可以让数据科学家专注于开发新模型，这是他们最喜欢做的事。最终，这将带来更高的工作满意度，并在激烈的人才市场中保持较低的人才流失率。

预防 bug 的产生

　　自动化流水线可以预防 bug 的产生。正如在后续章节中将看到的，新创建的模型会受到版本化数据的约束，预处理步骤也会受到已开发模型的约束。这意味着如果有新的数据，那么将生成新的模型。如果预处理步骤更新了，那么从原始数据经过预处理得到的训练数据将变得无效，因此还是需要生成一个新的模型。在手动机器学习工作流中，一个常见的 bug 来源是在模型训练完成后对预处理步骤的变更。在这种情况下，和模型一起部署的预处理步骤将和模型训练时的预处理步骤不一致。这些 bug 可能很难发现和调试，因为虽然预处理步骤不一致，但依旧可以进行推算，只是最后的推算结果不正确。通过使用自动化的工作流，可以有效地预防这种错误。

有用的记录文档

实验记录和模型发布管理单元将生成一份记录模型变化的记录文档。实验将记录模型的超参数的变化、所使用的数据集和模型的性能指标（比如损失值或者准确率）。模型发布管理单元将追踪哪一个模型最终被选用并部署。记录文档在数据科学团队需要重新创建模型或追踪模型性能时特别有用。

标准化

标准化的机器学习流水线可以改善数据科学团队的体验。受益于标准化的设置，数据科学家可以很快上手或者进行跨团队合作，找到相同的开发环境。这会提高效率并缩短新项目的启动时间。另外，这也能够降低人才流失率。

流水线对团队的影响

自动化机器学习流水线将对数据科学团队产生 3 个关键性的影响：

- 拥有更多的时间去开发具有创新性的模型；
- 简化了更新已有模型的流程；
- 缩短了在复现模型上所用的时间。

所有这些方面都将降低数据科学项目的成本。不仅如此，自动化机器学习流水线还会带来如下好处。

- 帮助检测数据集或者训练模型中的潜在偏见。发现偏见问题可以避免使用模型的人们受到伤害，比如亚马逊的基于机器学习的简历筛选器就被发现存在对女性不利的偏见。
- 创建记录文档（通过实验记录和模型发布管理单元创建）将有助于解决数据保护法律 [比如欧盟的《通用数据保护条例》（General Data Protection Regulation，GDPR）] 产生的一些问题。
- 可以为数据科学家节约更多的开发时间并提高他们的工作满意度。

1.2　什么时候考虑使用机器学习流水线

虽然机器学习流水线具有多种优势，但并不是所有的数据科学项目都需要使用流水线。有时候数据科学家只是想实验一个新的模型、研究一种新的模型架构或者复现最近的学术成果。在这些情况下，流水线并不是很有用。然而，只要模型已经有了用户（比如，已经在一个应用中使用），它就需要持续地更新和微调。在这些情况下，我们又回到了之前讨论过的场景：持续更新模型和减轻数据科学家在这些任务上的负担。

随着机器学习项目的增长，流水线变得越来越重要。如果数据集或资源需求很大，我们所讨论的这些方法就可以轻易地随着基础架构扩展。如果可重复性很重要，那么它可以通过机器学习流水线的自动性和审计日志来实现。

1.3 机器学习流水线步骤概述

机器学习流水线开始于对新训练数据的获取，结束于接收关于新模型性能表现如何的某种反馈。这种反馈既可以是产品性能指标，也可以是来自用户的反馈。机器学习流水线包含多个步骤，比如数据预处理、模型训练和模型分析，当然还包含不可或缺的模型部署步骤。可以想象，手动执行这些步骤将是多么麻烦且容易出错。本书将介绍使机器学习流水线自动化的工具和解决方案。

如图 1-1 所示，整条流水线实际上就是一个无限循环。由于可以持续地收集数据，因此机器学习模型也能被持续地更新。生成更多的数据通常意味着可以获得更好的模型。因为数据不断地流入，所以流程自动化变得异常关键。在真实世界的应用环境中，你总是想频繁地重新训练你的模型。如果不这样做，在多数情况下模型的准确率将慢慢降低，因为模型训练时的数据和推算时的数据在分布上已经存在差异。如果重新训练模型的过程是手动的，那么就需要数据科学家或机器学习工程师手动校验新的训练数据或分析更新后的模型。因此，他们就没有时间为完全不同的业务问题开发新的模型了。

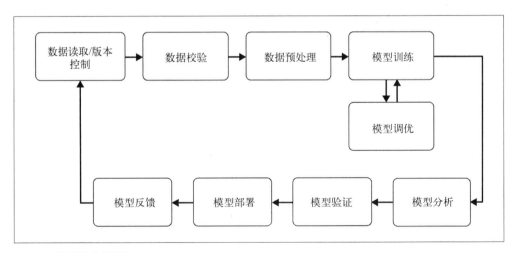

图 1-1：模型的生命周期

一条机器学习流水线通常包含以下几个步骤。

1.3.1 数据读取和版本控制

数据读取（参见第 3 章）是每一条机器学习流水线的开始。在这一步骤中，我们将数据处理成后续组件能够读取的格式。数据读取步骤不会执行任何特征工程（其会在数据校验步骤后进行）。这也是进行输入数据版本控制的最佳时机，在流水线末端训练得到的模型将和这个数据快照联系在一起。

1.3.2 数据校验

在训练新的模型版本前，需要校验新的数据。数据校验（参见第 4 章）将专注于如何检查新的数据在统计意义上是否满足期望（比如范围、类别数量和类别分布）。如果数据校验工具检测到异常的情况，它会警示数据科学家。如果你在训练一个二分类模型，那么你的训练数据应该包含 50% 的 X 类样本和 50% 的 Y 类样本。如果新数据的类别划分比例发生了变化，比如说两个类别的比例为 70∶30，那么数据校验工具将发出警示。如果模型在这样一个严重不均衡的训练集上训练，并且数据科学家并没有采取措施去调整模型的损失函数或者采用过采样 / 欠采样的方案去调整分类 X 和分类 Y，那么模型的预测结果可能会偏向样本数量更多的类别。

常见的数据校验工具还允许你比较不同的数据集。如果你有一个包含优势分类的数据集，并想将这个数据集分成训练集和校验集，那么你需要确认两个数据集间的分类分布情况大体相同。数据校验工具允许你比较不同的数据集并找出其中的异常部分。

如果数据校验发现了异常，那么流水线将停止处理并会向数据科学家发出警告。如果发现数据分布出现漂移，那么数据科学家或机器学习工程师可以改变每个类别的抽样方式（比如，从每个类别中抽取相同数量的样本），或者改变模型的损失函数，开始构建新的模型流水线并重启生命周期。

1.3.3 数据预处理

新收集的数据通常无法直接用于机器学习模型的训练。在绝大多数情况下，数据需要经过预处理才能用于训练。标签往往需要先转换成 one-hot 向量或者 multi-hot 向量[1]。这一过程同样适用于模型的输入数据。如果训练文本模型，那么需要将文本中的字符转换成索引或者将文本标记转换成词向量。因为预处理过程只需要在训练模型前执行一次，而无须在每轮训练中重复执行，所以将预处理过程放在模型训练前独立运行很合理。

数据预处理工具的种类繁多，从简单的 Python 脚本到复杂的图模型都有。大部分数据科学家很关心所选工具的处理能力，但预处理步骤的改动和已处理数据之间的双向连接同样重

注 1：在将结果同时分成多个类别的监督分类问题中，需要将类别转换成如 (0, 1, 0) 这种 one-hot 向量，或者将一个类别列表转换成如 (1, 1, 0) 这种 multi-hot 向量。

要。这意味着如果有人改动了预处理步骤（比如，在 one-hot 向量转换中增加了额外的标签），那么之前的训练数据应该无效并会强制更新整条流水线。第 5 章将进一步描述数据预处理步骤。

1.3.4　模型训练和模型调优

模型训练（参见第 6 章）是机器学习流水线的核心。这一步骤将训练模型读取输入并以尽可能低的误差预测输出。随着模型（尤其是那些使用大规模训练数据集的模型）的增大，这一步骤将很快变得越来越难以管理。对于计算而言，由于单机内存通常是有限的，因此高效的分布式模型训练将成为关键。

因为可以获得显著的性能提升和提供竞争优势，所以模型调优近年来获得了极大的关注。根据机器学习项目的不同，可以选择在考虑使用机器学习流水线之前调优或者将之作为流水线的一部分。得益于优秀的底层架构，本书介绍的流水线是可以扩展的，模型可以大规模地并行或顺序启动。这样一来，便可以为最终的生产模型找出最优的模型超参数。

1.3.5　模型分析

通常情况下，使用准确率或者损失值来确定最优的模型参数集。但当模型的最终版本确定后，进行深度模型性能分析（参见第 7 章）将非常有用。这可能包括计算其他指标，比如精度、召回率和曲线下面积（area under the curve，AUC），或在一个更大的数据集（而不是训练时用的校验集）上计算性能。

进行深度模型性能分析的另一个原因是要检查模型预测的公平性。对数据集进行分组并对每组数据独立评估后才能分析出模型在组间的不同表现。通过调查模型对训练中所用特征的依赖，可以解释改变单个训练样本的特征将如何影响模型的预测结果。

与模型调优以及最终选择最优模型的步骤一样，这一步骤也需要数据科学家参与。然而，后面将演示如何将整个分析自动化，仅在最后审核时才需要人参与。这一自动化过程使模型分析变得统一且具有可比较性。

1.3.6　模型版本控制

模型版本控制和验证的目的是追踪哪种模型、哪个超参数集以及数据集将被选择作为下一个要部署的版本。

软件工程中的语义化版本控制要求使用者在其 API 中做出具有不兼容性的改变或者在重大特性发布时增加主版本号，否则就增加次版本号。模型发布管理还有另外一个自由度：数据集。在一些情况下，无须改变模型参数或者模型架构，仅通过大幅增加或者提供更好的数据集就可以显著提升模型性能。这种性能提升是否意味着需要增加模型主版本号呢？

对于上述问题，不同的数据科学团队可能有不同的答案，但记录新版模型的所有输入（超参数、数据集、模型架构）并将其作为版本发布的一部分是非常必要的。

1.3.7　模型部署

在完成模型的训练、调优和分析后，就到了收获成果的黄金时刻。不过，因为有太多的模型是通过一次性实现工具[2]完成的部署，所以模型更新成了一个容易出错的过程。

使用现代模型服务器，无须编写 Web 应用代码就可以部署模型。通常情况下，模型服务器会提供多种 API，比如描述性状态迁移（REST）或者远程过程调用（RPC）等协议，并支持同时运行相同模型的多个不同版本。同时运行多个模型版本有助于对模型做 A/B 测试，并针对如何改善模型提供很有价值的反馈。

在模型服务器的帮助下，可以直接更新模型版本，而无须重新部署应用。这可以缩短应用的停机时间并减少应用开发团队和机器学习团队间的沟通。第 8 章和第 9 章将详细介绍模型部署。

1.3.8　反馈循环

机器学习流水线的最后一步常被人忘记，但它对于数据科学项目的成功至关重要。这个流程需要闭环，从而在评估新部署模型的有效性和性能时得到有价值的信息。在一些场景中，还能获得新的训练数据，以用于扩充数据集和更新模型。这个过程既可以有人参与，也可以全程自动。详细信息参见第 13 章。

除去需要人参与的两个步骤（模型分析和模型反馈），整条流水线都可以自动化。这样一来，数据科学家就能够专注于新模型开发，而不是更新和维护现有的模型。

1.3.9　数据隐私

在撰写本书时，数据隐私还未纳入标准的机器学习流水线。随着消费者越来越关心自己的数据如何被使用以及限制个人数据使用的法律法规的出台，数据隐私越来越引起人们重视。在这种趋势下，隐私保护方法终将加入构建机器学习流水线的工具中。

第 14 章将讨论为机器学习模型增强隐私性的几种方法。

- 差分隐私：通过数学方法保证模型的预测结果不会暴露用户数据。
- 联邦学习：原始数据只在本地被使用，不会上传到云端或分享给其他设备。
- 加密机器学习：整个训练过程全部在加密的空间中进行，或者训练数据是加密的。

注 2：比如临时写的脚本等。——译者注

1.4 流水线编排

前面描述的所有机器学习流水线组件都需要有序执行或者说**编排**，这样众多组件才能按照正确的顺序运行。组件的输入数据必须在组件执行前就通过计算得到。对这些步骤的编排是通过诸如 Apache Beam、Apache Airflow（参见第 11 章）或 Kubernetes 基础架构中的 Kubeflow Pipelines 等工具（参见第 12 章）来完成的。

数据流水线工具在不同的机器学习流水线步骤间协调，如 TensorFlow ML MetadataStore 的流水线工件仓库会捕获每个处理过程的输出。第 2 章将概述 TFX 的 MetadataStore 并深入学习 TFX 和它的流水线组件。

1.4.1 为什么使用流水线编排工具

2015 年，谷歌的一群机器学习工程师得出结论：众多机器学习项目失败的一个原因是使用自定义代码去连接不同的机器学习流水线步骤。[3] 然而，这些自定义代码无法轻易地从一个项目迁移到另一个项目。研究人员在其论文 "Hidden Technical Debt in Machine Learning Systems" [4] 中总结了他们的发现。作者们在论文中辩称这些流水线步骤间的**胶水代码**通常很脆弱并在超出特定范围后无法扩展。随着时间的推移，人们开发了诸如 Apache Beam、Apache Airflow 和 Kubeflow Pipelines 等工具。这些工具可用于管理机器学习流水线任务，允许使用标准的编排工具并对任务间的胶水代码进行抽象。

尽管学习一个新工具（比如 Beam 或 Airflow）或者一个新框架（比如 Kubeflow），以及建立一套额外的机器学习基础架构（比如 Kubernetes）看起来很麻烦，但投入这些时间会很快得到丰厚的回报。如果不采用标准的机器学习流水线，那么数据科学团队需要面对不统一的项目设置、随意放置的日志文件、各不相同的调试步骤等数不完的混乱。

1.4.2 有向无环图

诸如 Apache Beam、Apache Airflow 和 Kubeflow Pipelines 等流水线工具使用任务间的依赖图来控制任务的执行流程。

如图 1-2 所示，所有的流水线步骤都是有向的。这意味着从任务 A 开始到任务 E 结束的流水线，其任务间的依赖清晰定义了流水线的执行路径。有向图避免了任务开始时其依赖项还没有完成计算的情况。由于我们知道训练数据的预处理必须先于模型训练执行，因此通过有向图的表示，可以避免模型训练在数据预处理完成之前执行。

注 3：谷歌于 2007 年开始了一个名为 Sibyl 的内部项目，该项目的目的是管理内部机器学习产品流水线。2015 年，这个话题在 D. Sculley 等人发布了他们的机器学习流水线文章 "Hidden Technical Debt in Machine Learning Systems" 后引起了广泛的关注。

注 4：D. Sculley 等，"Hidden Technical Debt in Machine Learning Systems"，谷歌公司（2015 年）。

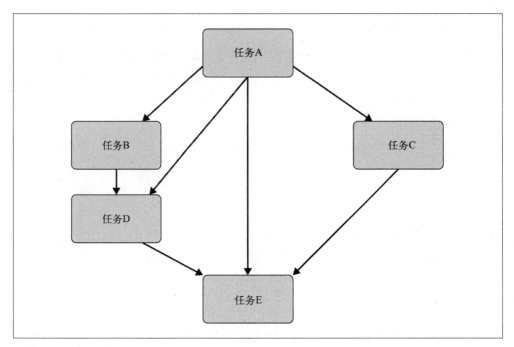

图 1-2：有向无环图示例

流水线图也必须是无环的，这意味着图不能连接至先前已经完成的任务。[5] 有环意味着流水线会一直执行且永不停止，因此工作流也就永远不能完成。

由于这两个约束条件（有向和无环）的存在，流水线图被称为**有向无环图**（directed acyclic graph，DAG）。有向无环图是大部分工作流工具最核心的概念。第 11 章和第 12 章将讨论更多关于有向无环图的细节。

1.5　示例项目

为了能更好地理解本书内容，我们提供了使用开源数据的示例项目。数据集收集了美国消费者关于金融产品的投诉，内容上既包含结构化数据（分类 / 数值数据），也包含非结构化数据（文本数据）。数据来自美国消费者金融保护局。

图 1-3 展示了数据集中的部分样本。

注 5：无环图中不能存在直接或间接的环状依赖，也就是说 A 依赖 B 的同时 B 也依赖 A。——译者注

	产品	问题类型	消费者投诉内容	公司	消费者所在州	公司回复内容	是否及时回复	消费者是否对公司回复存在异议
0	Mortgage	Loan servicing, payments, escrow account	My mortgage servicing provider (XXXX) transf...	SunTrust Banks, Inc.	TX	Closed with non-monetary relief	Yes	No
1	Debt collection	Cont'd attempts collect debt not owed	I HAVE NEVER RECEIVED ANY FORM OF NOTIFICATION...	ERC	CA	Closed with non-monetary relief	Yes	No
2	Debt collection	Disclosure verification of debt	i contacted walmart and the manager there said...	Synchrony Financial	MA	Closed with non-monetary relief	Yes	No
3	Credit reporting	Credit reporting company's investigation	I have filed multiple complaints XXXX on this ...	TransUnion Intermediate Holdings, Inc.	NY	Closed with explanation	Yes	Yes
4	Bank account or service	Account opening, closing, or management	Sofi has ignored my request to stop sending me...	Social Finance, Inc.	TX	Closed with explanation	Yes	No

图 1-3：数据样本

这里的机器学习问题是给定关于投诉的数据，预测消费者是否对公司的回复有异议。在本数据集中，大约 30% 的消费者对回复有异议，因此数据是不均衡的。

1.5.1　项目结构

示例项目已经上传至 GitHub 仓库，通过下列命令可以克隆该项目。

```
$ git clone https://github.com/Building-ML-Pipelines\
          building-machine-learning-pipelines.git
```

Python 包版本

本示例项目使用 Python 3.6~3.8、TensorFlow 2.2.0 和 TFX 0.22.0。项目会持续更新，但无法保证兼容其他编程语言或包版本。

示例项目包含如下部分：

- chapters 目录包含第 3 章、第 4 章、第 7 章和第 14 章的样例 notebook；
- components 目录包含诸如模型定义之类的常用组件的代码；
- 一条完整的交互式流水线；
- 一个机器学习实验的示例，其是整条流水线的起点；
- 由 Apache Beam、Apache Airflow 和 Kubeflow Pipelines 编排的完整的流水线；
- utility 目录包含下载数据的脚本。

在后面的章节中，我们将逐步指导你通过必要的步骤将一个基于 Keras 模型架构的 Jupyter Notebook 的样例机器学习实验转换成完整的机器学习流水线。

1.5.2　机器学习模型

示例深度学习项目的核心是由位于 components/module.py 中的 get_model 函数生成的模型。

模型通过如下特征来预测消费者对于回复是否存在异议。

- 金融产品
- 子产品
- 公司对于投诉的回复
- 投诉类型
- 消费者所在的州
- 消费者所在地邮政编码
- 消费者投诉的内容

为了构建机器学习流水线，假设模型架构设计已经完成并且不再修改。第 6 章将详细讨论模型架构的细节。但实际上在本书中，模型架构是非常小的知识点。本书主要讨论的是在模型已经存在的情况下该做什么。

1.5.3　示例项目的目标

本书将演示持续训练示例机器学习模型的必要框架、组件和基础架构元素。图 1-4 展示了本书将在架构图中使用的软件栈。

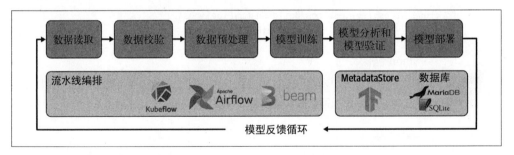

图 1-4：示例项目的机器学习流水线架构

本书会尽量保持示例项目中机器学习问题的通用性，以便你将之替换成自己的机器学习问题。构建机器学习流水线的结构和基本步骤是不变的，可以很容易地迁移到你的实际案例中。每个组件将需要一些自定义操作（比如，从哪里读取数据），但正如后面将讨论的，这些自定义操作需要被适当地限制。

1.6　小结

本章介绍了机器学习流水线的概念并解释了其中的步骤，同时也展示了自动化流水线的优势。本章为后续章节做好了铺垫，并在介绍示例项目的同时简单介绍了每章的大体轮廓。第 2 章将开始构建流水线！

TensorFlow Extended入门

第 1 章介绍了机器学习流水线的概念并讨论了构成流水线的组件。本章将介绍 TensorFlow
Extended（TFX）。TFX 库提供了构建机器学习流水线所需的所有组件。我们将使用 TFX
定义流水线任务，然后可以使用诸如 Airflow 和 Kubeflow Pipelines 这样的编排工具来执行
流水线任务。图 2-1 概述了流水线步骤以及它们是如何结合在一起的。

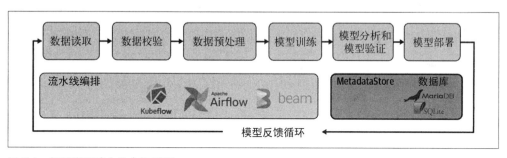

图 2-1：机器学习流水线中的 TFX

本章将介绍如何安装 TFX，并解释其基本概念和术语，为后续章节做好铺垫。后续章节将
深入研究那些组成流水线的组件。本章还将介绍 Apache Beam。Apache Beam 是一个定义
并执行数据处理任务的开源工具。它在 TFX 流水线中有两个用处：首先，它是许多 TFX
组件（诸如数据校验和数据预处理）用于处理数据的底层库；其次，正如第 1 章介绍的那
样，Apache Beam 还能用作流水线编排工具。之所以在本章介绍 Apache Beam，是因为它
不仅可以帮助你理解 TFX 组件，而且对于编写自定义组件（第 10 章将详细介绍）是至关
重要的。

2.1 什么是TFX

机器学习流水线可能会变得非常复杂，管理任务间的依赖将消耗大量的资源。与此同时，机器学习流水线可以包含各种任务，包括数据校验、数据预处理、模型训练以及各种训练后的任务。如第 1 章所述，任务之间的连接通常比较脆弱，这会导致流水线出错。"Hidden Technical Debt in Machine Learning Systems"这篇论文中称这些连接为"胶水代码"。这些脆弱连接的存在最终意味着生产模型的更新频率会很低，数据科学家和机器学习工程师讨厌更新这些**陈旧的**模型。另外，流水线需要优秀的分布式处理系统，这就是 TFX 需要使用 Apache Beam 的原因。在高工作负荷的情况下更是如此。

谷歌内部也面临同样的问题。因此，他们决定开发一个平台来简化流水线的定义，同时最大限度地减少要编写的任务样板代码。开源版的谷歌内部专用机器学习流水线框架就是 TFX。

图 2-2 展示了使用 TFX 的通用流水线架构。流水线编排工具是执行任务的基础。除此之外，还需要数据仓库来追踪流水线的中间结果。每个组件都和数据仓库通信以获得输入数据，并将输出数据存入数据仓库。这些数据会作为后续任务的输入。TFX 提供了集成所有这些工具的层，该层提供了用于主要流水线任务的各个组件。

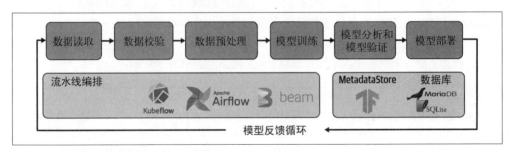

图 2-2：机器学习流水线架构

起初，谷歌在开源 TensorFlow 库（比如第 8 章将讨论的 TensorFlow Serving）中发布了 TFX 库下的部分流水线功能。2019 年，谷歌发布了开源的胶水代码，其中包含所有必需的流水线组件，可以用于将各个库结合在一起并能自动地为诸如 Apache Airflow、Apache Beam 和 Kubeflow Pipelines 等编排工具创建机器学习流水线。

TFX 提供了多种可以覆盖大量用例的流水线组件。在撰写本书时，已经有以下这些组件。

- ExampleGen：用于数据读取。
- StatisticsGen、SchemaGen 和 ExampleValidator：用于数据校验。
- Transform：用于数据预处理。
- Trainer：用于模型训练。
- ResolverNode：用于检查先前训练完成的模型。
- Evaluator：用于模型分析和模型验证。

- Pusher：用于模型部署。

图 2-3 展示了流水线的组件和库如何组合在一起。

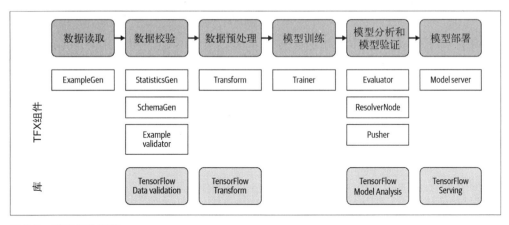

图 2-3：TFX 组件和库

后续章节将详细讨论这些组件和库。对于需要使用非标准功能的场景，第 10 章将讨论如何创建自定义的流水线组件。

TFX 的稳定版

在撰写本章时，TFX 的 1.X 稳定版尚未发布。本章以及后续章节所使用的 TFX API 可能会在未来发生变动。本书的所有代码均已在 TFX v0.22.0 下测试通过。

2.2 安装TFX

TFX 可以通过运行以下 Python 安装程序命令轻松安装：

```
$ pip install tfx
```

tfx 依赖的各种软件包也会被自动安装。以上命令不仅会安装 TFX Python 包（比如 TensorFlow Data Validation），也会把 Apache Beam 等依赖一并安装。

在安装完 TFX 后，可以导入单个 Python 包。如果想使用单个 TFX 包（比如想用 TensorFlow Data Validation 校验数据集，参见第 4 章），那么推荐采用如下方式：

```
import tensorflow_data_validation as tfdv
import tensorflow_transform as tft
import tensorflow_transform.beam as tft_beam
...
```

另一种方式是导入相应的 TFX 组件（假设刚好需要在流水线中使用这个组件），如下所示。

```
from tfx.components import ExampleValidator
from tfx.components import Evaluator
from tfx.components import Transform
...
```

2.3 TFX组件概述

组件处理比执行单个任务更复杂。所有的机器学习流水线组件都从通道中读取数据，以获得元数据仓库中的工件。然后，数据从元数据仓库提供的路径中被读取并处理。当前组件的输出（也就是已经处理完的数据）将提供给后续流水线组件使用。组件的通用内部组成通常如下。

- 接收输入
- 执行动作
- 存储最终结果

在 TFX 的术语中，上述 3 个内部组成被分别称为**驱动器**（driver）、**执行器**（executor）和**发布器**（publisher）。驱动器处理对元数据仓库的查询；执行器执行组件的动作；发布器负责管理输出元数据在 MetadataStore 中的存储。驱动器和发布器不会移动任何数据，它们通过读写 MetadataStore 中的引用来完成数据读写。图 2-4 展示了 TFX 组件的结构。

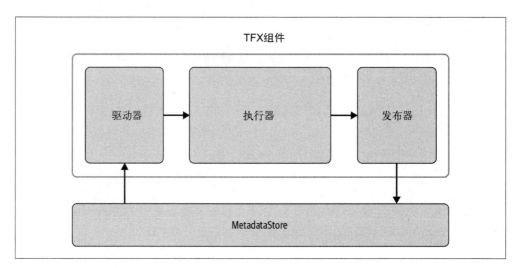

图 2-4：TFX 组件概览

组件的输入和输出被称为**工件**（artifact）。工件可以是原始的输入数据、预处理过的数据或训练完成的模型。每个工件都关联着一份存储在 MetadataStore 中的元数据。工件的元数据由其类型和属性构成，这可以保证各个组件高效地交换数据。TFX 目前提供了 10 种工件类型，后文将陆续介绍。

2.4 什么是机器学习元数据

TFX 组件通过**元数据**彼此进行"通信"(而不是在流水线组件间直接传递工件),组件读取并产生指向流水线工件的引用。工件可以是原始数据集、转换用的计算图或者导出的模型。因此,元数据是 TFX 流水线的支柱。在组件间传递元数据而不直接传递工件的一个优势在于,所有的数据都能够实现中心化存储。

在实践中,工作流流程如下:当组件执行时,它使用 MLMD(ML Metadata)API 保存相应的元数据。比如,组件驱动器会从元数据仓库中收到指向原始数据集的引用。在组件执行后,组件发布器会把指向组件输出的引用存储在元数据仓库中。MLMD 会持续地将元数据保存到基于某个存储后端的 MetadataStore 中。当前,MLMD 支持以下 3 种 MetadataStore 存储后端。

- 内存数据库(通过内存模式的 SQLite 实现)
- SQLite
- MySQL

由于 TFX 组件能够得到持续的追踪,因此 MLMD 提供了许多很有用的功能。在第 7 章讨论模型验证时将看到,来自相同组件的不同工件可以进行比较。在这种情况下,TFX 可以将模型过去的分析结果和现在的分析结果进行对比,以检查相比以前的模型,最新训练的模型是否有更高的准确率或者更小的损失值。元数据还可以帮助确定基于前面某个工件的所有后续工件。这为机器学习流水线创造了一种审查线索。

图 2-5 展示了每个组件和 MetadataStore 之间的交互以及 MetadataStore 如何在数据库后端存储元数据。

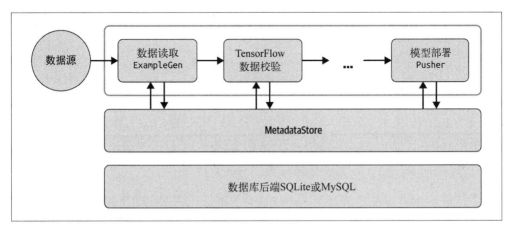

图 2-5:使用 MLMD 存储元数据

2.5　交互式流水线

设计和实现机器学习流水线的过程可能有时会令人沮丧，比如调试流水线组件这种工作时常充满挑战。因此，围绕着交互式流水线的 TFX 功能很有用。事实上，后续章节将逐步实现一条机器学习流水线，并演示如何通过交互式流水线完成其实现过程。该流水线运行在 Jupyter Notebook 中，并且可以立即查看组件的工件。当流水线的功能确认已经全部完成时，第 11 章和第 12 章将介绍如何将交互式流水线转换成生产级流水线，比如在 Apache Airflow 上运行的流水线。

所有的交互式流水线都是在 Jupyter Notebook 或者 Google Colab 环境中进行编程的。与将在第 11 章和第 12 章讨论的编排工具不同，交互式流水线由用户编排和执行。

通过导入下列所需的包，可以启动交互式流水线：

```
import tensorflow as tf
from tfx.orchestration.experimental.interactive.interactive_context import \
    InteractiveContext
```

当导入所需的包之后，就可以创建 context 对象了。context 对象会执行组件并显示其工件。此时，InteractiveContext 还将创建一个简单的存在于内存中的机器学习 MetadataStore：

```
context = InteractiveContext()
```

在创建 StatisticsGen 等流水线组件之后，便可以通过 context 对象的 run 方法来执行组件，下面是一个例子：

```
from tfx.components import StatisticsGen

statistcs_gen = StatisticsGen(
    example=example_gen.outputs['example'])
context.run(statistcs_gen)
```

组件自身会接收来自先前组件（在本例中是数据读取组件 ExampleGen）的输出并将其作为实例化参数。组件在其任务执行完成后会自动地将输出工件的元数据写入元数据仓库。有些组件的输出可以显示在 notebook 中。可以实时获取并以可视化方式展示结果，这对用户来说非常方便。举例来说，可以使用 StatisticsGen 组件来检查数据集的特征：

```
context.show(statistics_gen.outputs['statistics'])
```

运行完上述 context 函数后，可以在 notebook 中看到图 2-6 所示的数据集统计信息概览。

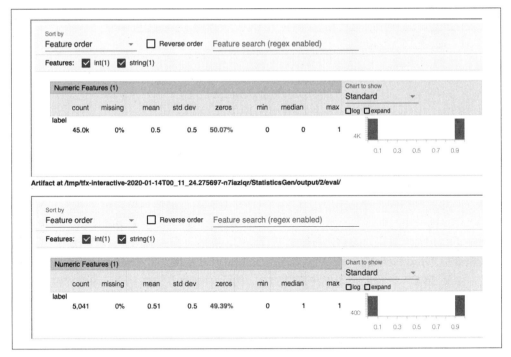

图 2-6：交互式流水线有助于以可视化方式检查数据集

有时候，通过编程来检查组件的输出工件会很有优势。在组件执行完成后，可以访问工件的属性，具体有哪些属性取决于工件的类型，如下所示：

```
for artifact in statistics_gen.outputs['statistics'].get():
    print(artiface.uri)
```

上述命令给出了如下结果：

```
'/tmp/tfx-interactive-2020-05-15T04_50_16.251447/StatisticsGen/statistics/2'
```

后续章节将逐一展示每个组件如何在交互式 context 中执行。第 11 章和第 12 章将展示完整的流水线以及如何通过 Airflow 和 Kubeflow 来编排它。

2.6 TFX的替代品

在进入后续章节深入研究 TFX 组件前，先来看看 TFX 的替代品。在过去几年中，机器学习流水线的编排一直是一个重大的工程挑战，因此许多硅谷公司争相开发自己的流水线框架也就不足为奇了。表 2-1 列出了一些知名的框架。

表2-1：知名公司及其框架

公司	框架	介绍文档或源代码
Airbnb	AeroSolve	用微软必应搜索 github airbnb/aerosolve
Stripe	Railyard	用微软必应搜索 stripe railyard
Spotify	Luigi	用微软必应搜索 github spotify/luigi
Uber	Michelangelo	用微软必应搜索 uber michelangelo
Netflix	Metaflow	用微软必应搜索 metaflow

由于框架都起源于公司，因此在设计它们时要考虑到特定的工程栈。例如，Airbnb 的 AeroSolve 就专注于基于 Java 的推理代码，Spotify 的 Luigi 则专注于高效的编排。TFX 在这方面并没有什么不同。当前，TFX 的架构和数据结构都假设你使用 TensorFlow（或 Keras）作为机器学习框架。有些 TFX 组件可以和其他机器学习框架结合使用。例如，可以使用 TensorFlow 数据校验组件对数据进行分析，然后再由 scikit-learn 模型使用。但是，TFX 框架和 TensorFlow 或 Keras 模型紧密关联。由于 TFX 得到了 TensorFlow 社区的支持，并且很多像 Spotify 这样的公司正在采用 TFX，因此 TFX 被认为是稳定且成熟的框架，最终将被更广泛的机器学习工程师采用。

2.7　Apache Beam简介

各种 TFX 组件和库（比如 TensorFlow Transform）都依赖 Apache Beam 才能有效地处理流水线数据。由于其对 TFX 生态系统的重要性，我们想简要介绍 Apache Beam 在 TFX 组件的幕后是如何工作的。第 11 章将讨论 Apache Beam 的第二个用途：作为流水线编排工具。

Apache Beam 提供了一种开源的、供应商中立的方式，以用来描述可以在各种环境下执行的数据处理步骤。由于 Apache Beam 适用的场景很多，因此其可用于描述批处理、流操作和数据流水线。实际上，TFX 依赖于 Apache Beam 并将其用于各种组件（比如 TensorFlow Transform 或 TensorFlow Data Validation）。本书将在讨论 TensorFlow Data Validation（参见第 4 章）和 TensorFlow Transform（参见第 5 章）时，详细讨论 TFX 生态系统中 Apache Beam 的具体用法。

尽管 Apache Beam 从其支持的运行时工具中抽象出了数据处理逻辑，但它可以在多个分布式处理运行时环境中执行。这意味着你可以在 Apache Spark 或 Google Cloud Dataflow 上运行相同的数据流水线，而无须更改流水线描述。另外，Apache Beam 不仅可以用于描述批处理过程，而且还无缝支持流式操作。

2.7.1　安装

Apache Beam 的安装非常简单。可以使用以下方法安装其最新版本：

```
$ pip install apache-beam
```

如果你打算在 Google Cloud Platform（GCP）的环境中使用 Apache Beam，比如要处理 Google BigQuery 的数据或在 Google Cloud Dataflow 上运行数据流水线（详细内容参见 4.4 节），可以按照以下步骤安装 Apache Beam：

```
$ pip install 'apache-beam[gcp]'
```

如果你打算在 Amazon Web Services（AWS）的环境中使用 Apache Beam（比如想从 S3 bucket 加载数据），则应按以下步骤安装 Apache Beam：

```
$ pip install 'apache-beam[boto]'
```

如果你使用 Python 软件包管理器 pip 安装 TFX，则会自动安装 Apache Beam。

2.7.2　基本数据流水线

Apache Beam 的抽象基于两个概念：集合和转换。一方面，Apache Beam 的集合描述了在给定文件或流中读取或写入数据的操作。另一方面，Apache Beam 的转换描述了操作数据的方法。所有集合和转换都在流水线的上下文中执行（在 Python 中通过上下文管理器命令 with 表示）。在下面的示例中定义集合或转换时，实际上没有数据被加载或转换。只有当流水线在运行时环境（比如 Apache Beam 的 DirectRunner、Apache Spark、Apache Flink 或 Google Cloud Dataflow）的上下文中执行时，才会发生这种情况。

1. 基本集合示例

数据流水线通常以读取或写入数据开始和结束，这在 Apache Beam 中常常由名为 PCollections 的集合进行处理。然后对集合进行转换，最终结果可以再次表示为集合并写入文件系统。

以下示例展示了如何读取文本文件并返回所有行：

```
import apache_beam as beam

with beam.Pipeline() as p: ❶
    lines = p | beam.io.ReadFromText(input_file) ❷
```

❶ 使用上下文管理器定义流水线。

❷ 将文本读入 PCollection。

与 ReadFromText 操作类似，Apache Beam 提供了将集合写入文本文件的函数（比如 WriteToText）。通常在执行完所有转换后执行写操作：

```
with beam.Pipeline() as p:
    ...
    output | beam.io.WriteToText(output_file) ❶
```

❶ 将输出写入文件 output_file。

2. 基本转换示例

在 Apache Beam 中，数据是通过转换来操作的。正如在本例以及第 5 章看到的那样，可以使用管道运算符 | 将转换链接起来。如果链接多个相同类型的转换，则必须在管道运算符和右括号之间使用字符串标识符进行标记以提供操作的名称。在以下示例中，我们将在文本文件中提取的行上依次应用所有转换：

```
counts = (
    lines
    | 'Split' >> beam.FlatMap(lambda x: re.findall(r'[A-Za-z\']+', x))
    | 'PairWithOne' >> beam.Map(lambda x: (x, 1))
    | 'GroupAndSum' >> beam.CombinePerKey(sum))
```

来详细看看这段代码。例如，我们将使用 "Hello, how do you do?" 和 "I am well, thank you." 作为例子。

Split 使用 re.findall 将每一行拆分为词列表，得到了如下结果：

```
["Hello", "how", "do", "you", "do"]
["I", "am", "well", "thank", "you"]
```

beam.FlatMap 将结果映射成了如下的 PCollection：

```
"Hello" "how" "do" "you" "do" "I" "am" "well" "thank" "you"
```

接下来，PairWithOne 使用 beam.Map 从每个词和其计数（结果为 1）中创建了一个元组：

```
("Hello", 1) ("how", 1) ("do", 1) ("you", 1) ("do", 1) ("I", 1) ("am", 1)
("well", 1) ("thank", 1) ("you", 1)
```

最后，GroupAndSum 将每个词的所有元组都加了起来：

```
("Hello", 1) ("how", 1) ("do", 2) ("you", 2) ("I", 1) ("am", 1) ("well", 1)
("thank", 1)
```

还可以将 Python 函数用作转换的一部分。下面的示例说明了如何将 format_result 函数应用于前面产生的求和结果。该函数将结果元组转换为字符串，然后可以将其写入文本文件：

```
def format_result(word_count):
    """Convert tuples (token, count) into a string"""
    (word, count) = word_count
    return "{}: {}".format(word, count)

output = counts | 'Format' >> beam.Map(format_result)
```

Apache Beam 提供了各种预定义的转换。但是，如果没有你想用的操作，则可以使用 Map 运算符编写自己的转换。需要注意的是，用户自定义的这些操作应该能够以分布式方式运行，这样便可以充分利用运行时环境的能力。

3. 组合在一起

在讨论了 Apache Beam 流水线的各个概念之后，将它们全部组合成一个示例。之前的代码片段和以下示例是 Apache Beam 简介的修订版本。为了便于阅读，该示例中的 Apache Beam 代码已做了简化：

```python
import re

import apache_beam as beam
from apache_beam.io import ReadFromText
from apache_beam.io import WriteToText
from apache_beam.options.pipeline_options import PipelineOptions
from apache_beam.options.pipeline_options import SetupOptions

input_file = "gs://dataflow-samples/shakespeare/kinglear.txt" ❶
output_file = "/tmp/output.txt"

# 定义流水线选项
object. pipeline_options = PipelineOptions()

with beam.Pipeline(options=pipeline_options) as p: ❷
    # 将文本文件或文件模式读入PCollection
    lines = p | ReadFromText(input_file) ❸

    # 统计每个单词出现的次数
    counts = ( ❹
        lines
        | 'Split' >> beam.FlatMap(lambda x: re.findall(r'[A-Za-z\']+', x))
        | 'PairWithOne' >> beam.Map(lambda x: (x, 1))
        | 'GroupAndSum' >> beam.CombinePerKey(sum))

    # 将单词统计情况格式化为字符串类型的PCollection
    def format_result(word_count):
        (word, count) = word_count
        return "{}: {}".format(word, count)

    output = counts | 'Format' >> beam.Map(format_result)

    # 使用"写入"转换（具有副作用）将结果输出到文件
    output | WriteToText(output_file)
```

❶ 文本存储在 Google Cloud Storage bucket 中。

❷ 设置 Apache Beam 流水线。

❸ 通过读取文本文件创建数据集合。

❹ 在集合上执行转换。

上面的示例流水线下载了莎士比亚的《李尔王》，并在整个语料库上执行了计算词数量的流水线。然后将结果写入了位于 /tmp/output.txt 的文本文件。

2.7.3 执行流水线

可以通过执行以下命令使用 Apache Beam 的 DirectRunner 运行流水线（假定先前的示例代码已保存为 basic_pipeline.py）。如果想在不同的 Apache Beam 运行器（比如 Apache Spark 或 Apache Flink）上执行此流水线，则需要通过 pipeline_options 对象设置流水线配置：

```
python basic_pipeline.py
```

转换的结果可以在指定的文本文件中找到。

```
$ head /tmp/output.txt*
KING: 243
LEAR: 236
DRAMATIS: 1
PERSONAE: 1
king: 65
...
```

2.8　小结

本章简要介绍了 TFX，并讨论了元数据仓库的重要性以及 TFX 组件的一般性内部结构。本章还介绍了 Apache Beam，并展示了如何使用 Apache Beam 进行简单的数据转换。

本章讨论的所有内容在阅读第 3~7 章中有关流水线组件以及第 11 章和第 12 章中的流水线编排内容时会很有用。第一步是将数据放入流水线，第 3 章将对此进行介绍。

数据读取

在基本的 TFX 设置和 ML MetadataStore 就位后，本章将重点介绍如何将数据集读入流水线以供各种组件使用，如图 3-1 所示。

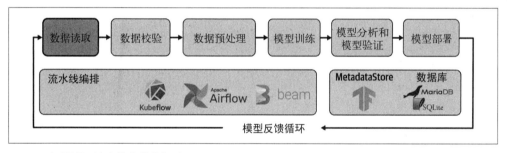

图 3-1：机器学习流水线中的数据读取

TFX 为我们提供了从文件或服务中读取数据的组件。本章将介绍其基本概念，解释如何将数据集拆分为训练集和评估集，并演示如何将多份导出数据组合为一个包罗万象的数据集。然后，本章将讨论一些读取不同形式的数据（结构化数据、文本和图像）的策略，这些策略在前面的用例中很有用。

3.1　数据读取的概念

在这一流水线步骤中，我们从外部服务（比如 Google Cloud BigQuery）读取数据文件或请求流水线运行数据。在将读取的数据集传递给下一个组件之前，我们将可用数据划分为独立的数据集（比如训练数据集和校验数据集），然后将数据集转换为 TFRecord 文件，在

TFRecord 文件中，数据是以 tf.Example 结构表示的。

TFRecord

TFRecord 是为**流式传输**大型数据集而优化的轻量型格式。实际上，大多数 TensorFlow 用户将序列化的 Protocol Buffers（一个跨平台、跨语言的库）数据存储在 TFRecord 文件中，但 TFRecord 文件格式实际上支持所有的二进制数据，如下所示：

```
import tensorflow as tf

with tf.io.TFRecordWriter("test.tfrecord") as w:
    w.write(b"First record")
    w.write(b"Second record")

for record in tf.data.TFRecordDataset("test.tfrecord"):
    print(record)

tf.Tensor(b'First record', shape=(), dtype=string)
tf.Tensor(b'Second record', shape=(), dtype=string)
```

如果 TFRecord 文件包含 tf.Example 记录，则每个记录都包含一个或多个特征，这些特征代表数据中的列。这些数据存储在二进制文件中，可以被高效地读取。如果对 TFRecord 文件的内部结构感兴趣，推荐你阅读 TensorFlow 文档。

将数据存储为 TFRecord 和 tf.Example 具有以下好处。

1. 其数据结构是系统独立的，因为它依靠 Protocol Buffers 来序列化数据。
2. TFRecord 经过优化，可以快速下载或写入大量数据。
3. 代表 TFRecord 中每行数据的 tf.Example 也是 TensorFlow 生态系统中的默认数据结构，因此其可用于所有 TFX 组件。

读取、拆分和转换数据集的过程是由 ExampleGen 组件执行的。正如我们在以下示例中将看到的，既可以从本地和远程文件夹读取数据集，也可以从数据服务（例如 Google Cloud BigQuery）中请求数据集。

3.1.1　读取本地数据文件

ExampleGen 组件可以读取一些数据结构，包括 CSV（comma separated value）文件、预计算的 TFRecord 文件以及 Apache Avro 和 Apache Parquet 的序列化输出。

1. 将 CSV 转换为 tf.Example

结构化数据或文本数据的数据集通常存储在 CSV 文件中。TFX 提供了读取这些文件并将其转换为 tf.Example 数据结构的功能。以下代码演示了如何从示例项目下包含 CSV 数据的文件夹中读取数据：

```
import os
from tfx.components import CsvExampleGen
from tfx.utils.dsl_utils import external_input

base_dir = os.getcwd()
data_dir = os.path.join(os.pardir, "data")
examples = external_input(os.path.join(base_dir, data_dir)) ❶
example_gen = CsvExampleGen(input=examples) ❷

context.run(example_gen) ❸
```

❶ 定义数据路径。

❷ 实例化流水线组件。

❸ 交互式执行组件。

如果将组件作为交互式流水线的一部分执行，则运行的元数据将显示在 Jupyter Notebook 中。该组件的输出如图 3-2 所示，其突出显示了训练数据集和评估数据集的存储位置。

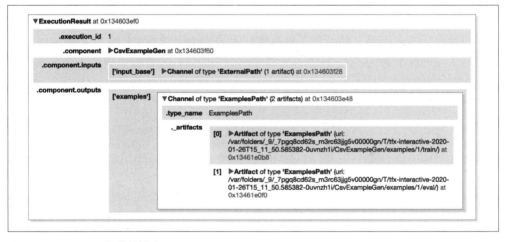

图 3-2：ExampleGen 组件的输出

文件夹结构

ExampleGen 的输入路径应该仅包含数据文件。该组件会尝试读取路径级别内的所有文件。其他任何该组件无法读取的文件（比如元数据文件），都会使该组件步骤执行失败。除非特意配置，否则该组件不会读取子目录下的文件。

2. 导入现有的 TFRecord 文件

有时我们的数据（比如计算机视觉中的图像文件或者自然语言处理中的大语料集）无法高效地表示为 CSV 格式。在这些情况下，建议将数据集转换为 TFRecord 数据结构，然后使用 ImportExampleGen 组件加载 TFRecord 文件。如果你希望将数据转换为 TFRecord 文件这一转换过程作为流水线的一部分，请查阅第 10 章，第 10 章讨论了自定义 TFX 组件（包括数据读取组件）的开发。可以使用以下示例来读取 TFRecord 文件：

```
import os
from tfx.components import ImportExampleGen
from tfx.utils.dsl_utils import external_input

base_dir = os.getcwd()
data_dir = os.path.join(os.pardir, "tfrecord_data")
examples = external_input(os.path.join(base_dir, data_dir))
example_gen = ImportExampleGen(input=examples)

context.run(example_gen)
```

由于数据集已经存储为 TFRecord 文件中的 tf.Example 记录，因此可以无须进行任何转换直接导入。ImportExampleGen 组件可以处理此导入步骤。

3. 将序列化的 Parquet 数据转换为 tf.Example

第 2 章讨论过 TFX 组件的内部体系结构以及由其执行器驱动的组件的行为。如果想将新文件类型加载到流水线中，则可以重写组件的 executor_class，而不是编写一个全新的组件。

TFX 包含用于加载不同文件类型（包括序列化的 Parquet 数据）的执行器类。以下示例展示了如何覆盖 executor_class 来更改加载行为。我们将使用通用文件加载器组件 FileBasedExampleGen（而不是 CsvExampleGen 或 ImportExampleGen 组件），该组件允许覆盖 custom_executor_spec。

```
from tfx.components.example_gen.component import FileBasedExampleGen ❶
from tfx.components.example_gen.custom_executors import parquet_executor ❷
from tfx.utils.dsl_utils import external_input
from tfx.components.base import executor_spec

examples = external_input(parquet_dir_path)
example_gen = FileBasedExampleGen(
    input=examples,
    custom_executor_spec = executor_spec.ExecutorClassSpec(parquet_executor.Executor)) ❸
```

❶ 导入通用文件加载器组件。

❷ 导入与 Parquet 相关的执行器。

❸ 重写 custom_executor_spec 的设置。

4. 将序列化的 Avro 数据转换为 tf.Example

覆盖 executor_class 的概念当然可以扩展到大多数其他文件类型。如下所示，TFX 提供了额外的类用于加载序列化的 Avro 数据：

```
from tfx.components import FileBasedExampleGen ❶
from tfx.components.example_gen.custom_executors import avro_executor ❷
```

```
from tfx.utils.dsl_utils import external_input

examples = external_input(avro_dir_path)
example_gen = FileBasedExampleGen(
    input=examples,
    executor_class=avro_executor.Executor) ❸
```

❶ 导入通用文件加载器组件。

❷ 导入与 Avro 相关的执行器。

❸ 覆盖执行器。

如果要加载其他文件类型，则可以编写特定于该文件类型的自定义执行器，并应用之前的方法覆盖执行器。第 10 章将通过两个示例指导你编写自定义数据读取组件和执行器。

5. 将自定义数据转换为 TFRecord 数据

有时，将现有的数据集转换为 TFRecord 数据，然后使用 ImportExampleGen 组件（参见本节介绍的"导入现有的 TFRecord 文件"）读取它们会更简单。如果无法通过高效的数据流传输平台获得数据，那么上述方法就非常有用了。如果我们正在训练计算机视觉模型，需要将大量图像加载到流水线中，那么首先必须将图像转换为 TFRecord 数据（详细信息参见 3.3.3 节）。

在下面的示例中，我们将结构化数据转换为了 TFRecord 数据。假设我们的数据不是 CSV 格式而是 JSON 或 XML 格式的。在使用 ImportExampleGen 组件将这些数据读取到流水线之前，可以使用下面的示例（做了少量修改）转换这些数据格式。

要将任何类型的数据转换为 TFRecord 文件，需要为数据集中的每个数据记录创建一个 tf.Example 结构。tf.Example 是一个简单但高度灵活的数据结构，它是一个键值映射：

```
{"string": value}
```

示例 3-1 展示了一个 TFRecord 数据结构。对于 TFRecord 数据结构，tf.Example 会期望一个 tf.Features 对象。tf.Features 对象是一个包含键 – 值对的特征字典，该特征字典的键始终是代表特征列的字符串标识符，值是 tf.train.Feature 对象。

示例 3-1　TFRecord 数据结构
```
Record 1:
tf.Example
    tf.Features
        'column A': tf.train.Feature
        'column B': tf.train.Feature
        'column C': tf.train.Feature
```

tf.train.Feature 允许 3 种数据类型。

- tf.train.BytesList
- tf.train.FloatList
- tf.train.Int64List

为了减少代码冗余，我们将定义辅助函数以帮助将数据记录正确地转换为 tf.Example 所使用的数据结构：

```
import tensorflow as tf

def _bytes_feature(value):
    return tf.train.Feature(bytes_list=tf.train.BytesList(value=[value]))

def _float_feature(value):
    return tf.train.Feature(float_list=tf.train.FloatList(value=[value]))

def _int64_feature(value):
    return tf.train.Feature(int64_list=tf.train.Int64List(value=[value]))
```

有了辅助函数，来看一下如何将示例数据集转换为包含 TFRecord 数据结构的文件。首先，需要读取原始数据文件，并将每个数据记录转换为 tf.Example 数据结构，然后将所有记录保存在 TFRecord 文件中。以下代码示例是缩略版的。完整的示例可以在本书 GitHub 仓库中的 chapters/data_ingestion 下找到。

```
import csv
import tensorflow as tf

original_data_file = os.path.join(
    os.pardir, os.pardir, "data",
    "consumer-complaints.csv")
tfrecord_filename = "consumer-complaints.tfrecord"
tf_record_writer = tf.io.TFRecordWriter(tfrecord_filename)  ❶

with open(original_data_file) as csv_file:
    reader = csv.DictReader(csv_file, delimiter=",", quotechar='"')
    for row in reader:
        example = tf.train.Example(features=tf.train.Features(feature={  ❷
            "product": _bytes_feature(row["product"]),
            "sub_product": _bytes_feature(row["sub_product"]),
            "issue": _bytes_feature(row["issue"]),
            "sub_issue": _bytes_feature(row["sub_issue"]),
            "state": _bytes_feature(row["state"]),
            "zip_code": _int64_feature(int(float(row["zip_code"]))),
            "company": _bytes_feature(row["company"]),
            "company_response": _bytes_feature(row["company_response"]),
            "consumer_complaint_narrative": \
                _bytes_feature(row["consumer_complaint_narrative"]),
            "timely_response": _bytes_feature(row["timely_response"]),
            "consumer_disputed": _bytes_feature(row["consumer_disputed"]),
        }))
        tf_record_writer.write(example.SerializeToString())  ❸
    tf_record_writer.close()
```

❶ 创建一个 TFRecordWriter 对象，该对象将文件保存到 tfrecord_filename 指定的路径中。

❷ 每个数据记录都会创建一个 tf.train.Example。

❸ 序列化数据结构。

现在可以使用 ImportExampleGen 组件导入生成的 TFRecord 文件 consumer-complaints.tfrecord 了。

3.1.2 读取远程数据文件

ExampleGen 组件可以从 Google Cloud Storage 或 AWS Simple Storage Service（S3）之类的远程云存储桶中读取文件。[1] TFX 用户可以将存储桶的路径传给 external_input 函数，如下所示：

```
examples = external_input("gs://example_compliance_data/")
example_gen = CsvExampleGen(input=examples)
```

要访问私有云存储桶，需要设置云提供商凭证。对于不同的云提供商，具体的设置方法也不相同。AWS 通过用户的访问键（access key）和访问密钥（access secret）对用户进行身份验证。要访问私有 AWS S3 bucket，需要创建访问键和访问密钥。相反，GCP 通过 service account 对用户进行身份验证。要访问私有 GCP Storage bucket，需要创建一个具有访问存储桶权限的 service account 文件。

3.1.3 直接从数据库中读取数据

TFX 提供了两个组件来直接从数据库中读取数据集。在接下来的内容中，我们将介绍使用 BigQueryExampleGen 组件查询 BigQuery 表中的数据，以及使用 PrestoExampleGen 组件查询 Presto 数据库中的数据。

1. Google Cloud BigQuery

TFX 提供了一个从 Google Cloud BigQuery 表中读取数据的组件。如果在 GCP 生态系统中执行机器学习流水线，那么这是一种非常有效的结构化数据读取方式。

Google Cloud 凭证

执行 BigQueryExampleGen 组件需要在本地环境中设置必要的 Google Cloud 凭证。我们需要创建一个具有所需权限（至少是 BigQuery Data Viewer 和 BigQuery Job User）的 service account。如果在交互式 context 中使用 Apache Beam 或 Apache Airflow 执行组件，

注 1：从 AWS S3 读取文件需要 Apache Beam 2.19 或更高版本，TFX 从 0.22 版本开始支持这一特性。

则必须通过环境变量 GOOGLE_APPLICATION_CREDENTIALS 指定 service account 凭证文件的路径，如以下代码片段所示。如果通过 Kubeflow Pipelines 执行组件，则可以通过 12.2 节介绍的 OpFunc 函数提供 service account 信息。

可以在 Python 中执行以下操作：

```
import os
os.environ["GOOGLE_APPLICATION_CREDENTIALS"] =
    "/path/to/credential_file.json"
```

如需了解更多信息，请参阅 Google Cloud 文档。

以下示例展示了查询 BigQuery 表的最简单方法：

```
from tfx.components import BigQueryExampleGen

query = """
    SELECT * FROM `<project_id>.<database>.<table_name>`
"""
example_gen = BigQueryExampleGen(query=query)
```

当然，可以创建更复杂的查询来选择我们的数据，比如连接多张表。

对 BigQueryExampleGen 组件的更改

在大于 0.22.0 的 TFX 版本中，需要从 tfx.extensions.google_cloud_big_query 中导入 BigQueryExampleGen 组件。

```
from tfx.extensions.google_cloud_big_query.example_gen \
    import component as big_query_example_gen_component
big_query_example_gen_component.BigQueryExampleGen(query=query)
```

2. Presto 数据库

如果要从 Presto 数据库中读取数据，可以使用 PrestoExampleGen。PrestoExampleGen 的用法与 BigQueryExampleGen 非常相似。在 BigQueryExampleGen 中，我们定义了一个数据库查询，然后执行该查询。PrestoExampleGen 组件需要额外的配置去指定数据库的连接详情。

```
from proto import presto_config_pb2
from presto_component.component import PrestoExampleGen

query = """
    SELECT * FROM `<project_id>.<database>.<table_name>`
"""
presto_config = presto_config_pb2.PrestoConnConfig(
    host='localhost',
    port=8080)
example_gen = PrestoExampleGen(presto_config, query=query)
```

3.2 数据准备

每个引入的 ExampleGen 组件都允许我们为数据集配置输入设置（input_config）和输出设
置（output_config）。如果想增量地读取数据集，可以定义一个跨度作为输入配置。同时，
可以配置如何拆分数据。通常，我们希望生成训练集、评估集和测试集。可以使用输出配
置定义细节。

3.2.1 拆分数据集

稍后在流水线中，我们将在训练期间评估机器学习模型，并在模型分析步骤中对其进行测
试。因此，将数据集拆分为所需的子集是有好处的。

1. 将数据集拆分为子集

以下示例展示了如何拆分数据：训练集、评估集和测试集，比率为 6∶2∶2。比率设置是
通过 hash_buckets 定义的：

```
from tfx.components import CsvExampleGen
from tfx.proto import example_gen_pb2
from tfx.utils.dsl_utils import external_input

base_dir = os.getcwd()
data_dir = os.path.join(os.pardir, "data")
output = example_gen_pb2.Output(
    split_config=example_gen_pb2.SplitConfig(splits=[ ❶
        example_gen_pb2.SplitConfig.Split(name='train', hash_buckets=6), ❷
        example_gen_pb2.SplitConfig.Split(name='eval', hash_buckets=2),
        example_gen_pb2.SplitConfig.Split(name='test', hash_buckets=2)
]))

examples = external_input(os.path.join(base_dir, data_dir))
example_gen = CsvExampleGen(input=examples, output_config=output) ❸

context.run(example_gen)
```

注 2：在 GitHub 网站上访问 proto-lens 以获取有关 protoc 安装的详细信息。

❶ 定义拆分。

❷ 指定比率。

❸ 添加 output_config 参数。

执行完 example_gen 对象之后，可以通过打印工件列表来检查生成的工件：

```
for artifact in example_gen.outputs['examples'].get():
    print(artifact)

Artifact(type_name: ExamplesPath,
    uri: /path/to/CsvExampleGen/examples/1/train/, split: train, id: 2)
Artifact(type_name: ExamplesPath,
    uri: /path/to/CsvExampleGen/examples/1/eval/, split: eval, id: 3)
Artifact(type_name: ExamplesPath,
    uri: /path/to/CsvExampleGen/examples/1/test/, split: test, id: 4)
```

第 4 章将讨论如何在数据流水线中读取数据集。

默认分割

如果未指定任何输出配置，则 ExampleGen 组件会默认将数据集拆分为训练集
和评估集，比例为 2 : 1。

2. 保留现有拆分

在某些情况下，我们已经在外部生成了数据集的子集，并且希望在读取数据集时保留这些
拆分。可以通过提供输入配置来实现。

对于以下配置，假设我们的数据集已在外部进行了拆分并保存在了子目录中：

```
└── data
    ├── train
    │   └── 20k-consumer-complaints-training.csv
    ├── eval
    │   └── 4k-consumer-complaints-eval.csv
    └── test
        └── 2k-consumer-complaints-test.csv
```

可以通过定义以下输入配置来保留现有输入拆分：

```
import os

from tfx.components import CsvExampleGen
from tfx.proto import example_gen_pb2
from tfx.utils.dsl_utils import external_input

base_dir = os.getcwd()
data_dir = os.path.join(os.pardir, "data")
```

```
input = example_gen_pb2.Input(splits=[
    example_gen_pb2.Input.Split(name='train', pattern='train/*'), ❶
    example_gen_pb2.Input.Split(name='eval', pattern='eval/*'),
    example_gen_pb2.Input.Split(name='test', pattern='test/*')
])

examples = external_input(os.path.join(base_dir, data_dir))
example_gen = CsvExampleGen(input=examples, input_config=input) ❷
```

❶ 设置现有子目录。

❷ 添加 input_config 参数。

定义输入配置后，可以通过定义 input_config 参数将设置传递给 ExampleGen 组件。

3.2.2 跨越数据集

机器学习流水线的重要用例之一是，当有新数据可用时，可以更新机器学习模型。对于这种情况，ExampleGen 组件允许我们使用**跨度**（span）。可以将跨度视为某种数据快照。定时的批量 ETL[3] 过程可以制作这样的数据快照并创建新的跨度。

跨度可以复制现有数据记录。如下所示，export-1 包含来自先前的 export-0 的数据以及自 export-0 导出后添加的新创建的记录：

```
└── data
    ├── export-0
    │   └── 20k-consumer-complaints.csv
    ├── export-1
    │   └── 24k-consumer-complaints.csv
    └── export-2
        └── 26k-consumer-complaints.csv
```

可以指定跨度的模式。输入配置接受 {SPAN} 占位符，该占位符表示文件夹结构中显示的数字（0、1、2 等）。通过输入配置，ExampleGen 组件现在可以获取"最新"的跨度。在我们的示例中，这将是文件夹 export-2 中的数据：

```
from tfx.components import CsvExampleGen
from tfx.proto import example_gen_pb2
from tfx.utils.dsl_utils import external_input

base_dir = os.getcwd()
data_dir = os.path.join(os.pardir, "data")

input = example_gen_pb2.Input(splits=[
    example_gen_pb2.Input.Split(pattern='export-{SPAN}/*')
])
```

注 3：ETL 是指 extract、transform 和 load，即提取、转换和加载。

```
examples = external_input(os.path.join(base_dir, data_dir))
example_gen = CsvExampleGen(input=examples, input_config=input)
context.run(example_gen)
```

当然，如果数据已经拆分，则输入定义也可以定义子目录。

```
input = example_gen_pb2.Input(splits=[
    example_gen_pb2.Input.Split(name='train',
                                pattern='export-{SPAN}/train/*'),
    example_gen_pb2.Input.Split(name='eval',
                                pattern='export-{SPAN}/eval/*')
])
```

3.2.3 对数据集进行版本控制

在机器学习流水线中，我们希望跟踪产生的模型以及训练该机器学习模型所用的数据集。为此，对数据集进行版本控制非常有用。

数据版本控制使我们可以更详细地跟踪读取的数据。这意味着我们不仅要将所读取数据的文件名和路径存储在 ML MetadataStore 中（因为 TFX 组件当前支持它），还要跟踪有关原始数据集的更多元信息，比如所读取数据的散列值。这种版本跟踪使我们能够校验训练期间使用的数据集在以后的某个时间点仍然没有变化。这样的功能对于端到端 ML 重现性至关重要。

但是，TFX 的 ExampleGen 组件当前不支持这种功能。如果要对数据集进行版本控制，可以使用第三方数据版本控制工具并在将数据集读取到流水线之前对数据进行版本控制。

不幸的是，没有一个工具会将元数据信息直接写入 TFX ML MetadataStore。

如果要对数据集进行版本控制，可以使用以下工具之一。

Data Version Control（DVC）

　　DVC 是用于机器学习项目的开源版本控制系统。它允许你提交数据集的散列值，而不是整个数据集本身。因此，数据集的状态是可以跟踪的（比如通过 git），但是仓库不会被数据集所占满。

Pachyderm

　　Pachyderm 是在 Kubernetes 上运行的开源机器学习平台。它起源于数据版本控制（Git for Data）的概念，但现在已经扩展到整个数据平台，包括基于数据版本的流水线编排。

3.3 数据读取策略

到目前为止，我们已经讨论了将数据读取到机器学习流水线中的多种方法。如果从一个全新的项目开始，那么选择正确的数据读取策略可能会比较困难。以下各节将针对结构化数据、文本数据和图像数据分别提供一些建议。

3.3.1　结构化数据

结构化数据通常以支持表格数据的文件格式存储在数据库中或磁盘上。如果数据存在数据库中，那么可以将其导出为 CSV 文件或者直接使用 PrestoExampleGen 或 BigQueryExampleGen 组件来使用这些数据（如果服务可用的话）。

以支持表格数据的文件格式存储在磁盘上的可用数据应转换为 CSV 文件，并通过 CsvExampleGen 组件读取到流水线中。如果数据量超过几百兆字节，则应考虑将数据转换为 TFRecord 文件或使用 Apache Parquet 存储数据。

3.3.2　自然语言处理中的文本数据

文本语料库可以像滚雪球一样积累到相当大的规模。为了高效地读取此类数据集，建议将数据集转换为 TFRecord 或 Apache Parquet 格式。使用高性能数据文件类型可以高效且增量地加载语料库文档。也可以从数据库中读取语料库，但是，建议你考虑网络流量成本和速度瓶颈。

3.3.3　用于计算机视觉问题的图像数据

建议将图像数据集从图像文件转换为 TFRecord 文件，但不对图像进行解码。对高度压缩的图像的任何解码只会增加存储中间 tf.Example 记录所需的磁盘空间量。压缩的图像可以作为字节串存储在 tf.Example 中：

```
import tensorflow as tf

base_path = "/path/to/images"
filenames = os.listdir(base_path)

def generate_label_from_path(image_path):
    ...
    return label

def _bytes_feature(value):
    return tf.train.Feature(bytes_list=tf.train.BytesList(value=[value]))

def _int64_feature(value):
    return tf.train.Feature(int64_list=tf.train.Int64List(value=[value]))

tfrecord_filename = 'data/image_dataset.tfrecord'

with tf.io.TFRecordWriter(tfrecord_filename) as writer:
    for img_path in filenames:
        image_path = os.path.join(base_path, img_path)
        try:
            raw_file = tf.io.read_file(image_path)
        except FileNotFoundError:
            print("File {} could not be found".format(image_path))
```

```
        continue
example = tf.train.Example(features=tf.train.Features(feature={
    'image_raw': _bytes_feature(raw_file.numpy()),
    'label': _int64_feature(generate_label_from_path(image_path))
}))
writer.write(example.SerializeToString())
```

示例代码会从提供的路径 /path/to/images 中读取图像，并将图像作为字节串存储在
tf.Example 中。我们目前尚未在流水线中预处理图像。即使可以节省大量磁盘空间，我们
还是希望稍后在流水线中执行这些任务。在这一点上避免进行预处理可以帮助我们在以后
预防 bug 和潜在的训练 / 推算偏差。

我们将原始图像和标签一起存储在了 tf.Example 中。本示例使用函数 generate_label_
from_path 从文件名获取了每个图像的标签。标签生成是特定于数据集的，因此没有在此
示例代码中包含它。

将图像转换为 TFRecord 文件后，可以使用 ImportExampleGen 组件有效地使用数据集，并
应用 3.1.1 节讨论的"导入现有的 TFRecord 文件"策略。

3.4　小结

本章讨论了将数据读取到机器学习流水线中的各种方法，重点介绍了如何读取存储在
磁盘上以及数据库中的数据集。在此过程中，还讨论了如何将读取的数据记录转换为
tf.Example（存储在 TFRecord 文件中）以供下游组件使用。

第 4 章将研究如何在流水线的数据校验步骤中使用生成的 tf.Example 记录。

第4章

数据校验

第 3 章讨论了如何将各种来源的数据读取到流水线中。本章来校验数据，如图 4-1 所示。

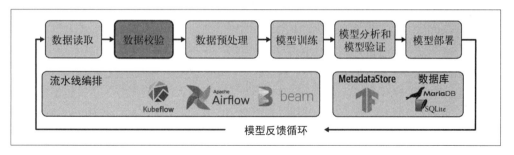

图 4-1：机器学习流水线中的数据校验

数据是每个机器学习模型的基础，并且模型的实用性和性能取决于用于训练、验证和分析模型的数据。可以想象，如果没有健壮的数据，那么就无法建立健壮的模型。你也许听过一句话——"无用输入，无用输出"（garbage in, garbage out），这意味着如果基础数据没有经过精心的组织和校验，那么模型将无法运行。而这就是机器学习流水线中工作流的第一个步骤——"数据校验"的目的所在。

本章将首先介绍数据校验的概念，然后介绍来自 TensorFlow Extended（TFX）生态系统的 Python 软件包 TensorFlow Data Validation（TFDV）。我们将展示如何在数据科学项目中设置软件包，逐步介绍常见用例并重点介绍一些非常有用的工作流。

数据校验步骤会检查流水线中的数据是否符合特征工程步骤的预期。它可以帮助你比较多个数据集。它还会显示你的数据是如何随时间而变化的，比如，训练数据是否与提供给模型进行推算的新数据有着显著的不同。

本章在最后会将工作流的第一个步骤集成到 TFX 流水线中。

4.1　为什么要进行数据校验

在机器学习中，我们尝试从数据集中学习模式并泛化这些模式。这使得数据在机器学习工作流中处于至关重要的位置，并且数据的质量成了机器学习项目成功的基础。

机器学习流水线中的每个步骤都决定了工作流是否可以继续进行下一步，或者是否需要放弃并重新启动整个工作流（比如，使用更多的训练数据）。数据校验是特别重要的检查点，因为它可以在到达耗时的预处理和训练步骤之前捕获进入机器学习流水线的数据中的变化。

如果我们的目标是使机器学习模型更新自动化，那么校验数据至关重要。特别地，我们所说的校验是指对数据进行 3 种不同的检查：

- 检查数据异常；
- 检查数据模式是否更改；
- 检查新数据集的统计信息是否仍与之前的训练数据集的统计信息保持一致。

流水线中的数据校验步骤将执行这些检查并突出显示所有失败项。如果检测到失败，那么可以停止工作流并手动解决数据问题，比如精心组织新的数据集。

数据预处理步骤（流水线中的下一步）中有时会使用数据校验步骤的数据。数据校验会生成有关数据特征的统计信息，并突出显示特征是否包含较高百分比的缺失值或特征是否高度关联。当你决定哪些特征应包含在预处理步骤中以及预处理的形式如何时，这些都是有用的信息。

数据校验使你可以比较不同数据集的统计信息。这个简单的步骤可以帮助你调试模型问题。例如，数据校验可以将训练的统计信息与校验数据进行比较。只需几行代码，任何不同都会被显示出来。你可能想训练一个完美的具有 50% 正向标签和 50% 负向标签的二进制分类模型，但是在你的校验集中标签比例不是 50∶50。标签分布的差异最终会影响校验指标。

在数据集不断增长的世界中，数据校验对于确保机器学习模型仍能胜任这项任务至关重要。因为可以比较模式，所以可以快速检测新获取的数据集中的数据结构是否已更改（比如，某个特征被弃用）。它还可以检测数据是否开始**漂移**（drift）。这意味着新收集的数据与用于训练模型的初始数据集具有不同的统计特征。这种漂移可能意味着需要选择新的特征，或者需要更新数据预处理步骤（比如，数字的最大值或最小值发生变化）。发生漂移的原因有很多：数据的潜在趋势、数据的季节性或反馈循环的结果，第 13 章将对此进行讨论。

在接下来的内容中，本章将逐步介绍这些不同的用例。但是，在此之前，来看一下安装和运行 TFDV 所需的步骤。

4.2　TFDV

TensorFlow 生态系统提供了可以帮助你进行数据校验的工具：TFDV。它是 TFX 项目的一部分。TFDV 可以执行之前讨论过的那种分析（比如，生成模式并针对现有模式校验新数据）。它还提供了基于 Google PAIR 项目 Facets 的可视化效果，如图 4-2 所示。

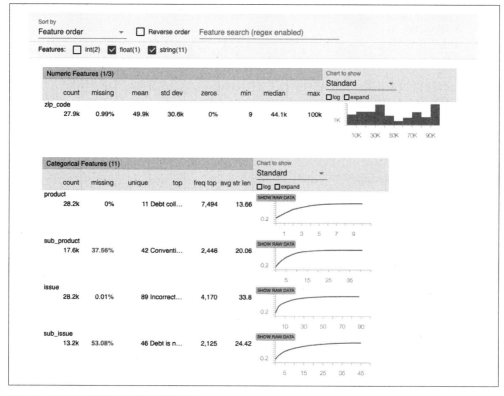

图 4-2：TFDV 可视化效果的屏幕截图

TFDV 接受两种输入格式来进行数据校验：TensorFlow 的 TFRecord 和 CSV 文件。与其他 TFX 组件一样，TFDV 使用 Apache Beam 作为底层分布式引擎。

4.2.1　安装

在安装第 2 章介绍的 tfx 软件包时，已经将 TFDV 作为依赖项安装了。如果想将 TFDV 用作独立软件包，可以使用以下命令进行安装：

```
$ pip install tensorflow-data-validation
```

安装 tfx 或 tensorflow-data-validation 之后，现在可以将数据校验集成到机器学习工作流中或在 Jupyter Notebook 中直观地分析数据了。接下来，本章将介绍几个用例。

4.2.2　根据数据生成统计信息

数据校验过程的第一步是为数据生成一些摘要统计信息。例如，可以直接使用 TFDV 加载我们的消费者投诉 CSV 数据，并为每个特征生成统计信息：

```
import tensorflow_data_validation as tfdv
stats = tfdv.generate_statistics_from_csv(
    data_location='/data/consumer_complaints.csv',
    delimiter=',')
```

可以使用以下代码以非常相似的方式从 TFRecord 文件生成特征统计信息：

```
stats = tfdv.generate_statistics_from_tfrecord(
    data_location='/data/consumer_complaints.tfrecord')
```

第 3 章已经讨论过如何生成 TFRecord 文件。

两种 TFDV 方法都生成了一个数据结构，该数据结构存储了每个特征的摘要统计信息，包括最小值、最大值和平均值。

数据结构如下所示。

```
datasets {
  num_examples: 66799
  features {
    type: STRING
    string_stats {
      common_stats {
        num_non_missing: 66799
        min_num_values: 1
        max_num_values: 1
        avg_num_values: 1.0
        num_values_histogram {
          buckets {
            low_value: 1.0
            high_value: 1.0
            sample_count: 6679.9
  ...
}}}}}}
```

对于数字特征，TFDV 会为每个特征计算：

- 数据记录的总数；
- 缺失的数据记录数；
- 数据记录中特征的均值和标准差；
- 数据记录中特征的最小值和最大值；

- 数据记录中特征零值的百分比。

此外，它还会为每个特征生成值的直方图。

对于分类特征，TFDV 会提供：

- 数据记录的总数；
- 数据记录缺失的百分比；
- 唯一记录的数量；
- 一个特征的所有记录的平均字符串长度；
- 对于每个类别，确定每个标签的样本数量及其排名。

稍后，你将看到如何将这些统计数据转化为可操作的内容。

4.2.3 从数据生成模式

生成摘要统计信息后，下一步就是生成数据集的模式（schema）。数据模式是描述数据集表示形式的一种形式。模式定义了数据集中需要哪些特征以及每个特征的类型（浮点数、整数、字节等）。此外，模式应该定义数据的边界（比如，特征的最小值、最大值和允许缺失记录的阈值）。

然后，可以使用数据集的模式定义来校验将来的数据集，以确定它们是否与训练集一致。当你预处理数据集以将其转换为可用于训练机器学习模型的数据时，也可以在以下工作流步骤中使用 TFDV 生成的模式。

如下所示，可以通过一个函数调用从生成的统计信息中生成模式信息：

```
schema = tfdv.infer_schema(stats)
```

tfdv.infer_schema 会生成由 TensorFlow 定义的模式协议[1]：

```
feature {
  name: "product"
  type: BYTES
  domain: "product"
  presence {
    min_fraction: 1.0
    min_count: 1
  }
  shape {
    dim {
      size: 1
    }
  }
}
```

注 1：可以在 TensorFlow 代码库中找到模式协议的 protocol buffer 定义。

可以在任何 Jupyter Notebook 中通过调用单个函数来显示模式：

```
tfdv.display_schema(schema)
```

结果如图 4-3 所示。

Feature name	Type	Presence	Valency	Domain
'product'	STRING	required		'product'
'sub_product'	STRING	optional	single	'sub_product'
'issue'	STRING	required		'issue'
'sub_issue'	STRING	optional	single	'sub_issue'
'consumer_complaint_narrative'	BYTES	required		-
'company'	BYTES	required		-
'state'	STRING	optional	single	'state'
'zip_code'	BYTES	optional	single	-
'company_response'	STRING	required		'company_response'
'timely_response'	STRING	required		'timely_response'
'consumer_disputed'	INT	required		-

图 4-3：模式可视化的屏幕截图

在此可视化中，Presence 表示该特征是否必须存在于 100% 的数据示例中（required/optional）。
Valency 表示每个训练样本所需的值的数量。如果是分类特征，则 single 表示每个训练样本都必须具有该特征的一个类别。

这里生成的模式可能并不完全符合需求，因为它假定当前数据集也完全代表了所有将来的数据。如果此数据集的所有训练样本中都存在某个特征，则将其标记为 required，但实际上它可能是可选的。4.3.2 节将展示如何根据自己对数据集的了解来更新模式。

使用现在定义的模式，可以比较我们的训练数据集或评估数据集，或者检查数据集是否存在任何可能影响模型的问题。

4.3 识别数据中的问题

本章前面讨论了如何为数据生成摘要统计信息和模式。这些描述了我们的数据，但是我们还没有利用它发现潜在的问题。接下来，本章将介绍 TFDV 如何帮助我们发现数据中的问题。

4.3.1 比较数据集

假设我们有两个数据集：训练数据集和校验数据集。在训练机器学习模型之前，我们想确定校验集相对于训练集的代表性。校验数据是否遵循训练数据的模式？是否缺少任何特征列或大量特征值？使用 TFDV，可以快速确定答案。

如下所示，可以加载两个数据集，然后可视化这两个数据集。如果在 Jupyter Notebook 中执行以下代码，则可以轻松比较数据集统计信息：

```
train_stats = tfdv.generate_statistics_from_tfrecord(
    data_location=train_tfrecord_filename)
val_stats = tfdv.generate_statistics_from_tfrecord(
    data_location=val_tfrecord_filename)

tfdv.visualize_statistics(lhs_statistics=val_stats, rhs_statistics=train_stats,
                          lhs_name='VAL_DATASET', rhs_name='TRAIN_DATASET')
```

图 4-4 展示了两个数据集之间的差异。例如，校验数据集（包含 4998 条记录）具有较低的 sub_issue 缺失比。这可能意味着该特征正在更改其在校验集中的分布。更重要的是，该可视化突出显示了所有记录中超过一半的记录不包含 sub_issue 信息。如果 sub_issue 对于模型训练而言是重要的特征，那么我们需要修复数据获取方法，以使用正确的问题标识符来收集新数据。

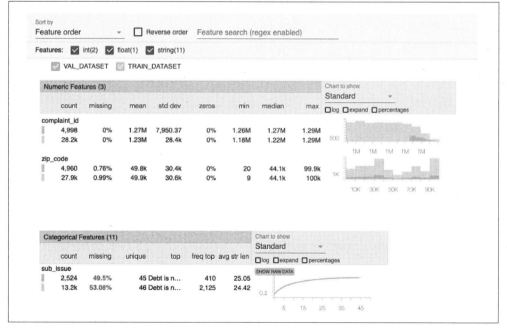

图 4-4：训练数据集和校验数据集之间的比较

之前生成的训练数据的模式现在变得非常有用。TFDV 使我们可以校验针对该模式的任何数据统计信息，并报告所有异常情况。

可以使用以下代码检测异常：

```
anomalies = tfdv.validate_statistics(statistics=val_stats, schema=schema)
```

然后可以显示异常：

```
tfdv.display_anomalies(anomalies)
```

表 4-1 展示了结果。

表4-1：在Jupyter Notebook中可视化异常

特征名	异常的简短描述	异常的详细描述
"公司"	列已删除	该特征出现的例子比预期的要少

以下代码展示了底层异常协议。这包含有用的信息，可以使用这些信息来自动化机器学习工作流。

```
anomaly_info {
  key: "company"
  value {
    description: "The feature was present in fewer examples than expected."
    severity: ERROR
    short_description: "Column dropped"
    reason {
      type: FEATURE_TYPE_LOW_FRACTION_PRESENT
      short_description: "Column dropped"
      description: "The feature was present in fewer examples than expected."
    }
    path {
      step: "company"
    }
  }
}
```

4.3.2 更新模式

前面的异常协议展示了如何从数据集自动生成的模式中检测变化。但是 TFDV 的另一个用例是根据我们对数据的领域知识手动设置模式。考虑到前面讨论的 sub-issue 特征，如果决定需要在 90%以上的训练样本中使用此特征，则可以更新模式以反映这一点。

首先需要从其序列化位置加载模式：

```
schema = tfdv.load_schema_text(schema_location)
```

然后更新此特征，以便在 90%的情况下需要此特征：

```
sub_issue_feature = tfdv.get_feature(schema, 'sub_issue')
sub_issue_feature.presence.min_fraction = 0.9
```

还可以更新美国各州的列表以删除阿拉斯加：

```
state_domain = tfdv.get_domain(schema, 'state')
state_domain.value.remove('AK')
```

一旦对模式感到满意，就可以使用以下代码将模式文件写入其序列化位置：

```
tfdv.write_schema_text(schema, schema_location)
```

接下来需要重新校验统计信息以查看更新的异常：

```
updated_anomalies = tfdv.validate_statistics(eval_stats, schema)
tfdv.display_anomalies(updated_anomalies)
```

这样就可以将异常调整为适合数据集的异常了。[2]

4.3.3　数据偏斜和漂移

TFDV 提供了一个内置的"偏斜比较器"，可检测两个数据集的统计数据之间的较大差异。这不是偏斜的统计定义（围绕其均值非对称分布的数据集）。在 TFDV 中将其定义为两个数据集的 serving_statistics 之差的 L-无穷范数。如果两个数据集之间的差异超过给定特征的 L-无穷范数的阈值，则 TFDV 使用本章前面定义的异常检测将其突出显示为异常。

L-无穷范数

L-无穷范数是一个表达式，用于定义两个向量之间的差（在我们的示例中是 serving_statistics）。L-无穷范数被定义为向量条目的最大绝对值。

例如，向量 [3, –10, –5] 的 L-无穷范数为 10。L-无穷范数常常被用来比较向量。如果想比较向量 [2, 4, –1] 和 [9, 1, 8]，首先需要计算它们的差，即 [–7, 3, –9]，然后计算此向量的 L-无穷范数，结果为 9。

对于 TFDV，这两个向量是两个数据集的摘要统计量。返回的范数是这两套统计数据之间的最大差异。

以下代码展示了如何比较数据集之间的偏斜：

```
tfdv.get_feature(schema,
                 'company').skew_comparator.infinity_norm.threshold = 0.01
skew_anomalies = tfdv.validate_statistics(statistics=train_stats,
                                          schema=schema,
                                          serving_statistics=serving_stats)
```

注 2：还可以调整模式，以便在训练和服务环境中需要不同的特征。

表 4-2 展示了结果。

表4-2：可视化训练数据集和服务数据集之间的数据偏斜

特征名	异常的简短描述	异常的详细描述
"公司"	训练数据集和服务数据集之间的 L-无穷范数距离过大	训练数据集和服务数据集之间的 L-无穷范数距离为 0.017 075 2（最多 6 位有效数字），高于阈值 0.01。差异最大的特征值为 Experian[3]

TFDV 还提供了一个 drift_comparator，用于比较两个相同类型的数据集的统计信息，比如在不同的时间收集的两个训练集。如果检测到漂移，那么数据科学家应检查模型架构或确定是否需要再次执行特征工程。

与此偏斜示例类似，你应该为要监测和比较的特征定义 drift_comparator。然后，可以使用两个数据集的统计信息作为参数来调用 validate_statistics，一个用于基线（比如，昨天的数据集），另一个用于比较（比如，今天的数据集）：

```
tfdv.get_feature(schema,
                 'company').drift_comparator.infinity_norm.threshold = 0.01
drift_anomalies = tfdv.validate_statistics(statistics=train_stats_today,
                                           schema=schema,
                                           previous_statistics=\
                                           train_stats_yesterday)
```

表 4-3 展示了结果。

表4-3：可视化两个训练集之间的数据漂移

特征名	异常的简短描述	异常的详细描述
"公司"	当前训练集和前一个训练集之间的 L-无穷范数距离过大	当前训练集和前一个训练集之间的 L-无穷范数距离为 0.017 075 2（最多 6 位有效数字），高于阈值 0.01。差异最大的特征值为 Experian

skew_comparator 和 drift_comparator 中的 L-无穷范数对于向我们展示数据集之间的巨大差异很有用，尤其是那些可能表明数据输入流水线存在问题的差异。由于 L-无穷范数仅返回一个数字，因此该模式对于检测数据集之间的变化可能更有用。

4.3.4　存在偏差的数据集

输入数据集的另一个潜在问题是偏差（bias）。这里将偏差定义为在某种程度上不能代表现实世界的数据。这与公平相反，第 7 章中将公平定义为模型做出的预测，这些预测对不同的人群有不同的影响。

偏差可以通过多种方式渗入数据。数据集永远是现实世界的子集，因为我们不可能捕捉所

注 3：中文名为"益百利"的公司。——译者注

有的细节。我们对现实世界进行采样的方式始终存在某种偏差。我们可以检查的一个偏差类型是**选择性偏差**（selection bias），其中数据集的分布与实际数据分布不同。

可以使用 TFDV 通过前面描述的统计图表来检查选择性偏差。如果我们的数据集中包含作为分类特征的"性别"，则可以检查它是否偏向于男性类别。在消费者投诉数据集中，我们将"状态"作为分类特征。理想情况下，美国不同州的样本计数分布将反映每个州的相对人口。

可以在图 4-5 中看到它并不是如此（比如，第三名的得克萨斯州人口比第二名的佛罗里达州人口多）。如果在数据中发现这种类型的偏差，并且认为这种偏差可能会损害模型的性能，则可以返回并收集更多数据或对数据进行过采样 / 欠采样以获得正确的分布。

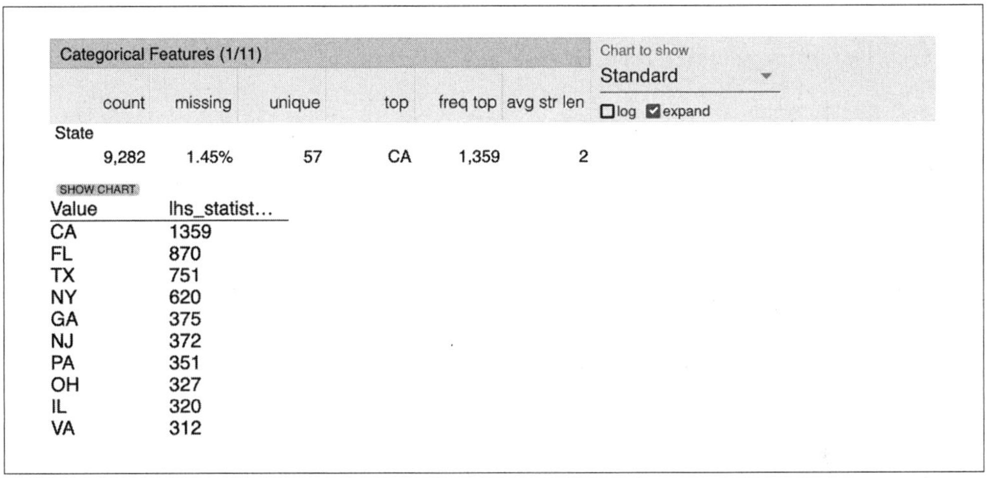

图 4-5：可视化我们的数据集中的偏斜特征

还可以使用前面描述的异常协议来自动地警告此类问题。使用数据集的领域知识，可以对数值实施限制，从而使数据集尽可能地没有偏差。如果你的数据集中包含作为数字特征的人们的工资，则可以强制使用该特征的均值。

有关偏差的详细信息和定义，可以参考谷歌的机器学习速成课程。

4.3.5 在TFDV中切分数据

还可以使用 TFDV 在选择的特征上分割数据集，以帮助显示它们是否有偏差。这类似于第 7 章将要描述的对分割特征的模型性能的计算。例如，当数据缺失时，偏差会以一种微妙的方式混入输入数据。如果没有随机缺失数据，则也许数据集中的一组人会比其他组更频繁地缺失数据。这可能意味着当训练最终模型时，对于这些分组来说，其性能会更差。

在此示例中，我们将查看来自美国不同州的数据。可以对数据进行分割，以便使用以下代码获取加利福尼亚州的统计信息：

```
from tensorflow_data_validation.utils import slicing_util

slice_fn1 = slicing_util.get_feature_value_slicer(
    features={'state': [b'CA']}) ❶
slice_options = tfdv.StatsOptions(slice_functions=[slice_fn1])
slice_stats = tfdv.generate_statistics_from_csv(
    data_location='data/consumer_complaints.csv',
    stats_options=slice_options)
```

❶ 注意，特征值必须是二进制值的列表。

我们需要一些辅助代码以将切片的统计信息复制到可视化中：

```
from tensorflow_metadata.proto.v0 import statistics_pb2

def display_slice_keys(stats):
    print(list(map(lambda x: x.name, slice_stats.datasets)))

def get_sliced_stats(stats, slice_key):
    for sliced_stats in stats.datasets:
        if sliced_stats.name == slice_key:
            result = statistics_pb2.DatasetFeatureStatisticsList()
            result.datasets.add().CopyFrom(sliced_stats)
            return result
    print('Invalid Slice key')

def compare_slices(stats, slice_key1, slice_key2):
    lhs_stats = get_sliced_stats(stats, slice_key1)
    rhs_stats = get_sliced_stats(stats, slice_key2)
    tfdv.visualize_statistics(lhs_stats, rhs_stats)
```

可以使用以下代码可视化结果：

```
tfdv.visualize_statistics(get_sliced_stats(slice_stats, 'state_CA'))
```

然后将加利福尼亚州的统计数据与总体结果进行比较：

```
compare_slices(slice_stats, 'state_CA', 'All Examples')
```

结果如图 4-6 所示。

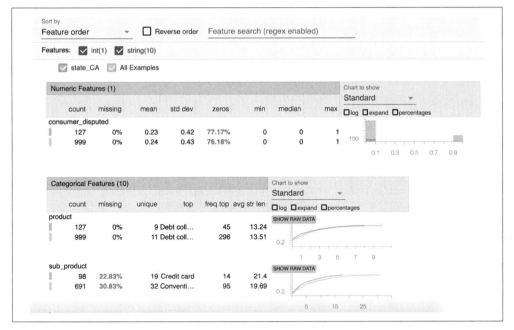

图 4-6：可视化按特征值分割的数据

本节展示了 TFDV 的一些有用的功能，这些功能使你可以发现数据中的问题。接下来将研究如何使用 Google Cloud 的产品来扩大数据校验。

4.4　使用GCP处理大型数据集

随着收集的数据越来越多，数据校验在机器学习工作流中变得更加耗时。缩短校验步骤执行时间的一种方法是利用可用的云解决方案。通过使用云提供商，我们不再受限于笔记本计算机或本地计算资源的计算能力。

作为示例，本节将介绍如何在 Google Cloud Dataflow 上运行 TFDV。TFDV 在 Apache Beam 上运行，这使得切换到 GCP Dataflow 非常容易。

数据流可以通过并行化和分布式来加速数据校验任务。尽管 Dataflow 会根据 CPU 数量和所分配的内存来收费，但它确实可以加快流水线速度。

我们将演示分布式执行数据校验任务的最小设置。如果想了解更多信息，强烈建议你阅读扩展的 GCP 文档。假设你已经创建了一个 Google Cloud 账户、设置了账单详细信息，并且在终端 shell 中设置了环境变量 GOOGLE_APPLICATION_CREDENTIALS。如果需要帮助，请参阅第 3 章或 Google Cloud 文档。

可以使用前面讨论过的方法（比如 tfdv.generate_statistics_from_tfrecord），但是这些

方法需要其他参数：pipeline_options 和 output_path。虽然 output_path 指向了写入数据校验结果的 Google Cloud bucket，但 pipeline_options 是一个对象，包含所有 Google Cloud 详细信息，以便能在 Google Cloud 上运行数据校验。以下代码展示了如何设置这样的流水线：

```
from apache_beam.options.pipeline_options import (
    PipelineOptions, GoogleCloudOptions, StandardOptions)

options = PipelineOptions()
google_cloud_options = options.view_as(GoogleCloudOptions)
google_cloud_options.project = '<YOUR_GCP_PROJECT_ID>' ❶
google_cloud_options.job_name = '<YOUR_JOB_NAME>' ❷
google_cloud_options.staging_location = 'gs://<YOUR_GCP_BUCKET>/staging' ❸
google_cloud_options.temp_location = 'gs://<YOUR_GCP_BUCKET>/tmp'
options.view_as(StandardOptions).runner = 'DataflowRunner'
```

❶ 设置项目的标识符。

❷ 给任务起个名字。

❸ 指向用于暂存临时文件的存储桶。

建议你为数据流任务创建一个存储桶。存储桶将保存所有数据集和临时文件。

配置完 Google Cloud 选项后，需要配置 Dataflow 的工作程序（worker）。在工作程序中，所有任务都需要配置所需的依赖。在我们的例子中，需要额外安装 TFDV。

为此，请将最新的 TFDV 软件包（二进制 .whl 文件）下载到本地系统。选择一个版本（比如 tensorflow_data_validation-0.22.0-cp37-cp37m-manylinux2010_x86_64.whl）安装在 Linux 系统上。

配置工作程序，在 setup_options.extra_packages 列表中指定下载程序包的路径，如下所示：

```
from apache_beam.options.pipeline_options import SetupOptions

setup_options = options.view_as(SetupOptions)
setup_options.extra_packages = [
    '/path/to/tensorflow_data_validation'
    '-0.22.0-cp37-cp37m-manylinux2010_x86_64.whl']
```

有了所有配置，就可以从本地计算机启动数据校验任务了。它们将在 Google Cloud Dataflow 实例上执行：

```
data_set_path = 'gs://<YOUR_GCP_BUCKET>/train_reviews.tfrecord'
output_path = 'gs://<YOUR_GCP_BUCKET>/'
tfdv.generate_statistics_from_tfrecord(data_set_path,
                                       output_path=output_path,
                                       pipeline_options=options)
```

使用 Dataflow 开始数据校验后，可以切换回 Google Cloud 控制台。前面开始的作业应该会以与图 4-7 中类似的方式列出。

图 4-7：Google Cloud Dataflow 作业控制台

然后，可以检查正在运行的作业的详细信息、其状态及其自动伸缩的详细信息，如图 4-8
所示。

图 4-8：Google Cloud Dataflow 作业详细信息

可以看到，只需几个步骤，就可以在云环境中并行化且分布式地执行数据校验任务。下一
节将讨论如何将数据校验任务集成到自动机器学习流水线中。

4.5　将TFDV集成到机器学习流水线中

到目前为止，我们讨论的所有方法都是在独立设置中使用的。这有助于研究流水线设置之
外的数据集。

TFX 提供了一个称为 StatisticsGen 的流水线组件，该组件接受先前 ExampleGen 组件的输出作为输入，然后生成统计信息：

```
from tfx.components import StatisticsGen

statistics_gen = StatisticsGen(
    examples=example_gen.outputs['examples'])
context.run(statistics_gen)
```

就像第 3 章讨论过的那样，可以使用以下方式在交互式 context 中可视化输出：

```
context.show(statistics_gen.outputs['statistics'])
```

结果如图 4-9 所示。

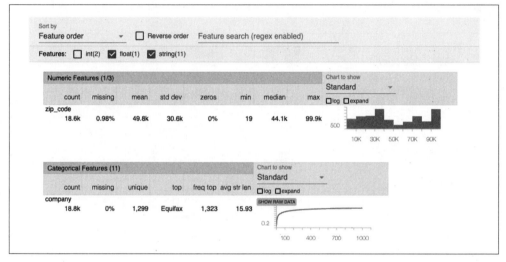

图 4-9：StatisticsGen 组件生成的统计信息

生成模式就像生成统计信息一样容易：

```
from tfx.components import SchemaGen

schema_gen = SchemaGen(
    statistics=statistics_gen.outputs['statistics'],
    infer_feature_shape=True)
context.run(schema_gen)
```

SchemaGen 组件仅在模式不存在的情况下才会生成。最好在第一次运行此组件时检查模式，然后根据需要手动进行调整，4.3.2 节中已经讲过如何做。然后，可以使用此模式，直到需要更改它（比如添加新特征）为止。

有了适当的统计信息和模式，现在可以校验新数据集了：

```
from tfx.components import ExampleValidator

example_validator = ExampleValidator(
    statistics=statistics_gen.outputs['statistics'],
    schema=schema_gen.outputs['schema'])
context.run(example_validator)
```

 ExampleValidator 可以使用前面描述的偏斜比较器和漂移比较器自动检测该
模式的异常情况。但是，这可能无法涵盖数据中的所有潜在异常。如果需要
检测其他一些特定异常，则需要编写自己的自定义组件，第 10 章会对此进
行讲述。

如果 ExampleValidator 组件在新数据集和先前数据集之间的数据集统计信息或模式中检
测到未对齐（misalignment），它将在元数据仓库中将状态设置为**失败**，并且停止流水线执
行。否则，流水线将继续执行下一个步骤，即数据预处理。

4.6　小结

本章讨论了数据校验的重要性以及如何高效执行并自动化该过程。首先讨论了如何生成数
据统计信息和模式，以及如何基于统计数据和模式比较两个不同的数据集。然后逐步介绍
了一个示例，说明如何使用 Dataflow 在 Google Cloud 上运行数据校验。最终，我们将此机
器学习步骤集成到了自动化流水线中。这是流水线中一个非常重要的开关（go/no go）步
骤，因为它可以阻止脏数据进入耗时良久的预处理和训练步骤。

第 5 章将介绍数据预处理。

第5章

数据预处理

我们用于训练机器学习模型的数据通常是以机器学习模型无法使用的格式提供的。例如，在示例项目中，我们用于训练模型的特征仅有 Yes 和 No 两个标签。任何机器学习模型都需要这些值的数字表示（比如 1 和 0）。本章将解释如何将特征转换为一致的数字表示形式，以便可以使用特征的数字表示形式来训练机器学习模型。

本章讨论的一个主要方面集中在预处理上。如图 5-1 所示，预处理在数据校验（参见第 4 章）之后进行。TensorFlow Transform（TFT）是用于数据预处理的 TFX 组件，它使我们能够将预处理步骤构建为 TensorFlow 图。在接下来的内容中，本章将讨论为什么以及应该何时进行这一工作，以及如何导出预处理步骤。在第 6 章中，我们将分别使用预处理的数据集和保存的变换图来训练和导出机器学习模型。

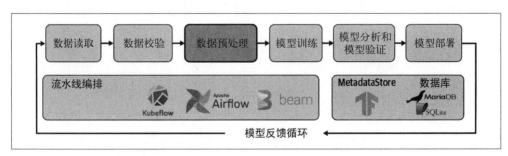

图 5-1：机器学习流水线中的数据预处理

数据科学家可能会认为以 TensorFlow 操作表示的预处理步骤开销太大了。毕竟，它需要的实现方式与使用 Python 的 pandas 或 numpy 编写预处理步骤时所采用的实现方式不同。在实验阶段，不提倡使用 TFT。但是，正如接下来的内容所演示的那样，在将机器学习模型带入生产环境时，将预处理步骤转换为 TensorFlow 操作将有助于避免在第 4 章中讨论的训练–服务偏斜。

5.1　为什么要进行数据预处理

根据我们的经验，TFT 是所有 TFX 库中最复杂的组件，因为这需要通过 TensorFlow 操作表达预处理步骤。然而，在机器学习流水线中使用基于 TFT 的标准化数据预处理的好处有很多，其中包括：

- 在整个数据集的上下文中有效地预处理数据；
- 可以有效地扩展预处理步骤；
- 避免潜在的训练–服务偏斜。

5.1.1　在整个数据集的上下文中预处理数据

当想要将数据转换为数字表示形式时，通常必须在整个数据集的上下文中进行。如果要归一化数字特征，则必须首先确定训练集中特征的最小值和最大值。知道了最小值和最大值的边界，便可以将数据归一化为 0 到 1 之间的值。此归一化步骤通常需要对数据进行两次遍历：第一次遍历用于确定边界，第二次遍历用于转换每个特征值。TFT 为我们提供了管理后台数据传递的功能。

5.1.2　扩展预处理步骤

TFT 在后台使用 Apache Beam 执行预处理指令。如果需要，可以在我们选择的 Apache Beam 后端上分布式地进行预处理任务。如果没有办法使用 Google Cloud Dataflow、Apache Spark 或 Apache Flink 集群，那么 Apache Beam 将默认回到直接运行器模式。

5.1.3　避免训练–服务偏斜

TFT 会创建并保存预处理步骤的 TensorFlow 图。首先，它会创建一个图来处理数据（比如，确定最小值 / 最大值）。然后，它会保存具有确定边界的图。接下来此图可以在推算阶段使用。此过程可确保推算所用模型与训练中使用的模型具有相同的预处理步骤。

什么是训练–服务偏斜？

当模型训练过程中使用的预处理步骤与推算过程中使用的步骤不一致时，我们就说出现了训练–服务偏斜。在许多情况下，用于训练模型的数据是在 Python Notebook 的 pandas 中或在 Spark 作业中处理的。将模型部署到生产环境后，在数据到达预测模型

之前，将在 API 中执行预处理步骤。如图 5-2 所示，这两个过程需要协调以确保步骤始终一致。

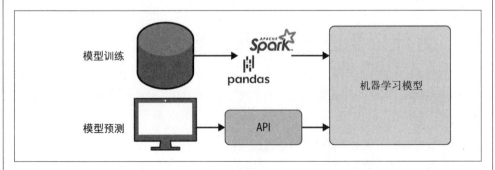

图 5-2：常用的机器学习设置

使用 TFT，可以避免预处理步骤间不一致的情况。如图 5-3 所示，请求预测的客户端现在可以直接提交原始数据，预处理将在已部署的模型图上进行。

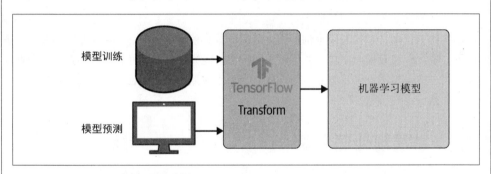

图 5-3：避免 TFT 的训练－服务偏斜

这样的设置减少了所需的协调量并简化了部署。

5.1.4　将预处理步骤和机器学习模型作为一个工件进行部署

为了避免预处理步骤和训练后的模型不一致，我们的流水线导出模型应包括预处理图以及训练后的模型。然后，可以像其他任何 TensorFlow 模型一样部署模型，但是在推算过程中，数据将作为模型推算的一部分在模型服务器上进行预处理。这避免了在客户端进行预处理的要求，并简化了需要请求模型预测的客户端（比如 Web 应用或移动应用）的开发工作。第 11 章和第 12 章将讨论整条端到端流水线如何产生这种"组合"保存的模型。

5.1.5　检查流水线中的预处理结果

使用 TFT 实施数据预处理并将预处理集成到流水线中可以给我们带来额外的好处。我们可以从预处理后的数据中生成统计信息，并检查它们是否仍然符合训练机器学习模型的要求。此用例的一个示例是将文本转换为词列表。如果文本中包含大量新词汇，则它们将被转换为所谓的 UNK 或未知词。如果一定数量的词是完全未知的，则机器学习模型通常很难从数据中有效地进行概括，因此，模型准确率会受到影响。在我们的流水线中，现在可以通过在预处理步骤之后生成统计信息（参见第 4 章）来检查预处理步骤的结果了。

tf.data 和 tf.transform 的区别

tf.data 和 tf.transform 经常会被混淆。tf.data 是一个 TensorFlow API，用于构建用于 TensorFlow 模型训练的有效输入流水线。该库的目标是最大可能地利用硬件资源，比如主机 CPU 和内存，以执行训练期间发生的数据读取和预处理的任务。而 tf.transform 用于表示在训练时间和推算时间均应进行的预处理。该库可以对输入数据进行全过程分析（比如，计算用于数据归一化的词汇或统计信息），并且可以在训练之前执行此分析。

5.2 使用TFT做数据预处理

TensorFlow 生态系统中用于预处理数据的库是 TFT。与 TFDV 一样，它也是 TFX 项目的一部分。

TFT 会使用先前生成的数据集模式处理读取到流水线中的数据，并输出两个工件。

- TFRecord 格式的预处理训练数据集和评估数据集。生成的数据集可以在流水线下游的 `Trainer` 组件中使用。
- 导出的预处理图（包含数据），将在导出机器学习模型时使用。

TFT 的关键是 `preprocessing_fn` 函数，如图 5-4 所示。该函数定义了要应用于**原始**数据的所有转换。当执行 `Transform` 组件时，`preprocessing_fn` 函数将接收原始数据、应用转换并返回处理后的数据。数据以 TensorFlow 张量或 SparseTensors 形式提供（取决于特征）。应用于张量的所有转换都必须是 TensorFlow 操作。这使 TFT 可以有效地分布式处理预处理步骤。

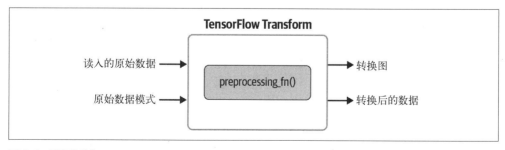

图 5-4：TFT 概述

> **TFT 函数**
>
> tft.compute_and_apply_vocabulary 之类的在幕后执行精细处理步骤的 TFT
> 函数以前缀 tft 开头。通常将 TFT 映射到 Python 命名空间中的时候将其缩写
> 为 tft。普通的 TensorFlow 操作则使用通用前缀 tf，如 tf.reshape 一样。

TensorFlow Transform 还提供了一些有用的函数（比如 tft.bucketize、tft.compute_and_apply_vocabulary 或 tft.scale_to_z_score）。将这些函数应用于数据集特征时，它们将对数据执行所需的一轮遍历，然后将获得的边界应用于数据。例如，tft.compute_and_apply_vocabulary 将生成语料库的词汇集，将创建的词汇到索引的映射应用于特征，并返回索引值。该函数可以将词汇集的数量限制为最相关的前 *n* 个词汇。在接下来的内容中，本章将重点介绍一些最常用的 TFT 操作。

5.2.1　安装

当我们按照第 2 章介绍的方法安装 tfx 软件包时，已经将 TFT 作为依赖项安装了。如果想将 TFT 用作独立软件包，可以通过以下方式安装：

```
$ pip install tensorflow-transform
```

安装完 tfx 或 tensorflow-transform 之后，可以将预处理步骤集成到机器学习流水线中。下面来看几个用例。

5.2.2　预处理策略

如前所述，所应用的转换是在 preprocessing_fn() 函数中定义的。然后，Transform 流水线组件或独立的 TFT 将使用该函数。下面是预处理功能的一个示例，接下来的内容中会详细讨论：

```
def preprocessing_fn(inputs):
    x = inputs['x']
    x_normalized = tft.scale_to_0_1(x)
    return {
        'x_xf': x_normalized
    }
```

该函数接受 Python 字典作为输入。这个字典的键是特征的名称，值是应用预处理之前的原始数据。首先，TFT 将执行分析步骤，如图 5-5 所示。在我们的演示示例中，它将通过对数据的一轮完整的分析来确定特征的最小值和最大值。由于是在 Apache Beam 上执行预处理步骤，因此可以以分布式方式进行。

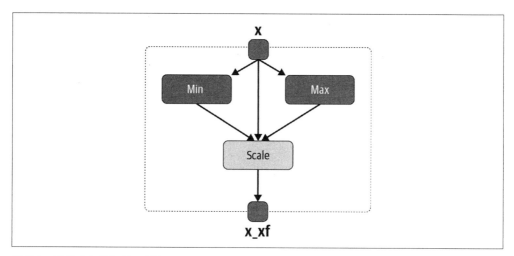

图 5-5：TFT 执行期间的分析步骤

在第二轮分析数据时，确定的值（在本例中为特征的最小值和最大值）用于将特征 x 缩放
为在 0 到 1 之间，如图 5-6 所示。

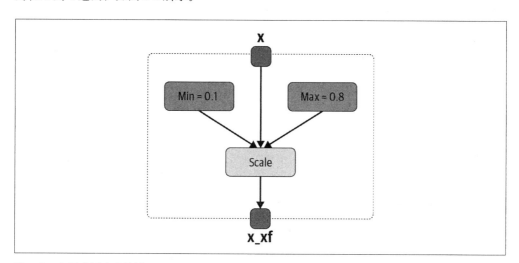

图 5-6：应用分析步骤的结果

TFT 还使用保留的最小值和最大值生成了用于预测的图。这将能保证执行的一致性。

preprocessing_fn()

请注意，TFT 将根据 preprocessing_fn() 函数构建一个图，并将在其自身的
会话中运行。这个函数应该会返回一个 Python 字典，此字典的值就是转换后
的特征。

5.2.3　最佳实践

在使用 TFT 的过程中，我们吸取了很多教训。下面列举了一些。

特征名称很重要

　　预处理后的输出特征的名称很重要。正如在后面章节中将要看到的那样，输出特征将复用输入特征的名称然后加上 _xf 后缀。此外，TensorFlow 模型的输入节点的名称需要与 preprocessing_fn 函数的输出特征的名称相匹配。

考虑数据类型

　　TFT 会限制输出特征的数据类型。它会将所有预处理的特征导出为 tf.string、tf.float32 或 tf.int64 类型的值。如果你的模型无法使用这些数据类型，则要小心处理。 TensorFlow Hub 的某些模型（比如 BERT 模型）要求输入类型为 tf.int32。将输入转换为模型中的正确数据类型，或者在估算器输入函数中转换数据类型，可以避免这种情况。

预处理是分批进行的

　　编写预处理函数时，你可能会认为它是一次处理一个数据行。实际上，TFT 是分批执行操作。这就是在 Transform 组件的上下文中将 preprocessing_fn() 函数的输出重塑为 Tensor 或 SparseTensor 的原因。

记住，不要使用 eager execution

　　preprocessing_fn() 函数内部的函数需要由 TensorFlow ops 表示。如果要将输入字符串转换成小写形式，不能使用 python 自带的 lower() 方法。必须在图模式下运行 TensorFlow 的 tf.strings.lower() 函数。TFT 目前不支持 eager execution，所有操作都必须在图模式下进行。

tf.function 可以在 preprocessing_fn() 函数中使用，但有一些限制：只能使用接受 Tensor 作为输入的 tf.function（也就是说，Python 内建的 lower() 就不能使用，因为它不适用于张量）。不能调用 TFT 分析器或依赖于分析器的映射器，比如 tft.scale_to_z_score。

5.2.4　TFT函数

TFT 提供了各种各样的函数以促进高效的特征工程。这个函数的列表非常广泛，并且还在不断增长。由于篇幅所限，本书不提供所有函数的完整列表，但总结了一些与词汇生成、标准化和分桶相关的重要操作。

tft.scale_to_z_score()

　　如果要对平均值为 0 且标准差为 1 的特征进行归一化，可以使用此函数。

tft.bucketize()

　　此函数可将特征分到多个桶中。它会返回桶的索引。可以指定参数 num_buckets 来设置桶的数量。每个桶的大小完全相同。

`tft.pca()`

此函数使你可以计算给定特征的**主成分分析**（principal component analysis，PCA）。PCA 是通过将数据线性地向下投影到最能保留数据差异的子空间来降低维数的常用技术。它需要参数 output_dim 来设置 PCA 的维数。

`tft.compute_and_apply_vocabulary()`

这是最令人惊奇的 TFT 函数之一。它会计算特征列的所有唯一值，然后将最频繁使用的值映射到索引。再使用该索引将特征转换为数字表示形式。该函数会在后台生成图的所有数据。可以通过两种方式设定如何计算**高频**词汇：使用 top_k 定义 n 个排名最高的项，或在词汇表中使用每个频数超过 frequency_threshold 的项。

`tft.apply_saved_model()`

通过此函数，可以使用 TensorFlow 模型来处理某个特征。可以使用给定的 tag 和 signature_name 加载保存的模型，然后将输入传递给模型。最后返回来自模型的预测结果。

1. 自然语言问题的文本数据

如果你正在处理自然语言问题，并且希望利用 TFT 进行语料预处理以将文档转换为数字表示形式，那么 TFT 具有许多可用的函数。除了前面已经介绍的 tft.compute_and_apply_vocabulary() 函数，还可以使用以下 TFT 函数。

`tft.ngrams()`

这将生成 n 元语法。它会使用字符串类型的 SparseTensor 作为输入。如果你要为列表 ['Tom', 'and', 'Jerry', 'are', 'friends'] 生成一元语法和二元语法，那么函数将返回 [b'Tom', b'Tom and', b'and', b'and Jerry', b'Jerry', b'Jerry are', b'are', b'are friends', b'friends']。除了稀疏输入张量，该函数还使用两个附加参数：ngram_range 和 separator。ngram_range 会设置 n 元语法的范围。如果你的 n 元语法应该包含一元语法和二元语法，那么请将 ngram_range 设置为 (1，2)。separator 允许我们设置连接字符串或字符。在示例中，我们将 separator 设置为 " "（一个空格）。

`tft.bag_of_words()`

该函数会使用 tft.ngrams 并为每个唯一的 n 元语法生成词袋向量。如果 n 元语法在输入中有重复，则可能不会保留 n 元语法的原始顺序。

`tft.tfidf()`

在自然语言处理中经常使用 TFIDF（term frequency inverse document frequency）。它会生成两个输出：一个词索引的向量和一个表示其 TFIDF 权重的向量。该函数会接受一个代表词索引的稀疏输入向量（tft.compute_and_apply_vocabulary() 函数的结果）作为输入。这些向量的维数由 vocab_size 输入参数设置。每个词的权重由文档中词的频率乘以逆向文档频率来计算。这种计算通常是资源密集的。因此，用 TFT 的分布式计算具有很大的优势。

还可以使用 TensorFlow Text 库中的所有可用函数。该库为文本标准化、文本分词、n 元语法计算和 BERT 等现代语言模型提供了广泛的支持。

2. 计算机视觉问题的图像数据

如果你正在使用计算机视觉模型，那么 TFT 可以为你预处理图像数据集。TensorFlow 的 tf.images 和 tf.io API 提供了各种图像预处理操作。

tf.io 为模型图提供了一些有用的函数（比如 tf.io.decode_jpeg 和 tf.io.decode_png）来打开图像文件。tf.images 提供了裁剪或调整图像大小、转换配色方案、调整图像（比如对比度、色调或亮度）或图像转换（比如图像翻转、换位等）等功能。

第 3 章讨论过将图像读取到流水线中的策略。在 TFT 中，现在可以从 TFRecord 文件读取编码的图像，例如，将它们调整为固定大小或将彩色图像缩小为灰度图像。下面是 preprocessing_fn 函数的一个示例：

```
def process_image(raw_image):
    raw_image = tf.reshape(raw_image, [-1])
    img_rgb = tf.io.decode_jpeg(raw_image, channels=3) ❶
    img_gray = tf.image.rgb_to_grayscale(img_rgb) ❷
    img = tf.image.convert_image_dtype(img_gray, tf.float32)
    resized_img = tf.image.resize_with_pad( ❸
        img,
        target_height=300,
        target_width=300
    )
    img_grayscale = tf.image.rgb_to_grayscale(resized_img) ❹
    return tf.reshape(img_grayscale, [-1, 300, 300, 1])
```

❶ 解码 JPEG 图像格式。

❷ 将加载的 RGB 图像转换为灰度。

❸ 将图像尺寸调整为 300 像素 ×300 像素。

❹ 将图像转换为灰度。

在 return tf.reshape() 的那个语句中，需要注意：TFT 可能会分批处理输入。因为批处理大小由 TFT 和 Apache Beam 负责，所以需要调整函数的输出以处理任何批处理大小的数据。因此，将返回的张量的第一维设置为 –1。其余维度代表我们的图像。将它们的大小调整为 300 像素 ×300 像素，并将 RGB 通道转换成灰度通道。

5.2.5 TFT的独立执行

定义 preprocessing_fn 函数后，需要重点关注如何执行 Transform 函数。对于执行，有两个选择。我们既可以独立地执行预处理转换，也可以作为 TFX 组件组成机器学习流水线的一部分。两种类型的执行都可以在本地 Apache Beam 或 Google Cloud Dataflow 上执行。本节将讨论 TFT 的独立执行。如果想在流水线外部有效地预处理数据，这是推荐的使用方式。如果对如何将 TFT 集成到流水线中感兴趣，请跳转至下一节。

Apache Beam 提供的功能远远超出了本书的范围。有大量 Apache Beam 的专业图书可以参考。但是，我们想带你了解 Apache Beam 预处理的 "Hello World" 级别的示例。

在这个示例中，将先前介绍过的标准化预处理功能应用于我们的小型原始数据集，源代码如下所示：

```
raw_data = [
    {'x':   1.20},
    {'x':   2.99},
    {'x': 100.00}
]
```

首先，需要定义一个数据模式。可以根据特征规格生成模式，如以下源代码所示。我们的小数据集仅包含一个名为 x 的特征。我们使用 tf.float32 数据类型定义特征：

```
import tensorflow as tf
from tensorflow_transform.tf_metadata import dataset_metadata
from tensorflow_transform.tf_metadata import schema_utils

raw_data_metadata = dataset_metadata.DatasetMetadata(
    schema_utils.schema_from_feature_spec({
        'x': tf.io.FixedLenFeature([], tf.float32)
    }))
```

加载数据集并生成数据模式后，现在可以执行先前定义的预处理函数 preprocessing_fn 了。TFT 通过函数 AnalyzeAndTransformDataset 可以将操作绑定在 Apache Beam 上执行。此函数执行之前讨论过的两步过程：首先分析数据集，然后对其进行转换。此执行是通过 Python 上下文管理器 tft_beam.Context 执行的，这使我们可以设置所需的批处理大小。不过，建议使用默认的批处理大小，因为它在常见的用例中性能更高。以下示例显示了 AnalyzeAndTransformDataset 函数的用法：

```
import tensorflow_transform as tft
import tempfile
import tensorflow_transform.beam.impl as tft_beam

with beam.Pipeline() as pipeline:
    with tft_beam.Context(temp_dir=tempfile.mkdtemp()):

        tfrecord_file = "/your/tf_records_file.tfrecord"
```

```
raw_data = (
    pipeline | beam.io.ReadFromTFRecord(tfrecord_file, coder = tft.coders.
        ExampleProtoCoder(raw_data_metadata.schema))

transformed_dataset, transform_fn = (
    (raw_data, raw_data_metadata) | tft_beam.AnalyzeAndTransformDataset(
        preprocessing_fn))
```

Apache Beam 函数调用的语法与通常的 Python 调用略有不同。在前面的示例中，我们使用
preprocessing_fn 作为参数调用 Apache Beam 函数 AnalyzeAndTransformDataset()，并随后提供
了两个参数：raw_data 数据和元数据模式 raw_data_meta。然后，AnalyzeAndTransformDataset()
返回了两个工件：预处理过的数据集和一个函数，在这里称为 transform_fn，表示应用于
我们的数据集的变换操作。

如果测试"Hello World"示例，执行预处理步骤并打印结果，我们会看到经过处理的数据集：

```
transformed_data, transformed_metadata = transformed_dataset
print(transformed_data)
[
    {'x_xf': 0.0},
    {'x_xf': 0.018117407},
    {'x_xf': 1.0}
]
```

在" Hello World"示例中，我们完全忽略了以下事实：数据并不会存储在 Python 字典中，
而通常需要从磁盘读取。在构建 TensorFlow 模型的上下文中，Apache Beam 提供了有效处
理文件读取的函数（比如 beam.io.Read FromText() 或 beam.io.ReadFromTFRecord()）。

如你所见，定义 Apache Beam 的执行过程很复杂，并且我们知道数据科学家和机器学习工
程师的工作不是从零开始写这些执行指令。这就是为什么 TFX 如此方便。它抽象了所有的
指令，让数据科学家专注于特定问题，比如定义 preprocessing_fn() 函数。下一节将仔细
研究示例项目的"转换"。

5.2.6 将TFT集成到机器学习流水线中

本章的最后一部分将讨论如何将 TFT 功能应用于示例项目。在第 4 章中，我们研究了数据
集并确定了哪些特征是分类特征或数字特征，哪些特征应进行分桶，以及哪些特征要从字
符串表示形式转换到向量表示形式。这种信息对于特征工程至关重要。

在以下代码中，我们定义了所需的特征。为了稍后进行更简单的处理，我们将输入特征名
称分组在字典中，以表示每种变换的输出数据类型：独热编码，分桶后的特征和原始字符
串表示形式。

```
import tensorflow as tf
import tensorflow_transform as tft
```

```
LABEL_KEY = "consumer_disputed"

# 特征名，特征维度
ONE_HOT_FEATURES = {
    "product": 11,
    "sub_product": 45,
    "company_response": 5,
    "state": 60,
    "issue": 90
}

#  特征名，分桶数量
BUCKET_FEATURES = {
    "zip_code": 10
}

# 特征名，值未使用
TEXT_FEATURES = {
    "consumer_complaint_narrative": None
}
```

在遍历这些输入特征字典之前，先来定义一些辅助函数以有效地转换数据。通过在特征名后添加后缀（比如 _xf）来重命名特征是一个好习惯。后缀将有助于区分错误是源于输入特征还是输出特征，并防止在实际模型中意外使用未转换的特征：

```
def transformed_name(key):
    return key + '_xf'
```

我们的某些特征比较稀疏，但 TFT 希望转换输出密集特征。可以使用以下辅助函数将稀疏特征转换为密集特征，并使用默认值填充缺失值：

```
def fill_in_missing(x):
    default_value = '' if x.dtype == tf.string or to_string else 0
    if type(x) == tf.SparseTensor:
        x = tf.sparse.to_dense(
            tf.SparseTensor(x.indices, x.values, [x.dense_shape[0], 1]),
                            default_value)
    return tf.squeeze(x, axis=1)
```

在模型中，我们将大多数输入特征表示为独热编码向量。以下辅助函数会将给定的索引转换为独热编码表示形式并返回向量：

```
def convert_num_to_one_hot(label_tensor, num_labels=2):
    one_hot_tensor = tf.one_hot(label_tensor, num_labels)
    return tf.reshape(one_hot_tensor, [-1, num_labels])
```

在处理特征之前，需要一个辅助函数，将以字符串形式表示的邮政编码转换为浮点值。我们的数据集列出了邮政编码，如下所示：

```
zip codes
97XXX
98XXX
```

为了正确地分桶缺失邮政编码的记录，我们将占位符替换为零，并将生成的浮点分到 10 个桶中：

```
def convert_zip_code(zip_code):
    if zip_code == '':
        zip_code = "00000"
    zip_code = tf.strings.regex_replace(zip_code, r'X{0,5}', "0")
    zip_code = tf.strings.to_number(zip_code, out_type=tf.float32)
    return zip_code
```

在所有的辅助函数就绪后，现在可以遍历每个特征列并根据类型对其进行转换了。例如，为了将特征转换为独热特征，我们使用 tft.compute_and_apply_vocabulary() 将类别名称转换为索引，然后通过辅助函数 convert_num_to_one_hot() 将索引转换为独热向量表示形式。由于我们正在使用 tft.compute_and_apply_vocabulary()，因此 TensorFlow Transform 将首先遍历所有类别，然后才能计算出完整的类别到索引的映射。接下来，我们将在模型评估和服务阶段使用刚刚生成的映射：

```
def preprocessing_fn(inputs):
    outputs = {}
    for key in ONE_HOT_FEATURES.keys():
        dim = ONE_HOT_FEATURES[key]
        index = tft.compute_and_apply_vocabulary(
            fill_in_missing(inputs[key]), top_k=dim + 1)
        outputs[transformed_name(key)] = convert_num_to_one_hot(
            index, num_labels=dim + 1)
    ...
    return outputs
```

对分桶特征的处理非常相似。我们决定对邮政编码进行分桶，因为独热编码的邮政编码看起来太稀疏了。在示例中，每个特征被分在 10 个桶中，然后我们将桶的索引编码为一个独热向量：

```
for key, bucket_count in BUCKET_FEATURES.items():
    temp_feature = tft.bucketize(
            convert_zip_code(fill_in_missing(inputs[key])),
            bucket_count,
            always_return_num_quantiles=False)
    outputs[transformed_name(key)] = convert_num_to_one_hot(
            temp_feature,
            num_labels=bucket_count + 1)
```

文本输入特征和标签列不需要任何转换。因此，可以简单地将它们转换为密集特征，以防某个特征稀疏。

```
for key in TEXT_FEATURES.keys():
    outputs[transformed_name(key)] = \
        fill_in_missing(inputs[key])

outputs[transformed_name(LABEL_KEY)] = fill_in_missing(inputs[LABEL_KEY])
```

为什么没有将文本特征通过嵌入转换为向量？

你可能想知道为什么在转换步骤中没有将文本特征通过嵌入转换为固定的向量。这当然是可能的。但是我们决定加载 TensorFlow Hub 模型作为模型的一部分而不是预处理的一部分。做出此决定的关键原因是我们可以在训练阶段使嵌入变得可训练并完善向量表示形式。因此，它们不能被硬编码到预处理步骤中并在训练阶段保持不变。

如果在流水线中使用来自 TFX 的 Transform 组件，那么可以将转换代码写入单独的 Python 文件。模块的名称可以由用户设置（比如，在我们的示例中为 module.py），但是入口点 preprocessing_fn() 必须包含在该模块文件中，并且不能更改名字：

```
transform = Transform(
    examples=example_gen.outputs['examples'],
    schema=schema_gen.outputs['schema'],
    module_file=os.path.abspath("module.py"))
context.run(transform)
```

当执行 Transform 组件时，TFX 将把 module.py 文件中定义的转换应用于已加载的输入数据，该输入数据在数据读取步骤期间已转换为 TFRecord 数据结构。然后，组件将输出转换后的数据、转换图和所需的元数据。

转换后的数据和转换图可以在下一步（Trainer 组件）中使用。查阅 6.2.2 节以了解如何使用 Transform 组件的输出。第 6 章还会重点介绍如何将生成的变换图与训练好的模型结合起来以导出保存的模型。详细信息参见示例 6-2。

5.3 小结

本章讨论了如何使用 TFT 在机器学习流水线中有效地预处理数据。我们介绍了如何编写 preprocessing_fn 函数，概述了 TFT 提供的一些函数，并讨论了如何将预处理步骤集成到 TFX 流水线中。现在已经对数据进行了预处理，该训练模型了。

第6章

模型训练

既然数据预处理步骤已经完成，并且数据已经转换为模型所需的格式，那么流水线中的下一步就是用刚转换的数据训练模型。

正如第 1 章讨论的那样，本书不会介绍选择模型架构的过程。我们假设在阅读本书之前你已经通过一个独立的实验过程知道了要训练的模型。第 15 章将讨论如何跟踪这种实验过程，因为它有助于为模型创建完整的审计跟踪。不过，本书不会涉及理解模型训练过程所需的任何理论背景。如果想了解有关此话题的更多信息，强烈建议你阅读《机器学习实战：基于 Scikit-Learn、Keras 和 TensorFlow（第 2 版）》。

本章会将模型训练过程作为机器学习流水线的一部分进行介绍，包括如何在 TFX 流水线中将其自动化，还会介绍 TensorFlow 分布策略的详细信息以及如何调整流水线中的超参数。与其他大多数章节相比，本章专门针对 TFX 流水线，因为本章不会将训练作为一个独立的过程来探讨。

如图 6-1 所示，当前数据已被读取、校验和预处理。这样可以确保模型所需的所有数据都已存在，并且已将它们通过可复现的步骤转换为模型所需的特征。所有这些都是必要的，因为我们不希望流水线在下一步中失败。我们希望确保训练顺利进行，因为它通常是整个流程中最耗时的部分。

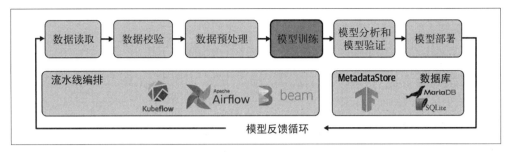

图 6-1：机器学习流水线中的模型训练

在 TFX 流水线中训练模型的一个非常重要的特性是数据预处理步骤（参见第 5 章）与训练后的模型权重一起保存。一旦将模型部署到生产环境中，这将非常有用，因为这意味着预处理步骤将始终产生模型所要求的特征。如果没有这个特征，则可能会在不更新模型的情况下更新数据预处理步骤，然后模型将在生产环境中失败，或者会基于错误的数据进行预测。由于我们将预处理步骤和模型导出为一个图，因此消除了这种潜在的错误来源。

接下来的两节将详细介绍训练作为 TFX 流水线一部分的 tf.Keras 模型所需的步骤。[1]

6.1 定义示例项目的模型

即使已经定义了模型架构，这里也需要一些额外的代码。我们需要使流水线的模型训练部分自动化。本节将简要描述本章中使用的模型。

示例项目的模型是一个假设的实现，模型架构还可以进一步优化。但是，它展示了许多深度学习模型的一些常见要素。

* 从预先训练的模型迁移学习
* 密集层
* 串联层

正如第 1 章讨论的那样，示例项目中的模型使用来自美国消费者金融保护局的数据来预测消费者是否会对金融产品投诉提出异议。模型所用到的特征包括金融产品、公司的回应、美国的州和消费者投诉叙述。我们的模型设计受到了 Wide and Deep 模型架构的启发，使用了来自 TensorFlow Hub 的 Universal Sentence Encoder 来编码文本特征（消费者投诉的内容）。

可以在图 6-2 中看到模型架构的直观表示形式，其中文本特征（consumer_complaint_narrative_xf）沿"深"路线处理，其他特征沿"宽"路线处理。

注 1：示例项目中将使用 Keras 模型，但是 TFX 也可以与 Estimator 模型完美配合。可以在 TFX 文档中找到示例。

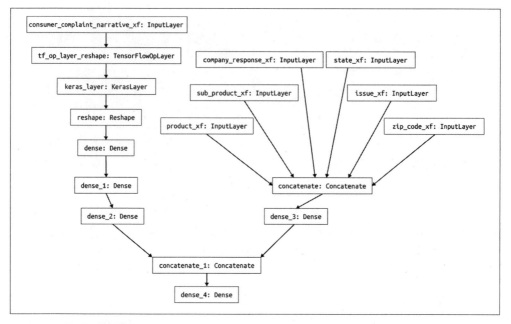

图 6-2:示例项目的模型架构

示例 6-1 展示了完整的模型架构定义。因为要使用预处理步骤导出模型,所以需要确保模型输入名称与 preprocessing_fn() 中转换后的特征名称相匹配,这已在第 5 章进行了讨论。在示例模型中,我们重用了第 5 章描述的 transformd_name() 函数,以将后缀 _xf 添加到特征名中。

示例 6-1 定义模型架构

```python
import tensorflow as tf
import tensorflow_hub as hub

def transformed_name(key):
    return key + '_xf'


def get_model():

    # One-hot分类特征
    input_features = []
    for key, dim in ONE_HOT_FEATURES.items(): ❶
        input_features.append(
            tf.keras.Input(shape=(dim + 1),
                           name=transformed_name(key)))

    # 添加分桶特征
    for key, dim in BUCKET_FEATURES.items():
        input_features.append(
            tf.keras.Input(shape=(dim + 1),
                           name=transformed_name(key)))
```

```
# 添加文本输入特征
input_texts = []
for key in TEXT_FEATURES.keys():
    input_texts.append(
        tf.keras.Input(shape=(1),
                       name=transformed_name(key),
                       dtype=tf.string))

inputs = input_features + input_texts

# 嵌入文本特征
MODULE_URL = "https://tfhub.dev/google/universal-sentence-encoder/4"
embed = hub.KerasLayer(MODULE_URL) ❷
reshaped_narrative = tf.reshape(input_texts[0], [-1]) ❸
embed_narrative = embed(reshaped_narrative)
deep_ff = tf.keras.layers.Reshape((512), input_shape=(1, 512))(embed_narrative)

deep = tf.keras.layers.Dense(256, activation='relu')(deep_ff)
deep = tf.keras.layers.Dense(64, activation='relu')(deep)
deep = tf.keras.layers.Dense(16, activation='relu')(deep)

wide_ff = tf.keras.layers.concatenate(input_features)
wide = tf.keras.layers.Dense(16, activation='relu')(wide_ff)

both = tf.keras.layers.concatenate([deep, wide])

output = tf.keras.layers.Dense(1, activation='sigmoid')(both)
keras_model = tf.keras.models.Model(inputs, output) ❹

keras_model.compile(optimizer=tf.keras.optimizers.Adam(learning_rate=0.001),
                    loss='binary_crossentropy',
                    metrics=[
                        tf.keras.metrics.BinaryAccuracy(),
                        tf.keras.metrics.TruePositives()
                    ])
    return keras_model
```

❶ 遍历特征集并为每个特征创建输入。

❷ 加载 Universal Sentence Encoder 模型的 tf.hub 模块。

❸ Keras 输入是二维的，但是编码器需要一维的输入。

❹ 使用函数式 API 组装模型图。

现在，我们已经定义了模型，下面继续描述将其集成到 TFX 流水线中的过程。

6.2 TFX Trainer组件

TFX Trainer 组件负责流程中的训练步骤。本节将首先描述在示例项目中如何一次性地训练 Keras 模型，最后将补充关于其他训练情况和 Estimator 模型的一些注意事项。

与正常的 Keras 训练代码相比，本节将要描述的所有步骤似乎冗长且没有必要。但是这里的关键是，Trainer 组件将产生可以在生产环境中使用的模型，它将转换新数据并使用该模型进行预测。因为模型中包含了"转换"步骤，所以数据预处理步骤将始终符合模型的要求。部署模型时，这将可以消除一个巨大的潜在的错误来源。

在示例项目中，Trainer 组件需要以下输入：

- 先前生成的数据模式，由第 4 章中讨论的数据校验步骤生成；
- 转换后的数据及其预处理图，如第 5 章所述；
- 训练参数（比如训练步骤数）；
- 包含 run_fn() 函数的模块文件，用于定义训练过程。

下一节将讨论 run_fn 函数的设置，还将介绍如何在流水线中训练机器学习模型并将其导出到将在第 7 章讨论的下一个流水线步骤中。

6.2.1 run_fn()函数

Trainer 组件将在模块文件中寻找 run_fn() 函数，并将该函数用作执行训练过程的入口。该模块文件需要放置在 Trainer 组件能够找到的位置。如果在交互式 context 中运行组件，则需定义模块文件的绝对路径并将其传递给组件。如果在生产环境中运行流水线，请查阅第 11 章或第 12 章以获取有关如何提供模块文件的详细信息。

run_fn() 函数是训练步骤的通用入口，而不是 tf.Keras 专用的。它执行以下步骤：

- 加载训练数据和验证数据（或数据生成器）；
- 定义模型架构并编译模型；
- 训练模型；
- 导出要在流水线的下一步中评估的模型。

示例 6-2 展示了示例项目的 run_fn 具体如何执行这 4 个步骤。

示例 6-2 示例流水线的 run_fn() 函数

```
def run_fn(fn_args):

    tf_transform_output = tft.TFTransformOutput(fn_args.transform_output)
    train_dataset = input_fn(fn_args.train_files, tf_transform_output) ❶
    eval_dataset = input_fn(fn_args.eval_files, tf_transform_output)
```

```
model = get_model() ❷
model.fit(
    train_dataset,
    steps_per_epoch=fn_args.train_steps,
    validation_data=eval_dataset,
    validation_steps=fn_args.eval_steps) ❸

signatures = {
    'serving_default':
        _get_serve_tf_examples_fn(
            model,
            tf_transform_output).get_concrete_function(
                tf.TensorSpec(
                    shape=[None],
                    dtype=tf.string,
                    name='examples')
            )
} ❹
model.save(fn_args.serving_model_dir,
           save_format='tf', signatures=signatures)
```

❶ 调用 input_fn 函数以获取数据生成器。

❷ 调用 get_model 函数以获取已编译的 Keras 模型。

❸ 使用 Trainer 组件传递过来的训练和评估步骤数来训练模型。

❹ 定义模型签名，其中包括稍后将描述的服务函数。

该函数相当通用，可以与任何其他 tf.Keras 模型一起复用。项目特定的细节是在 get_model() 或 input_fn() 之类的辅助函数中定义的。

接下来的内容将仔细研究如何在 run_fn() 函数中加载数据、训练和导出机器学习模型。

1. 加载数据

run_fn 函数中的以下代码会加载训练数据和评估数据：

```
def run_fn(fn_args):
    tf_transform_output = tft.TFTransformOutput(fn_args.transform_output)
    train_dataset = input_fn(fn_args.train_files, tf_transform_output)
    eval_dataset = input_fn(fn_args.eval_files, tf_transform_output)
```

在第一行中，run_fn 函数通过 fn_args 对象接收了一组参数，包括变换图、数据集和训练参数。

用于模型训练和验证的数据是分批载入的，由 input_fn() 函数负责载入，如示例 6-3 所示。

```
LABEL_KEY = 'labels'

def _gzip_reader_fn(filenames):
    return tf.data.TFRecordDataset(filenames,
        compression_type='GZIP')

def input_fn(file_pattern,
            tf_transform_output, batch_size=32):

    transformed_feature_spec = (
        tf_transform_output.transformed_feature_spec().copy())

    dataset = tf.data.experimental.make_batched_features_dataset(
        file_pattern=file_pattern,
        batch_size=batch_size,
        features=transformed_feature_spec,
        reader=_gzip_reader_fn,
        label_key=transformed_name(LABEL_KEY)) ❶

    return dataset
```

❶ 数据集将被分批为正确的批处理大小。

input_fn 函数允许加载由上一个 Transform 步骤生成的预处理过且压缩过的数据集。[2] 为此，需要将 tf_transform_output 传递给该函数。这为我们提供了用于从 TFRecord 数据结构（由 Transform 组件生成）加载数据集的数据模式。使用经过预处理的数据集，可以避免训练过程中的数据预处理，从而加快训练过程。

input_fn 会返回一个生成器（batched_features_dataset），该生成器将每次向模型提供一个批次的数据。

2. 编译和训练模型

现在已经定义了数据加载步骤，下一步是定义模型架构并编译模型。在 run_fn 中，将需要调用之前已经介绍过的 get_model()，如下所示：

```
model = get_model()
```

接下来，使用 Keras 方法 fit() 训练编译后的模型。

```
model.fit(
    train_dataset,
    steps_per_epoch=fn_args.train_steps,
    validation_data=eval_dataset,
    validation_steps=fn_args.eval_steps)
```

注 2：可以不使用 Transform 组件，而通过直接加载原始数据集的方式使用 Trainer 组件。但是这样的话，会无法使用 TFX 的一个优秀特性：将预处理和模型图导出为 SavedModel 图。

训练步数与周期

TFX Trainer 组件的训练过程是通过训练的步数而不是周期来定义的。一个**训练步骤**是指在单批数据上训练模型。使用步骤而不是周期的好处是，可以在训练或验证具有大型数据集的模型时仅使用一部分数据。同时，如果要在训练期间多次遍历训练数据集，那么可以将步数增加到可用样本数量的相应倍数。

模型训练完成后，下一步是导出模型。第 8 章将详细讨论如何导出模型以进行部署。接下来的内容将专注于如何将预处理步骤与模型一起导出。

3. 模型导出

终于，要导出模型了。将前一个流水线组件中的预处理步骤与训练后的模型合并在一起，并以 TensorFlow SavedModel 格式保存起来。为示例 6-4 中函数生成的图定义**模型签名**。8.6 节会更详细地描述模型签名。

在 run_fn 函数中定义模型签名，并使用以下代码保存模型：

```
signatures = {
    'serving_default':
        get_serve_tf_examples_fn(
            model,
            tf_transform_output).get_concrete_function(
                tf.TensorSpec(
                    shape=[None],
                    dtype=tf.string,
                    name='examples')
            )
}
model.save(fn_args.serving_model_dir,
            save_format='tf', signatures=signatures)
```

run_fn 会导出 get_serve_tf_examples_fn 作为模型签名的一部分。导出并部署模型后，每个预测请求都将经过示例 6-4 中所示的 serve_tf_examples_fn() 的处理。对于每个请求，我们都会解析序列化的 tf.Example 记录，并将预处理步骤应用于原始请求数据。然后，模型会对预处理后的数据进行预测。

示例 6-4　将预处理图应用于模型输入

```
def get_serve_tf_examples_fn(model, tf_transform_output):

    model.tft_layer = tf_transform_output.transform_features_layer() ❶

    @tf.function
    def serve_tf_examples_fn(serialized_tf_examples):
        feature_spec = tf_transform_output.raw_feature_spec()
        feature_spec.pop(LABEL_KEY)
        parsed_features = tf.io.parse_example(
```

```
                serialized_tf_examples, feature_spec) ❷
        transformed_features = model.tft_layer(parsed_features) ❸
        outputs = model(transformed_features) ❹
        return {'outputs': outputs}

    return serve_tf_examples_fn
```

❶ 加载预处理图。

❷ 从请求中解析原始 tf.Example 记录。

❸ 将预处理转换应用于原始数据。

❹ 使用预处理后的数据进行预测。

在 run_fn() 函数已经就绪后，现在来讨论如何运行 Trainer 组件。

6.2.2　运行Trainer组件

如示例 6-5 所示，Trainer 组件会将以下内容作为输入：

- Python 模块文件（这里保存为 module.py），其中包含 run_fn()、input_fn()、get_serve_
  tf_examples_fn() 以及之前讨论过的其他关联函数；
- 由 Transform 组件生成的样本；
- 由 Transform 组件生成的变换图；
- 数据校验组件生成的数据模式；
- 训练和评估步数。

示例 6-5　Trainer 组件

```
from tfx.components import Trainer
from tfx.components.base import executor_spec
from tfx.components.trainer.executor import GenericExecutor ❶
from tfx.proto import trainer_pb2

TRAINING_STEPS = 1000
EVALUATION_STEPS = 100
trainer = Trainer(
    module_file=os.path.abspath("module.py"),
    custom_executor_spec=executor_spec.ExecutorClassSpec(GenericExecutor), ❷
    transformed_examples=transform.outputs['transformed_examples'],
    transform_graph=transform.outputs['transform_graph'],
    schema=schema_gen.outputs['schema'],
    train_args=trainer_pb2.TrainArgs(num_steps=TRAINING_STEPS),
    eval_args=trainer_pb2.EvalArgs(num_steps=EVALUATION_STEPS))
```

❶ 加载 GenericExecutor 以覆盖训练执行器。

❷ 覆盖执行器以加载 run_fn() 函数。

在 notebook 环境（一种交互式 context）中，就像之前的组件一样，可以使用以下命令来运行 Trainer 组件：

```
context.run(trainer)
```

模型训练和导出完成后，组件将在元数据仓库中注册导出模型的路径。下游组件可以提取模型进行模型验证。

Trainer 组件是通用的，不是仅仅只能运行 TensorFlow 模型。不过，流水线下游的组件都要求模型以 TensorFlow SavedModel 格式保存。SavedModel 图包含 Transform 图，因此数据预处理步骤是模型的一部分。

覆盖 Trainer 组件的执行器

示例项目中重写了 Trainer 组件的执行器，以启用通用训练入口函数 run_fn() 而不是仅支持 tf.Estimator 模型的默认的 trainer_fn() 函数。第 12 章将介绍另一个 Trainer 执行器 ai_platform_trainer_executor.GenericExecutor。这个执行器允许你在 Google Cloud AI Platform 上而不是自己的流水线中训练模型。如果你的模型需要特定的训练硬件［比如 GPU 或张量处理单元（TPU）］，而此硬件在你自己的流水线环境中不可用，则可以使用上面提到的执行器作为替代方案。

6.2.3 其他关于Trainer组件的注意事项

到目前为止，本章的示例仅考虑了 Keras 模型的一次训练过程。但是，也可以使用 Trainer 组件来微调先前运行的模型或同时训练多个模型，10.1 节将对此进行介绍。还可以使用 Trainer 组件通过超参数搜索来优化模型，6.5 节将对此进行更多的讨论。

本节还将讨论如何将 Trainer 组件与 Estimator 模型一起使用，以及如何在 TFX 流水线外加载 Trainer 组件导出的 SavedModel。

1. 将 Trainer 组件与 Estimator 模型结合使用

直到最近，TFX 仅支持 tf.Estimator 模型，而 Trainer 组件是仅为 Estimator 设计的。Trainer 组件的默认实现使用 trainer_fn() 函数作为训练过程的入口点，但是此入口点是 tf.Estimator 特有的。Trainer 组件要求 Estimator 的输入由诸如 train_input_fn()、eval_input_fn() 和 serving_receiver_fn() 之类的函数定义。[3]

正如上一节所讨论的，可以将组件的核心功能与通用训练执行器 GenericExecutor 互换，

注 3：可以通过 tf.model_to_estimator() 将 tf.Keras 模型转换为 tf.Estimator 模型。不过，最新的 TFX 已经不推荐这么做了。

后者使用 run_fn() 函数作为训练过程的入口。[4] 就像执行器的名字所暗示的那样，训练过程会变得通用，而不与 tf.Estimator 或 tf.Keras 模型绑定。

2. 在流水线外使用 SavedModel

如果想在 TFX 流水线之外检查导出的 SavedModel，可以将模型作为**具体函数**[5] 加载，其代表着图的一个签名：

```
model_path = trainer.outputs.model.get()[0].uri
model = tf.saved_model.load(export_dir=model_path)
predict_fn = model.signatures["serving_default"]
```

将模型作为具体函数加载后，现在可以进行预测了。导出的模型要求以 tf.Example 数据结构的方式提供输入数据，如下例所示。有关 tf.Example 数据结构以及如何转换其他特征（比如整数和浮点数）的详细信息，请参见示例 3-1。以下代码展示了如何通过调用 predict_fn() 函数来创建序列化的数据结构并执行模型预测：

```
example = tf.train.Example(features=tf.train.Features(feature={
    'feature_A': _bytes_feature(feature_A_value),
    ...
})) ❶

serialized_example = example.SerializeToString()
print(predict_fn(tf.constant([serialized_example])))
```

❶ 示例 3-1 中定义了 _bytes_feature 辅助函数。

如果想在训练期间详细查看模型的训练进度，可以使用 TensorBoard。下一节将介绍如何在流水线中使用 TensorBoard。

6.3　在交互式流水线中使用TensorBoard

TensorBoard 是 TensorFlow 生态系统中另一个出色的工具。它的许多有用的功能可在流水线中使用，比如监视训练指标、可视化自然语言处理问题中的词嵌入或查看模型中各层的激活值。TensorBoard 中的 Profiler 使我们可以对模型进行分析，以了解性能瓶颈。

TensorBoard 的基本可视化示例如图 6-3 所示。

注 4：如果对如何开发和交换组件执行器感兴趣，建议参阅 10.3.3 节。
注 5：有关具体函数的详细信息，请查看 TensorFlow 文档。

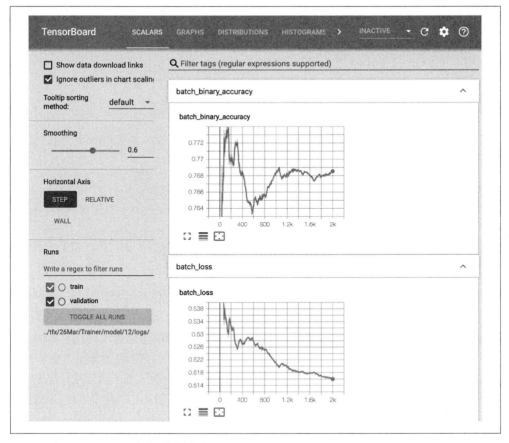

图 6-3：在 TensorBoard 中查看训练指标

为了能在流水线中使用 TensorBoard，需要在 run_fn 函数中添加回调以将训练过程记录到指定的文件夹中：

```
log_dir = os.path.join(os.path.dirname(fn_args.serving_model_dir), 'logs')
tensorboard_callback = tf.keras.callbacks.TensorBoard(
    log_dir=log_dir, update_freq='batch')
```

还需要将回调添加到模型训练代码中：

```
model.fit(
    train_dataset,
    steps_per_epoch=fn_args.train_steps,
    validation_data=eval_dataset,
    validation_steps=fn_args.eval_steps,
    callbacks=[tensorboard_callback])
```

然后，为了能在 notebook 中查看 TensorBoard，需要获取训练日志的位置并将其传递给 TensorBoard：

```
model_dir = trainer.outputs['output'].get()[0].uri

%load_ext tensorboard
%tensorboard --logdir {model_dir}
```

也可以通过运行以下命令在 notebook 外部使用 TensorBoard：

```
tensorboard --logdir path/to/logs
```

然后访问 http://localhost:6006/ 以查看 TensorBoard。基于浏览器的 TensorBoard 为我们提供了一个更大的窗口来查看详细信息。

接下来将介绍一些有用的策略，用于在多个 GPU 上训练大型模型。

6.4 分布策略

TensorFlow 为无法在单个 GPU 上进行训练的机器学习模型提供了分布策略。如果想加快训练速度或者无法在单个 GPU 上训练整个模型，那么可以考虑使用分布策略。

分布策略是在多个 GPU 或多台服务器之间分发模型参数的抽象方法。通常有两组策略：**同步训练**和**异步训练**。在同步策略下，所有训练工作程序会同步训练不同切片的训练数据，然后在更新模型之前汇总所有工作程序的梯度。异步策略中不同工作程序在整个数据集中彼此独立地训练模型。每个工作程序会异步更新模型的梯度，而无须等待其他工作程序完成。通常，同步策略通过 all-reduce 操作[6]和基于参数服务器架构的异步策略进行协调。

目前已经实现了一些同步和异步策略，它们各有其优点和缺点。在撰写本节时，Keras 支持以下策略。

MirroredStrategy

该策略属于同步训练模式，适用于单个计算实例上存在多个 GPU 的情况。该策略中工作程序之间的模型和参数完全一样，但接收不同批次的训练数据。如果你在具有多个 GPU 的单个节点上训练机器学习模型并且 GPU 内存大小能装下整个模型，则 MirroredStrategy 是一个很好的默认策略。

CentralStorageStrategy

与 MirroredStrategy 不同，此策略中的模型变量并不会复制到所有 GPU 上，而是存储在 CPU 的内存中，然后复制到分配的 GPU 中以执行相关操作。如果只有一个 GPU，则 CentralStorageStrategy 不会将变量存储在 CPU 上，而是存储在 GPU 上。当你在具有多个 GPU 的单个节点上进行训练而完整模型太大无法装入单个 GPU 的内存时，或者当 GPU 之间的通信带宽很低时，CentralStorageStrategy 将是一个很好的策略。

注 6：all-reduce 操作会将来自所有工作程序的信息缩减为单个信息。换句话说，它可以实现所有训练工作程序之间的同步。

MultiWorkerMirroredStrategy

该策略的思想和 MirroredStrategy 一模一样，但是它在多个工作程序（比如计算实例）中复制变量。如果一个节点的计算能力不足以很好地进行模型训练，则可以选择 MultiWorkerMirroredStrategy。

TPUStrategy

通过这个策略，可以使用 Google Cloud 的 TPU。该策略属于同步训练，除了使用 TPU 而不是 GPU，其工作原理与 MirroredStrategy 很相似。由于 MirroredStrategy 使用了 GPU 特有的 all-reduce 功能，因此 TPU 需要自己专属的策略。TPU 具有大量可用的 RAM，并且高度优化了跨 TPU 的通信，这就是 TPU 策略使用镜像方法的原因。

ParameterServerStrategy

ParameterServerStrategy 使用多个节点作为中央变量仓库。该策略对于超出单个节点的可用资源（比如 RAM 或 I/O 带宽）的模型很有用。如果无法在单个节点上进行训练并且模型超出了节点的 RAM 或 I/O 限制，那么 ParameterServerStrategy 是唯一的选择。

OneDeviceStrategy

OneDeviceStrategy 的重点是在进行真正的分布式训练前测试整个模型的设置。该策略会强制模型训练仅使用一个设备（比如 GPU）。一旦确认训练设置有效，就可以换下这个策略。

并非所有策略都在 TFX trainer 组件中可用

在撰写本节时，TFX Trainer 组件仅支持 MirroredStrategy。根据 TFX 路线图，目前可以在 tf.keras 中使用的不同策略，在 2020 年下半年也可以通过 Trainer 组件进行使用。[7]

由于 TFX Trainer 支持 MirroredStrategy，因此我们将在此处展示其使用的一个例子。通过在开始调用模型创建和随后的 model.compile() 之前添加几行代码，可以轻松地使用 MirroredStrategy：

```
mirrored_strategy = tf.distribute.MirroredStrategy() ❶
with mirrored_strategy.scope(): ❷
    model = get_model()
```

❶ 分布策略的实例。

❷ 使用 Python 上下文管理器包裹模型创建和编译。

上面的例子创建了 MirroredStrategy 的实例。为了将分布策略应用于我们的模型，我们使用 Python 上下文管理器包裹模型的创建和编译（所有这些都发生在 get_model() 函数内部）。

注 7：本书英文版出版于 2020 年，此处是作者撰写本节时的一个预测。——编者注

这将在我们选择的分布策略范围内创建并编译我们的模型。默认情况下，MirroredStrategy
将使用计算实例中所有可用的 GPU。如果要减少使用的 GPU 实例的数量（比如和别人共
享计算实例），则可以通过更改分布策略的创建来指定 MirroredStrategy 可以使用的 GPU：

```
mirrored_strategy = tf.distribute.MirroredStrategy(devices=["/gpu:0", "/gpu:1"])
```

在上面的例子中，我们指定了两个 GPU 用于训练。

使用 MirroredStrategy 时对批次大小的要求

MirroredStrategy 要求批次大小与设备数量成正比。如果使用 5 个 GPU 进
行训练，则批次大小必须是 GPU 数量的倍数。如示例 6-3 中所述，在设置
input_fn() 函数时请注意这一点。

这些分布策略对于单个 GPU 的内存无法容纳的大规模训练工作非常有用。这些策略常用
于将在下一节中讨论的模型调整。

6.5 模型调整

超参数调整是获得准确的机器学习模型的重要部分。根据用例的不同，它可能需要在实验
开始时做，也可能需要在流水线中做。本节不是对模型调整的全面介绍，而只是简要概述
并描述如何将其包含在流水线中。

6.5.1 超参数调整的策略

根据流水线中模型的类型，超参数的选择会有所不同。如果模型是基于深度神经网络的，
那么超参数调整对于取得好的性能尤为关键。最重要的两个超参数集是优化器和网络架构。

对于优化器，建议默认使用 Adam 或 NAdam。学习率是一个非常重要的参数，学习率调度
程序有许多可能的选项。建议使用适合 GPU 内存的最大批次大小。

对于非常大的模型，建议执行以下步骤：

- 从 0.1 开始调整初始学习率；
- 选择步数进行训练（在耐心允许的范围内）；
- 在指定的步数后将学习率线性衰减为 0。

对于较小的模型，建议使用提前终止以避免过拟合。使用此技术后，当在用户定义的时间
段后验证损失没有改善时，模型训练就会停止。

对于网络架构，要调整的两个最重要的参数是层的大小和数量。增加这些将改善训练时的
性能，但可能会导致过拟合，并且意味着模型需要更长的训练时间。还可以考虑在各层之

间添加残差连接（residual connection），尤其是对于深层架构。

最流行的超参数搜索方法是网格搜索和随机搜索。在网格搜索中，将尽可能尝试参数的每种组合，而在随机搜索中，将从可用选项中采样参数，可能不会尝试每种组合。如果可能的超参数数量很大，则网格搜索可能会非常耗时。在尝试了一系列值之后，可以通过采用性能最佳的超参数并以它们为中心开始新的搜索来进行微调。

在 TensorFlow 生态系统中，可以使用 Keras Tuner 和 Katib 实现超参数调整，后者可以在 Kubeflow 中使用。除了网格搜索和随机搜索，这两个软件包都支持贝叶斯搜索和 Hyperband 算法。

6.5.2 TFX 流水线中的超参数调整

在 TFX 流水线中，超参数调整从 Transform 组件中获取数据，并训练各种模型以找到最佳的超参数。然后将最佳的超参数传递到 Trainer 组件，该组件随后使用它们来训练最终模型。

在这种情况下，模型定义函数（本例中为 get_model 函数）需要接受超参数作为输入，并根据超参数构建模型。例如需要将层数定义为输入参数。

TFX Tuner 组件

TFX Tuner 组件在我们完成本书时已发布。可以在项目的 GitHub 仓库中查看源代码。

6.6　小结

本章描述了如何将模型训练从独立脚本集成为流水线的一部分。这意味着只要有新数据到达流水线，或者先前的模型准确率降到预定义的水平以下，就可以自动触发该过程。我们还描述了如何将模型和数据预处理步骤一起保存，以避免预处理和训练之间不一致引起的任何错误。我们另外介绍了用于分布式模型训练和超参数调整的策略。

现在我们已经保存了模型，下一步是深入研究其功能的细节。

第 7 章

模型分析和模型验证

到目前为止，我们完成了机器学习流水线中的数据统计分析、数据特征提取和模型训练的工作。但是，现在还不是将模型部署到生产环境的最佳时刻。我们认为，在部署模型之前，还有两个步骤需要完成：深入分析模型的性能以及检查模型是否比生产环境中已有的模型更好。图 7-1 展示了这两步在整条流水线中的位置。

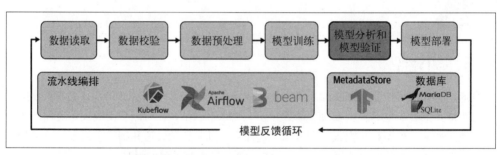

图 7-1：机器学习流水线中的模型分析和模型验证

在模型训练阶段，我们会监测模型在评估集上的表现，并尝试用不同的超参数获得最优的模型性能。但是在训练阶段，往往只用一个指标（通常是准确率）来衡量性能。

机器学习流水线产出的模型往往被用来解决现实世界中复杂的业务问题，或是对复杂的真实系统建模。单一的指标往往不能反映模型解决问题的能力。如果数据集分布不均衡或模型决策的重要性不一致，单一指标的缺点就会暴露得更明显。

另外，单一指标只是模型在评估集上整体性能的平均表现，有时候它不能反映很多重要的细节。如果模型被用来处理用户数据，那么是否每个用户都能享受到相同的体验？模型是否会在女性用户身上表现得更好？日本用户是否会比美国用户获得更差的结果？这些差异不仅会带来商业损失，还会给人们带来伤害。如果模型被用于自动驾驶汽车的目标检测系统，那么它能否在所有光照条件下都有可接受的表现？在训练集中使用单一指标不能反映重要的极端情况。必须在每一块数据子集上监测多个指标。

无论是在部署前、部署后，还是在生产环境中，时刻监测指标都非常重要。即便模型是静态的，进入流水线的数据也会随着时间而变化，有时这种变化会导致模型性能下降。

本章将介绍 TensorFlow 生态圈中的 TensorFlow 模型分析（TensorFlow model analysis，TFMA），它可以解决上述问题。我们会展示如何详细地评估模型的性能，如何将数据拆分成不同子集进行评估，以及如何用公平性指标与假设分析工具深入地检查模型的公平性。我们不仅会教你分析模型，还会告诉你如何理解模型的预测结果。

本章还会解释部署新模型前的最后一个步骤：确认新模型的性能比任何旧版本模型都好。必须保证新模型会给生产环境带来改进，只有这样，其他依赖于此模型的服务才能因此进步。如果新模型没有带来任何改进，就不应该被部署。

7.1　如何分析模型

模型分析的第一步是选择衡量指标。如前文所述，指标的选择决定机器学习流水线的成败与否。选择多个符合业务目标的指标是最好的做法，因为单一指标有时不能反映重要的细节。本节将介绍分类任务和回归任务中最重要的指标。

7.1.1　分类指标

在计算众多的分类指标之前，需要先计算出评估集中正例 / 假正例和负例 / 假负例的数量。用数据集中的任何一类打个比方。

正例

　　分类器能够正确识别训练示例中属于此类的样本。如果标签和预测都等于 1，则此样本为正例。

假正例

　　分类器将训练示例中不属于此类的样本误归为此类别。如果标签为 0 而预测为 1，则此样本为假正例。

负例

　　分类器能够正确识别训练示例中不属于此类的样本。如果标签和预测都等于 0，则此样本为负例。

假负例

分类器将训练示例中属于此类的样本误归为非此类别。如果标签为 1 而预测为 0，则此样本为假负例。

表 7-1 总结了这些基础指标。

表7-1：混淆矩阵

	预测结果为1	预测结果为0
真实值为 1	正例	假负例
真实值为 0	假正例	负例

如果用示例项目的模型计算以上指标，则会得到图 7-2 所示的结果。

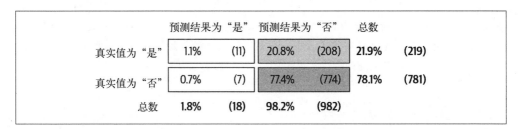

图 7-2：示例项目的混淆矩阵

这些值在本章后面讨论模型公平性时十分重要。为了对比模型，有些指标会将这些数字整合成单一值。

准确率

准确率被定义为 **(正例数 + 负例数)/ 样本总数**，也可以理解为被正确分类的样本的比例。如果数据集正负类比例相对平衡，可用此指标；但如果比例不平衡，则此指标会产生误导。

精度

精度被定义为**正例数 /(正例数 + 假正例数)**，也可以理解为预测结果为正类的样本中预测正确的比例。如果分类器的精度很高，则其认为是正样本的预测大部分是对的。

召回率

召回率被定义为**正例数 /(正例数 + 假负例数)**，也可以理解为正类样本被正确识别的比例。如果分类器的召回率很高，那么它就能识别大部分属于正类的样本。

AUC（曲线下面积）是另一种衡量模型性能的单值指标。这里的"曲线"指的是**受试者操作特征曲线**（receiver operating characteristic curve，简称 ROC 曲线），这是一条以假正例率（FPR）为 x 轴、以正例率（TPR）为 y 轴画出的曲线。

TPR 是**召回率**的别称，定义公式为：

$$正例率（TPR）= \frac{正例数}{正例数+假负例数}$$

FPR 的定义公式为：

$$假正例率（FPR）= \frac{假正例数}{假正例数+负例数}$$

生成 ROC 曲线需要在所有分类阈值下计算 TPR 和 FPR。**分类阈值**是将样本预测结果分为正例或负例的概率分界线，一般取值 0.5。图 7-3 展示了示例项目的 ROC 曲线和 AUC。对于一个随机预测器，它的 ROC 曲线应该是从原点到 [1, 1] 的直线。当模型性能提升后，ROC 曲线会向 x 轴相反方向移动、靠近图表左上角，且 AUC 值上升。AUC 是一个非常有用的指标，你可以在 TFMA 中画出 AUC 图表。

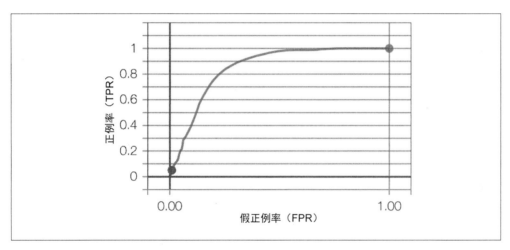

图 7-3：示例项目的 ROC 曲线

7.1.2 回归指标

在回归任务中，模型会根据训练样本输出预测值，然后将预测值和真实值进行对比。TFMA 包含了一些常见的回归指标。

平均绝对误差（MAE）

　　MAE 的定义是：

$$MAE = \frac{1}{n}\sum|y-\hat{y}|$$

n 是训练集数量，y 是真实值，$\hat{y}$ 是预测值。每个训练样本的真实值和预测值之间的绝对差都将被计算。换句话说，MAE 是模型的平均误差。

平均绝对百分比误差（MAPE）

MAPE 的定义是：

$$\text{MAPE} = \frac{1}{n}\sum \left|\frac{y-\hat{y}}{y}\right| \times 100\%$$

顾名思义，这个指标计算了所有样本的误差百分比。它在检查模型的系统性错误时极为有用。

均方误差（MSE）

MSE 的定义是：

$$\text{MSE} = \frac{1}{n}\sum |y-\hat{y}|^2$$

它和 MAE 类似，只是 $y-\hat{y}$ 项被平方了。这能凸显异常值对整体误差的作用。

当你针对自己的业务问题选好合适的指标后，下一步便是将指标放进机器学习流水线。下一节将解释如何在 TFMA 中集成指标模块。

7.2　TensorFlow模型分析

相对于训练阶段所用的指标，TFMA 提供的指标更能反映模型细节。TFMA 可以将多个模型版本的指标以时间序列的形式进行可视化，也可以选择一小部分数据集单独查看指标。利用 Apache Beam 的扩容功能，它甚至能在海量的评估集上计算指标。

在 TFX 流水线中，TFMA 会用 Trainer 组件输出的已保存模型（也就是稍后要部署的模型）计算指标。正因如此，不同版本模型的指标才不会被混淆。如果你在训练阶段使用的是 TensorBoard，那么只能得到在小批量样本上计算的近似指标，但 TFMA 可以在整个评估集上计算指标。这点在处理大型评估集时非常有用。

7.2.1　用TFMA分析单个模型

本节会介绍如何单独使用 TFMA。用以下命令安装 TFMA：

```
$ pip install tensorflow-model-analysis
```

TFMA 需要一个已保存模型和评估集作为输入。在这个例子中，假设我们有一个保存为 SavedModel 格式的 Keras 模型，而评估集是 TFRecord 格式的文件。

首先，SavedModel 需要被转换成 EvalSharedModel：

```
import tensorflow_model_analysis as tfma

eval_shared_model = tfma.default_eval_shared_model(
    eval_saved_model_path=_MODEL_DIR,
    tags=[tf.saved_model.SERVING])
```

然后，需要提供 EvalConfig。在这一步中，我们在 TFMA 中指定了数据集标签、按特征拆分模型的方法以及其他想用 TFMA 计算和展示的指标。

```
eval_config=tfma.EvalConfig(
    model_specs=[tfma.ModelSpec(label_key='consumer_disputed')],
    slicing_specs=[tfma.SlicingSpec()],
    metrics_specs=[
        tfma.MetricsSpec(metrics=[
            tfma.MetricConfig(class_name='BinaryAccuracy'),
            tfma.MetricConfig(class_name='ExampleCount'),
            tfma.MetricConfig(class_name='FalsePositives'),
            tfma.MetricConfig(class_name='TruePositives'),
            tfma.MetricConfig(class_name='FalseNegatives'),
            tfma.MetricConfig(class_name='TrueNegatives')
        ])
    ]
)
```

分析 TFLite 模型

也可以用 TFMA 分析 TFLite 模型。在这种情况下，必须将模型类型作为参数传入 ModelSpec：

```
eval_config = tfma.EvalConfig(
    model_specs=[tfma.ModelSpec(label_key='my_label',
                                model_type=tfma.TF_LITE)],
    ...
)
```

9.4 节将详细讨论 TFLite。

接下来，执行模型分析：

```
eval_result = tfma.run_model_analysis(
    eval_shared_model=eval_shared_model,
    eval_config=eval_config,
    data_location=_EVAL_DATA_FILE,
    output_path=_EVAL_RESULT_LOCATION,
    file_format='tfrecords')
```

在 Jupyter Notebook 中查看结果：

```
tfma.view.render_slicing_metrics(eval_result)
```

尽管我们想查看总体指标，但仍然会调用 render_slicing_metrics。这个例子中的子集代表了**整个数据集**。图 7-4 展示了分析结果。

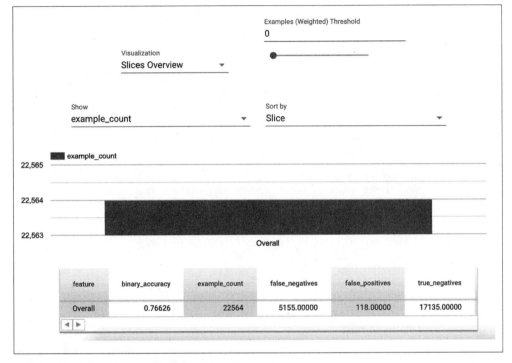

图 7-4：在 notebook 中可视化 TFMA 计算的总体指标

在 Jupyter Notebook 中使用 TFMA

前面展示了如何在 Google Colab notebook 中运行 TFMA。为了在独立的 Jupyter Notebook 中显示可视化结果，需要用以下命令安装并开启多个 TFMA notebook 插件：

```
$ jupyter nbextension enable --py widgetsnbextension
$ jupyter nbextension install --py \
    --symlink tensorflow_model_analysis
$ jupyter nbextension enable --py tensorflow_model_analysis
```

如果是在 Python 虚拟环境中运行，则需要在每个命令后加上 --sys_prefix。也可能需要安装或升级 widgetsn bextension、ipywidgets 和 jupyter_nbextensions_configurator。

在撰写本书时，TFMA 可视化只能在 Jupyter Notebook 环境下运行，不支持 Jupyter Hub。

通过在 EvalConfig 中指定 metrics_specs，7.1 节介绍的所有指标都可以在 TFMA 中显示：

```
metrics_specs=[
    tfma.MetricsSpec(metrics=[
        tfma.MetricConfig(class_name='BinaryAccuracy'),
        tfma.MetricConfig(class_name='AUC'),
        tfma.MetricConfig(class_name='ExampleCount'),
        tfma.MetricConfig(class_name='Precision'),
        tfma.MetricConfig(class_name='Recall')
    ])
]
```

结果如图 7-5 所示。

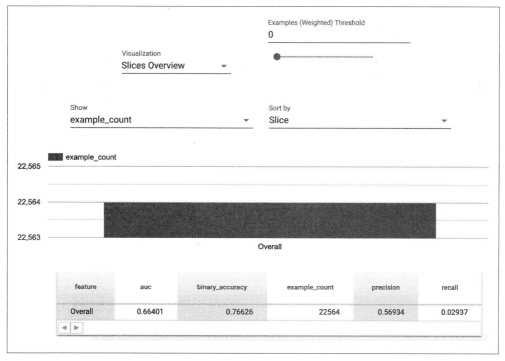

图 7-5：用 TFMA 在 notebook 中可视化其他指标

7.2.2　用 TFMA 分析多个模型

有时候我们会在不同的数据集上训练同一个模型，或者用一个数据集训练两个具有不同超参数的模型。这时，可以用 TFMA 横向对比多个模型的指标。

和之前的例子类似，首先需要生成 eval_result。还需要指定已保存模型的 output_path。我们会在两个模型上使用同样的 EvalConfig，以便能够计算同样的指标：

```
eval_shared_model_2 = tfma.default_eval_shared_model(
    eval_saved_model_path=_EVAL_MODEL_DIR, tags=[tf.saved_model.SERVING])

eval_result_2 = tfma.run_model_analysis(
    eval_shared_model=eval_shared_model_2,
    eval_config=eval_config,
    data_location=_EVAL_DATA_FILE,
    output_path=_EVAL_RESULT_LOCATION_2,
    file_format='tfrecords')
```

接下来，用以下代码加载分析结果：

```
eval_results_from_disk = tfma.load_eval_results(
    [_EVAL_RESULT_LOCATION, _EVAL_RESULT_LOCATION_2],
    tfma.constants.MODEL_CENTRIC_MODE)
```

还可以将结果可视化：

```
tfma.view.render_time_series(eval_results_from_disk, slices[0])
```

结果如图 7-6 所示。

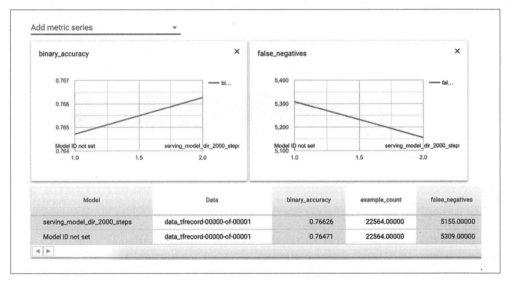

图 7-6：用 TFMA 可视化工具对比两个模型

这里需要注意的重点是，无论是分类模型还是回归模型，TFMA 都可以一次性显示它们所有的指标，而训练阶段只能查看一两个指标。这样分析模型的方式可以预防模型部署后出现不可预期的问题。

还可以根据数据集中不同的特征将评估集划分为多个子集，比如在演示项目中按产品类别单独计算准确率。下一节将介绍此功能。

7.3 模型公平性分析

所有用来训练模型的数据都带有一定的偏见。真实世界非常复杂，抽样数据无法记录世界的复杂性。第 4 章研究过进入流水线的数据中带有的偏见。本章会检查模型的预测是否公平。

公平性和偏见

"公平性"和"偏见"是两个相似的词语，常用来描述机器学习模型的性能在不同人群身上是否一致。本章会用"公平性"一词，避免和第 4 章中的数据集偏差的概念混淆。

为了分析模型是否公平，需要判断一些人群获得的体验是否和其他人群有较大的差异。打个比方，有些人偿还债务的能力很弱，如果模型的任务是预测谁应该获得信贷，那么这些人群的体验会和其他人群不一样。我们希望避免一些人群只因为种族而被歧视或者被拒绝贷款。

用来预测再犯风险的 COMPAS 算法是模型有失公允的典型案例。在生产环境中部署模型之前，应该确认公平性问题。我们需要用数值来定义**公平性**。以下是对于分类任务的几个定义方法。

人群平等

对于所有人群，模型决策的分布应该是相似的。例如，男性和女性在申请贷款时应该有相似的成功率。

机遇平等

模型在做出"给予机遇"类判断时，其错误率对所有人群应该是相似的。根据不同的场合，"给予机遇"类可以是正类或负类。例如，在有能力偿还债务的人群中，男性和女性在申请贷款时应有相似的成功率。

相同的准确率

对于所有人群，准确率、精度或 AUC 等指标应该是相似的。例如，面部识别系统在暗色皮肤女性或亮色皮肤男性身上应有相似的准确率。

COMPAS 的例子显示，相同准确率有时候会带来误导，某些误差会带来更大的影响，这些都是在建模时应该考虑的。

公平性的定义

很难针对所有机器学习项目给出统一的公平性定义。你需要探索什么样的定义最适合你的业务问题，以及考虑模型给用户带来的潜在价值和风险。可以参考以下资源：Solon Barocas 等人合著的 *Fairness in Machine Learning*、Martin Wattenberg 等人合著的谷歌文章 "Attacking discrimination with smarter machine learning" 和 Ben Hutchinson 等人合著的 "Fairness Indicators documentation"。

这里所说的人群可以特指不同的消费者、不同国家的产品用户，或者不同性别和种族的人群。在美国法律中有**被保护人群**的概念，它保护人们不会因为性别、种族、年龄、残疾、肤色、信条、民族血统、宗教信仰或遗传而被歧视。这些人群特质是交叉重叠的，你需要确保你的模型不会歧视不同组合的人群特质。

人群标签只是一种简化

在真实世界中，人群是很难被简单分类的。每个人都有复杂的人生经历：有些人改变了自己的宗教信仰，有些人有多个血统或国籍。你需要审视这些极端情况，并向用户提供反馈不良体验的渠道。

即使没有在模型中使用人群特质作为特征，也不能代表你的模型是公平的。有许多其他特征（比如地区信息）是和人群特质息息相关的。如果用美国邮编作为特征，那么邮编和种族就有很强的关联性。前文提到过，即使没有用人群特质来训练模型，也可以根据人群特质将数据集划分为多个子集进行评估，从而发现公平性问题。

公平性是一个复杂的话题，它可能导致许多复杂而有争议的道德问题。然而，有不少项目可以帮助我们分析模型的公平性问题。接下来的内容将介绍如何使用这些工具。这些分析可以给用户带来一致的体验，从而给你带来道德和商业上的优势。它们甚至能帮你发现模型中潜在的不公平性，比如对亚马逊招聘工具的分析暴露出了它没有公平对待女性求职者。

接下来的内容会介绍 TensorFlow 中用于公平性分析的 3 个项目：TFMA、公平性指标和假设分析工具。

7.3.1 用TFMA划分模型预测

评估机器学习模型公平性的第一步是按人群特质（比如性别、种族或国籍）划分模型的预测结果。划分可以由 TFMA 或公平性指标工具完成。

要在 TFMA 中划分数据，需要在 SliceSpec 中指定要划分的特征。在这个例子中，我们要划分 Product 特征：

```
slices = [tfma.slicer.SingleSliceSpec(),
          tfma.slicer.SingleSliceSpec(columns=['Product'])]
```

如果 SingleSliceSpec 中参数值为空，那么它会返回整个数据集。

接下来，用划分后的数据子集执行模型分析：

```
eval_result = tfma.run_model_analysis(
    eval_shared_model=eval_shared_model,
    eval_config=eval_config_viz,
    data_location=_EVAL_DATA_FILE,
    output_path=_EVAL_RESULT_LOCATION,
    file_format='tfrecords',
    slice_spec = slices)
```

最后查看结果，如图 7-7 所示。

```
tfma.view.render_slicing_metrics(eval_result, slicing_spec=slices[1])
```

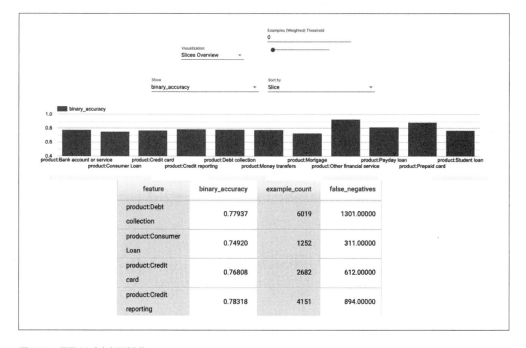

图 7-7：TFMA 划分可视化

如果想检查前文中定义的**人群平等**指标，则需要检查不同的人群之间正类的比例是否相似。可以通过每个人群的 TPR 和 TNR 来检查。

分辨获利类别

如果模型的决策会让某人获利，则这个决策属于正类。如果正类不会让人获利，而负类又会伤害用户，则应查看负例率和假正例率。

可以通过检查 FPR 来保证机遇平等。请查看 Fairness Indicators project 获取更多的建议。

7.3.2 用公平性指标检查决策阈值

公平性指标是另一个非常好用的模型分析工具。它的部分功能和 TFMA 重叠，但它有一个特别有用的功能，即在不同决策阈值上显示不同特征子集的指标。如前文所述，决策阈值是分类模型区分类别的概率分界线。这个工具可以确保模型在不同决策阈值上都保持公平。

公平性指标工具有很多种使用方法，但通过 TensorBoard 以独立库的形式调用它是最简单的方式。7.5.2 节将提到如何将它加载到 TFX 流水线中。可以通过以下命令安装 TensorBoard 公平性指标插件：

```
$ pip install tensorboard_plugin_fairness_indicators
```

然后，用 TFMA 评估模型、指定多个决策阈值并在不同阈值下计算指标。我们在 EvalConfig 的 metrics_spec 参数中指定这些阈值和指标：

```
eval_config=tfma.EvalConfig(
    model_specs=[tfma.ModelSpec(label_key='consumer_disputed')],
    slicing_specs=[tfma.SlicingSpec(),
                    tfma.SlicingSpec(feature_keys=['product'])],
    metrics_specs=[
        tfma.MetricsSpec(metrics=[
            tfma.MetricConfig(class_name='FairnessIndicators',
                                config='{"thresholds":[0.25, 0.5, 0.75]}')
        ])
    ]
)
```

接下来，用 tfma.run_model_analysis 执行模型分析。

之后，将 TFMA 评估结果保存到日志路径下，以便被 TensorBoard 读取：

```
from tensorboard_plugin_fairness_indicators import summary_v2

writer = tf.summary.create_file_writer('./fairness_indicator_logs')
with writer.as_default():
    summary_v2.FairnessIndicators('./eval_result_fairness', step=1)
writer.close()
```

在 Jupyter Notebook 中用 TensorBoard 加载结果：

```
%load_ext tensorboard
%tensorboard --logdir=./fairness_indicator_logs
```

如图 7-8 所示，公平性指标工具强调了子集指标和整体指标之间的差别。

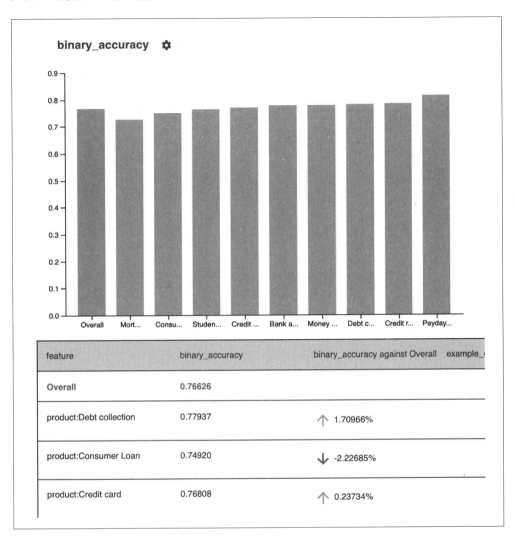

图 7-8：公平性指标对子集的可视化

如图 7-9 所示，在示例项目中，子集之间的差别在决策阈值降到 0.25 时明显增加。

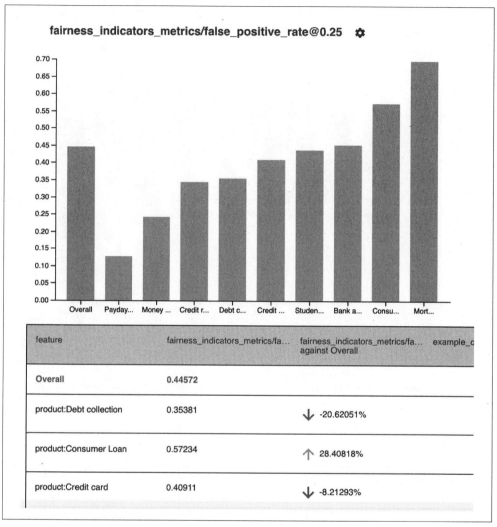

图 7-9：公平性指标在不同阈值下的可视化

除了考虑模型的整体公平性，也许还需要分析个别数据点，以便了解模型如何影响个别用户。TensorFlow 生态圈中的假设分析工具可以帮助我们做到这一点。

7.3.3　详解假设分析工具

在用 TFMA 和公平性指标分析了数据子集之后，可以用谷歌提供的假设分析工具（what-if tool，WIT）更细致地分析模型。它可以生成很多有用的可视化结果，并且可以用来审视个别数据点。

可以通过很多方式在模型和数据上使用 WIT。在 TensorBoard 中，它可以分析部署在 TensorFlow Serving 或 GCP 上的模型。此外，它也可以直接作用于 Estimator 模型。但是在示例项目中，最简单的使用方法是编写一个**定制的预测函数**，然后用它在多个训练样例上做模型预测。这样，我们就能用独立的 Jupyter Notebook 加载可视化结果了。

首先，用以下命令安装 WIT：

```
$ pip install witwidget
```

然后，创建用于加载数据文件的 TFRecordDataset。随机采样 1000 个训练样本，并将它们转换成 TFExample。假设分析工具可以很好地可视化这个数量级的训练样本，但是更多训练样本的可视化会很难理解：

```
eval_data = tf.data.TFRecordDataset(_EVAL_DATA_FILE)
subset = eval_data.take(1000)
eval_examples = [tf.train.Example.FromString(d.numpy()) for d in subset]
```

接下来，加载模型并定义一个预测函数。函数的输入是 TFExample，输出是模型的预测结果：

```
model = tf.saved_model.load(export_dir=_MODEL_DIR)
predict_fn = model.signatures['serving_default']

def predict(examples):
    test_examples = tf.constant([example.SerializeToString() for example in examples])
    preds = predict_fn(examples=test_examples)
    return preds['outputs'].numpy()
```

之后，对 WIT 进行设置：

```
from witwidget.notebook.visualization import WitConfigBuilder

config_builder = WitConfigBuilder(eval_examples).set_custom_predict_fn(predict)
```

可以在 notebook 里查看它：

```
from witwidget.notebook.visualization import WitWidget

WitWidget(config_builder)
```

图 7-10 展示了可视化结果。

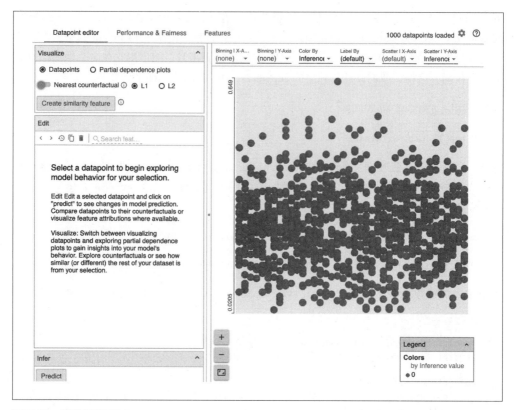

图 7-10：WIT 前端页面

在 Jupyter Notebook 中使用 WIT

和 TFMA 一样，在独立的 notebook 中运行 WIT 需要额外的设置。用以下命令安装并启用 WIT notebook 插件：

```
$ jupyter nbextension install --py --symlink \
    --sys-prefix witwidget

$ jupyter nbextension enable witwidget --py --sys-prefix
```

如果你正在 Python 虚拟环境中运行，则需要在命令后加上 --sys_prefix 标签。

WIT 有非常多的功能，本节只介绍了最有用的几个。WIT 项目主页提供了完整的功能文档。

WIT 可以提供**反设事实**，它是任意训练样本在不同类别里最相似的训练样本。反设事实和这个样本所有的特征都很相似，但模型将反设事实归到了其他类。这能够帮助我们理解针对个别训练样本，它的每个特征对模型预测所产生的影响。如果人群特征（种族、性别等）的变化导致模型预测结果发生变化，模型就可能存在公平性问题。

可以在浏览器中改变个别样本的特征，然后重新运行推算，了解这个特征对预测结果的影响。这个方法可以用来探索人群特征或其他任何特征对公平性的影响。

反设事实也可以用来解释模型的行为。要注意的是，每个数据点可能拥有多个相似的反设事实，多个特征之间也可能有复杂的连锁效应。出于这些原因，不要期望能用反设事实完整地解释模型的行为。

局部依赖图表（partial dependence plot，PDP）是 WIT 中另一个相当有用的功能。这些图表解释了每一个特征对模型预测造成的影响，比如增大一个数值特征是否会改变预测结果。PDP 展示了这种依赖的趋势：线性的、单调的或者更复杂的。如图 7-11 所示，PDP 也可以用类别特征生成。这里再次强调，如果发现模型预测结果依赖于人群特征，那么模型可能就是不公平的。

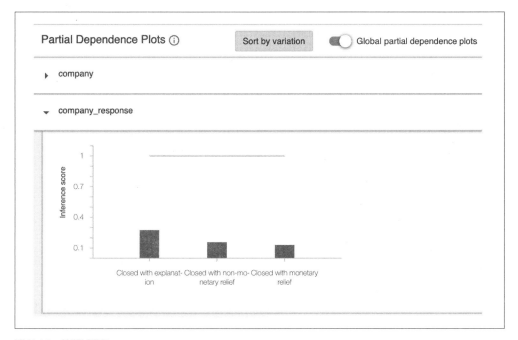

图 7-11：WIT PDP

针对公平策略优化决策阈值是 WIT 的另一项进阶功能，但本书不会在此对其进行详细讨论。如图 7-12 所示，这个功能在 WIT 中以网页的方式呈现，你可以指定一个策略让它自动选择决策阈值。

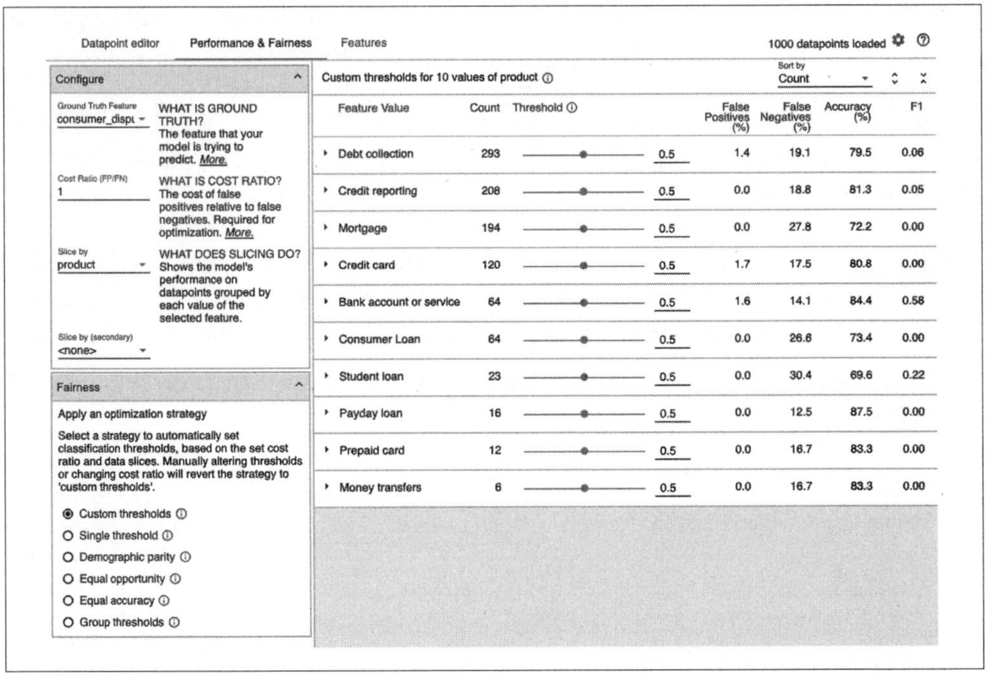

图 7-12：WIT 决策阈值

无论模型是否可能伤害用户，本节介绍的所有模型公平性分析工具都可以被用来审查模型。它们可以帮助你在部署前更好地理解模型行为、防止意外情况发生。公平性是一个被广泛研究的方向，经常有新工具出现。**受约束优化**是其中一项十分有趣的研究，它在优化模型时不只考虑优化指标，还将其他如相同准确率等限制包含到了优化过程中。它在TensorFlow 中有自己的实验性软件库。

7.4　模型可解释性

对公平性和 WIT 的讨论自然而然地带出了下一个话题，那就是不仅要衡量模型的性能，还要解释模型内部发生了什么。前文在讨论模型公平性时只是简单地提到了这个话题，本节会对此展开详细讨论。

模型**可解释性**的目的是解释模型为什么做出这样或那样的预测。这和**分析**不同，分析的目的是在不同指标下评估模型的性能。机器学习可解释性是一个很大的话题，现在有许多人正在积极地围绕这个话题进行研究。这个任务无法在流水线中实现自动化，因为从严格意义上说，它需要向人解释模型，而人不是自动化流水线中的一环。本章仅概述模型可解释性，如果你需要更多细节信息，推荐查阅 Christoph Molnar 的电子书 *Interpretable Machine Learning* 和 Google Cloud 发布的 *AI Explanations Whitepaper*。

出于以下几个可能的原因，我们需要解释模型是如何做出预测的：

- 帮助数据科学家调试模型中的问题；
- 建立对模型的信赖；
- 审查模型；
- 向用户解释模型的预测结果。

接下来要讨论的方法可以在这 4 种情况出现时给我们提供帮助。

简单模型的预测比复杂模型的预测更好解释。线性回归、逻辑回归和单一决策树解释起来相对简单，只需用每个特征的权重来判断特征的重要性。这些模型自带解释，因为其架构赋予了它们与生俱来的可解释性，人们可以很清楚地了解模型内部的每一个细节。例如，线性回归模型中的系数本身就是通俗易懂的解释。

解释随机森林和其他组合模型的难度更大，而深度神经网络是最难解释的模型。这些网络拥有天文数字般的参数和连接，它们让特征之间的相互作用变得相当复杂。如果你的模型预测结果会产生较大影响，并且需要对模型做出解释，那么推荐你使用更容易解释的模型。你可以在 Umang Bhatt 等人合著的论文"Explainable Machine Learning in Deployment"中找到更多如何解释模型、何时解释模型的指引。

局部解释和全局解释

可以将机器学习解释性方法分为两大类：局部解释和全局解释。**局部解释**是为了解释模型对个别数据点做出的特定预测。**全局解释**是为了解释模型在大量数据点上的宏观行为。接下来的内容将介绍这两类解释方法。

下一节将介绍如何用一些技术对模型做出解释。

7.4.1　使用WIT生成模型解释

7.3.3 节介绍过如何使用 WIT 分析模型公平性。WIT 也可以用来解释模型，特别是之前提到过的反设事实和 PDP。反设事实提供了局部解释，而 PDP 同时提供了局部解释和全局解释。图 7-11 中的示例展示了全局 PDP。图 7-13 中的示例展示了局部 PDP。

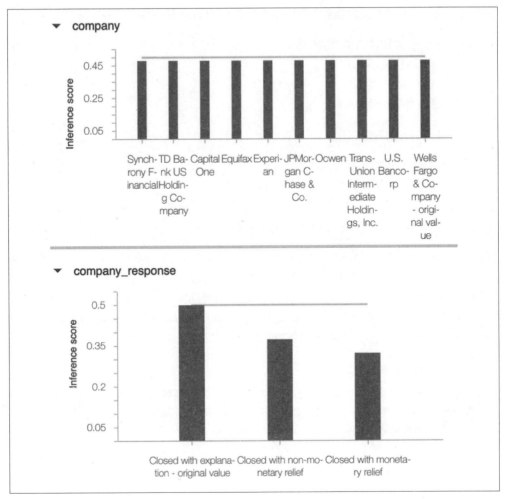

图 7-13：WIT 局部 PDP

PDP 显示了不同有效特征值对预测结果（推算分数）的影响。在不同的 company 特征值下，推算分数没有变化，这证明此数据点的预测结果不依赖于这个特征。但是 company_response 特征值的变化改变了推算分数，证明模型预测结果对这个特征有一定依赖。

PDP 的假设

PDP 基于一个重要的假设：特征和特征之间是独立的。对于大多数数据集，特别是那些复杂到需要神经网络模型才能精确预测的数据集，这个假设不成立。小心使用这些图表：它们能反映模型的行为，但不能提供完整的解释。

如果在 Google Cloud AI Platform 上部署模型，那么你可以在 WIT 中看到**特征归因**功能。针对个别数据点，特征归因对每个特征计算一个正或负的分数，这个分数代表此特征对模型预测产生的影响和影响的大小。将这些分数进行聚合，就能得到模型特征重要程度的全局解释。特征归因基于下文介绍的**沙普利值**。沙普利值并未假设特征之间是相互独立的。与 PDP 不同，如果特征之间相互依赖，那么沙普利值就很有用。在本书撰写过程中，特征归因只支持 TensorFlow 1.*x* 训练的模型。

7.4.2　其他模型解释方法

LIME 的全称是 local interpretable model-agnostic explanation（独立于模型的局部解释）。它把模型当作一个黑匣子，针对我们想解释的个别数据点生成很多类似的新数据点。LIME 用这些新数据点在模型上做预测，然后用这些预测结果训练一个简单的模型。简单模型的权重提供了对原有模型的解释。

SHAP 又称 Shapley additive explanation（沙普利值累计解释），它用沙普利值进行局部和全局的解释。计算沙普利值非常消耗计算资源，所以 SHAP 库的内部实现对提升决策树和神经网络进行了计算加速或近似计算。这个库可以很好地解释不同特征对模型的重要性。

沙普利值

沙普利值可以用作局部解释和全局解释。这个算法的概念来源于博弈论。在博弈论中，如果多名玩家参与一个合作游戏，则游戏结果的输赢可以追溯到每一位玩家的贡献上。在机器学习中，每一个特征就是一位"玩家"。沙普利值可以用以下方法计算。

1. 寻找除了 F 特征外所有可能的特征组合。
2. 在所有组合中加入 F 特征，计算它的加入对模型预测结果的影响。
3. 合并所有的影响，计算 F 特征的重要性。

特征重要性是相对于某个**基准值**做衡量的。在示例项目中，我们可以问："相比于 Closed with monetary relief，当 company_response 特征为 Closed with explanation 时，预测结果改变了多少？" Closed with monetary relief 就是基准值。

我们还想在此介绍 model card，即一个用于报告机器学习模型信息的框架。它用来正式地分享模型信息和限制条件。虽然不能解释模型的预测结果，但它对建立模型信任度十分重要。一个 model card 应该包含以下信息。

- 模型在公有数据集上的测试性能，包括在不同人群子集上的性能。
- 模型的限制条件。例如，当输入图片质量下降时，如果图片分类模型的性能有所下降，则应该在此声明。
- 模型的取舍。例如，注明大尺寸图片是否需要更长的处理时间。

在高利害的场景中，model card 对传达模型信息十分有用，它也鼓励数据科学家和机器学习工程师记录模型的使用场景和限制条件。

模型可解释性的限制

建议你小心使用模型可解释性工具。这些工具也许会让你觉得自己完全理解模型了，但它们也有可能产生不可解释的结果。这个问题在深度学习模型中更加明显。

要把深度神经网络中数以百万计的复杂权重以人类可理解的方式表达出来几乎是不可能的。如果模型的决策会在真实世界中产生重要的影响，那么建议你使用最容易解释的简单模型。

7.5 用TFX进行分析和验证

到目前为止，本章的关注点都是需要人工介入的模型分析工具。这些工具可以有效地监测模型，并会确保模型的行为在预期之内。但是在自动化机器学习流水线中，我们希望流水线顺畅运行、自动发现问题并发出告警。TFX 中的 Resolver、Evaluator 和 Pusher 组件就是用来达到这个目的的。这些组件相互协作，在评估集上评估模型性能，如果其性能优于旧模型，则将新模型推送到服务终端。

7.5.1 ResolverNode

Resolver 组件用于对比新旧模型性能。ResolverNode 是用来查询元数据仓库的通用组件。在这个例子中，我们会调用 latest_blessed_model_resolver。它会查找最后一个被确认可用的模型，并将这个模型作为基准模型和新的候选模型一起提交给 Evaluator 组件。如果不想用指标阈值来验证模型，就不需要使用 Resolver，但强烈建议你对模型进行验证。如果新模型没有被验证，即使它的性能比旧模型差，也会被自动推送到服务目录下。在第一次运行 Evaluator 组件时，因为没有被确认可用的模型，所以 Evaluator 会自动确认第一个模型可用。

在交互式 context 中，可以用以下代码运行 Resolver 组件。

```
from tfx.components import ResolverNode
from tfx.dsl.experimental import latest_blessed_model_resolver
from tfx.types import Channel
from tfx.types.standard_artifacts import Model
from tfx.types.standard_artifacts import ModelBlessing

model_resolver = ResolverNode(
    instance_name='latest_blessed_model_resolver',
    resolver_class=latest_blessed_model_resolver.LatestBlessedModelResolver,
    model=Channel(type=Model),
    model_blessing=Channel(type=ModelBlessing)
)
context.run(model_resolver)
```

7.5.2　Evaluator组件

Evaluator 组件用 TFMA 库在验证集上对模型预测结果进行评估。它需要用到 ExampleGen 组件的输入数据、Trainer 组件的受训模型和 TFMA 的 EvalConfig（与之前独立使用 TFMA 库时创建的 EvalConfig 相同）。

首先，定义 EvalConfig 中的参数：

```
import tensorflow_model_analysis as tfma

eval_config=tfma.EvalConfig(
    model_specs=[tfma.ModelSpec(label_key='consumer_disputed')],
    slicing_specs=[tfma.SlicingSpec(),
                   tfma.SlicingSpec(feature_keys=['product'])],
    metrics_specs=[
        tfma.MetricsSpec(metrics=[
            tfma.MetricConfig(class_name='BinaryAccuracy'),
            tfma.MetricConfig(class_name='ExampleCount'),
            tfma.MetricConfig(class_name='AUC')
        ])
    ]
)
```

接下来，运行 Evaluator 组件：

```
from tfx.components import Evaluator

evaluator = Evaluator(
    examples=example_gen.outputs['examples'],
    model=trainer.outputs['model'],
    baseline_model=model_resolver.outputs['model'],
    eval_config=eval_config
)
context.run(evaluator)
```

还可以在 TFMA 中将结果可视化：

```
eval_result = evaluator.outputs['evaluation'].get()[0].uri
tfma_result = tfma.load_eval_result(eval_result)
```

最后，还可以在这个基础上加载公平性指标工具。

```
tfma.addons.fairness.view.widget_view.render_fairness_indicator(tfma_result)
```

7.5.3　用Evaluator组件进行验证

Evaluator 组件会对模型进行验证，检查候选模型是否比基准模型（比如生产环境中的模型）表现更好。它会在评估集上分别用两个模型进行预测，然后对比两个模型的性能指标（比如模型的准确率）。如果相比于旧模型，新模型的确有改进，则新模型会得到一个“祝福"工件[1]。现在它只支持在整个评估集上计算指标，不支持在数据子集上计算。

为了进行验证，需要在 EvalConfig 中设置阈值：

```
eval_config=tfma.EvalConfig(
    model_specs=[tfma.ModelSpec(label_key='consumer_disputed')],
    slicing_specs=[tfma.SlicingSpec(),
                   tfma.SlicingSpec(feature_keys=['product'])],
    metrics_specs=[
        tfma.MetricsSpec(
            metrics=[
                tfma.MetricConfig(class_name='BinaryAccuracy'),
                tfma.MetricConfig(class_name='ExampleCount'),
                tfma.MetricConfig(class_name='AUC')
            ],
            thresholds={
                'AUC':
                    tfma.config.MetricThreshold(
                        value_threshold=tfma.GenericValueThreshold(
                            lower_bound={'value': 0.65}),
                        change_threshold=tfma.GenericChangeThreshold(
                            direction=tfma.MetricDirection.HIGHER_IS_BETTER,
                            absolute={'value': 0.01}
                        )
                    )
            }
        )
    ]
)
```

在这个例子中，我们要求新模型的 AUC 必须高于 0.65，并且只有在比旧模型至少提高 0.01 时才能通过验证。可以用其他指标代替 AUC，但必须是 MetricsSpec 中包含的指标。

可以用以下代码查看结果：

```
eval_result = evaluator.outputs['evaluation'].get()[0].uri
print(tfma.load_validation_result(eval_result))
```

如果验证通过，则会返回以下结果。

```
validation_ok: true
```

7.5.4 TFX Pusher组件

Pusher 组件虽然小，但对于整条流水线来说十分重要。它将已保存的模型、Evaluator 组件的输出和服务模型保存的文件路径作为输入。它会检查 Evaluator 是否确认模型可用（比如新模型是否优于旧模型，并且性能高于我们设置的指标阈值）。如果模型被确认可用，Pusher 就会将模型推送到服务文件路径下。

注 1：标记此模型可用于生产环境。——译者注

我们需要给 Pusher 组件提供服务路径和 Evaluator 组件对模型的评估结果：

```
from tfx.components import Pusher
from tfx.proto import pusher_pb2

_serving_model_dir = "serving_model_dir"

pusher = Pusher(
    model=trainer.outputs['model'],
    model_blessing=evaluator.outputs['blessing'],
    push_destination=pusher_pb2.PushDestination(
        filesystem=pusher_pb2.PushDestination.Filesystem(
            base_directory=_serving_model_dir)))
context.run(pusher)
```

一旦模型被推送到服务路径，TensorFlow Serving 就可以使用新模型了。第 8 章将详细解读这一过程。

7.6　小结

本章介绍了如何在训练过程中详细分析模型的性能以及如何确保模型的公平性；讨论了如何对比新旧模型的性能差异；描述了机器学习可解释性，并且概述了解释模型的一些方法。

还是要在此提个醒：虽然可以用公平性指标工具分析模型性能，但这不能保证你的模型是公平的或合乎道德的。在部署模型后，仍然需要监视模型的行为，并向用户提供反馈途径，以便了解用户是否受到不公平对待。当模型决策会对社会和用户造成较大影响时，这就会变得十分重要。

现在，我们完成了模型分析和模型验证，是时候进入流水线的下一个重要环节了：模型部署！接下来的两章将包含所有关于部署的知识。

第8章

用TensorFlow Serving部署模型

机器学习模型需要先部署才能被用于预测。不幸的是，受限于当今软件开发的分工方式，部署模型的任务很难被明确分工。这个任务不仅仅是 DevOps 任务，因为在部署时，人们需要知道模型的架构和它所需的配套硬件。同时，机器学习工程师和数据科学家也不能胜任模型部署的工作。他们非常了解自己开发的模型，但是并不清楚如何部署。本章和第 9 章将介绍如何部署机器学习模型，从而在数据科学家和 DevOps 工程师之间架起桥梁。图 8-1 展示了模型部署在机器学习流水线中的位置。

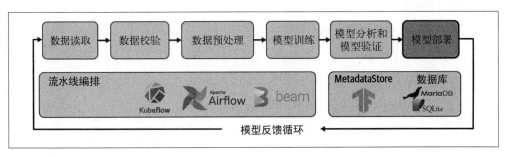

图 8-1：机器学习流水线中的模型部署

机器学习模型部署主要采用 3 种方式：部署在模型服务器上、部署在用户的浏览器中或者部署在边缘设备上。当今最常见的部署方式是部署在模型服务器上，这也是本章将重点介绍的内容。在这种部署方式下，客户端会向模型服务器发送带有输入数据的请求，并且接收服务器返回的预测结果。这要求客户端能够连接到模型服务器。

在某些情况下，你可能不想将数据上传到模型服务器（比如，输入数据可能含有敏感的隐私信息）。在这种情况下，可以将模型部署在用户的浏览器中。如果要判断一张图片是否含有敏感信息，可以在上传图片之前就用浏览器中的模型判断图片信息的敏感程度。

还有一种方式是在边缘设备上部署模型。在某些情况下，我们无法从模型服务器获取预测结果（比如使用远程传感器和物联网设备）。部署在边缘设备上的应用数量正在激增，这也说明边缘部署模型是一种可行的方案。第 10 章将讨论如何将 TensorFlow 模型转换成 TFLite 模型，并在边缘设备上运行它。

本章会着重介绍 TensorFlow 的 Serving 模块，它可以帮助我们方便、可靠地将 TensorFlow 模型部署在模型服务器上。我们会介绍如何设置 Serving 并讨论一些高效的部署方式。Serving 并不是部署深度学习模型的唯一方式。本章末尾还会介绍一些备选方案。

在开始介绍 TensorFlow Serving 之前，本章先展示一些模型部署的反面教材。

8.1 简单的模型服务器

大部分机器学习模型部署指南会遵循以下流程：

- 用 Python 创建一个 Web 应用（基于 Flask 或 Django 等 Web 框架）；
- 在 Web 应用中创建 API 端点（参见示例 8-1）；
- 加载模型结构和权重；
- 使用加载后的模型做预测；
- 以 HTTP 响应的方式返回预测结果。

示例 8-1　用 Flask 端点推算模型预测

```
import json
from flask import Flask, request
from tensorflow.keras.models import load_model
from utils import preprocess ❶

model = load_model('model.h5') ❷
app = Flask(__name__)

@app.route('/classify', methods=['POST'])
def classify():
    complaint_data = request.form["complaint_data"]
    preprocessed_complaint_data = preprocess(complaint_data)
    prediction = model.predict([preprocessed_complaint_data]) ❸
    return json.dumps({"score": prediction}) ❹
```

❶ 转换数据结构的预处理。

❷ 加载训练好的模型。

❸ 进行预测。

❹ 以 HTTP 响应的方式返回预测结果。

这种方式快速、简单，适用于做演示项目。但是，不推荐用示例 8-1 的方式部署机器学习模型。

接下来会解释不推荐这种部署方式的原因。相比之下，我们推荐的部署方式可以提供更好的基准性能。

8.2　基于Python API部署模型的缺点

虽然示例 8-1 展示的实现方法适用于大部分演示项目，但它往往会遇到很多挑战。这些挑战包括但不限于如何分离 API 和数据科学代码、如何统一 API 架构、混乱的模型版本控制和低效的模型推算。接下来的内容将仔细分析这些挑战。

8.2.1　缺少代码隔离

在示例 8-1 中，假设模型直接通过 API 代码部署。这意味着 API 代码和机器学习模型之间没有任何分离。当数据科学家想更新模型时，还需要 API 团队的额外介入，这会带来不少麻烦。如果 API 团队和数据科学团队合作不当，还会导致模型部署延后等不必要的负面影响。

如果 API 和数据科学代码混在一起，谁应该对 API 负责也是一个难以解决的问题。

缺少代码隔离也意味着模型加载需要和 API 代码使用相同的编程语言。如果后端代码和数据科学代码混淆在一起，API 团队就很难更新后端 API。代码隔离可以很好地划分不同团队的责任。数据科学家可以专注于训练模型，DevOps 工程师则可以专注于部署模型。

稍后将着重介绍如何使用 TensorFlow Serving 简化部署工作流、有效分离 API 代码和模型。

8.2.2　缺少模型版本控制

示例 8-1 没有为模型版本更替做任何准备。如果想增加新模型，则需要创建新端点（或在现有端点中加入分支逻辑）。这不仅需要额外的精力来保证端点的一致性，还会带来很多重复的代码。

由于缺少模型版本控制，API 团队和数据科学团队还需要紧密合作，确认正确的模型版本以及如何迭代模型。

8.2.3　低效的模型推算

每当你对示例 8-1 中的 Flask 端点发起请求时，后端就需要完整地运行一次任务。这意味着每个请求都是单独预处理和推算的。我们认为这种方式非常低效。在训练阶段，可以通过批处理技巧，对多个样本进行并行计算，然后基于这个批次的梯度变化更新网络权重。在预测时，可以使用同样的方法。模型服务器会收集合理时间长度内的所有请求，将它们合为一个批次进行预测。在 GPU 推算中，这种方式会带来更明显的性能提升。

8.14 节将介绍如何方便地在模型服务器上设置批量预测。

8.3　TensorFlow Serving

如前面章节所述，TensorFlow 生态圈包含众多出色的插件和工具。TensorFlow Serving 是最早开源的 TensorFlow 插件之一。你可以用它部署任何 TensorFlow 计算图，并使用它的标准端点调用计算图和进行预测。下文将讨论 TensorFlow Serving 如何处理模型、管理模型版本、根据策略选用模型，以及从不同的来源加载模型。同时，TensorFlow Serving 支持高吞吐量、低延迟的预测。TensorFlow Serving 不仅被谷歌内部使用，还被很多大型企业与初创公司采纳。[1]

8.4　TensorFlow Serving架构概述

TensorFlow Serving 提供了从不同来源（比如 AWS S3 bucket）加载模型的功能，并且在文件源发生变化的时候提示**模型加载器**。如图 8-2 所示，模型管理器控制着 TensorFlow Serving 的所有后台行为，包括何时更新模型和如何选用模型。模型管理器也会根据既定的策略选择用于推算的模型。比如，你可以设置在文件源发生变化时自动更新模型。

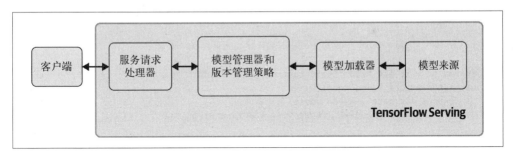

图 8-2：TensorFlow Serving 架构概览

8.5　为TensorFlow Serving导出模型

在开始设置 TensorFlow Serving 之前，需要用 TensorFlow Serving 可用的格式导出机器学习模型。

注 1：要了解应用用例，请访问 TensorFlow 的网站。

针对不同种类的 TensorFlow 模型，导出步骤稍有不同。对于 Keras 模型，可以使用以下代码。

```
saved_model_path = model.save(file path="./saved_models", save_format="tf")
```

在导出路径中加上时间戳

建议在手动导出 Keras 模型时在导出路径中加上导出时间戳。与 tf.Estimator 的保存方法不同，model.save() 并不会自动在导出路径中加上时间戳。可以用以下 Python 代码在文件路径中加上时间戳。

```
import time

ts = int(time.time())
file path = "./saved_models/{}".format(ts)
saved_model_path = model.save(file path=file path,
                              save_format="tf")
```

对于 TensorFlow Estimator 模型，首先需要创建一个 receiver 函数：

```
import tensorflow as tf

def serving_input_receiver_fn():
    # 输入特征示例
    input_feature = tf.compat.v1.placeholder(
        dtype=tf.string, shape=[None, 1], name="input")

    fn = tf.estimator.export.build_raw_serving_input_receiver_fn(
        features={"input_feature": input_feature})
    return fn
```

使用 Estimator 中的 export_saved_model 方法导出 Estimator 模型：

```
estimator = tf.estimator.Estimator(model_fn, "model", params={})
estimator.export_saved_model(
    export_dir_base="saved_models/",
    serving_input_receiver_fn=serving_input_receiver_fn)
```

两种导出方法都会得到类似的输出：

```
...
INFO:tensorflow:Signatures INCLUDED in export for Classify: None
INFO:tensorflow:Signatures INCLUDED in export for Regress: None
INFO:tensorflow:Signatures INCLUDED in export for Predict: ['serving_default']
INFO:tensorflow:Signatures INCLUDED in export for Train: None
INFO:tensorflow:Signatures INCLUDED in export for Eval: None
INFO:tensorflow:No assets to save.
INFO:tensorflow:No assets to write.
INFO:tensorflow:SavedModel written to: saved_models/1555875926/saved_model.pb
Model exported to: b'saved_models/1555875926'
```

以上例子指定了 saved_models/ 为保存模型的文件夹。TensorFlow 会针对每个导出的模型
创建新的文件夹，并用导出的时间戳作为文件夹的名称，如示例 8-2 所示。

示例 8-2　导出模型的文件夹和文件结构

```
$ tree saved_models/
saved_models/
└── 1555875926
    ├── assets
    │   └── saved_model.json
    ├── saved_model.pb
    └── variables
        ├── checkpoint
        ├── variables.data-00000-of-00001
        └── variables.index

3 directories, 5 files
```

文件夹包含以下文件和子路径。

saved_model.pb

　　二进制 protocol buffer 文件，保存了导出模型的图结构和 `MetaGraphDef` 对象。

variables

　　这个文件夹中的二进制文件保存了导出的变量值和导出模型图的检查点。

assets

　　这个文件夹包含加载导出模型需要用到的额外文件。这些额外文件可能包含第 5 章提到
的词汇。

8.6　模型签名

模型签名定义了模型图的输入、输出和图签名的**方法**。只有在定义好输入和输出后，才能
将服务的输入映射到相应的图节点进行推算。如果只想更新模型，而不想改变模型服务器
的请求方式，这层映射关系就极其重要。

另外，模型的**方法**决定了输入和输出的模式。目前，TensorFlow Serving 支持 3 种签名方
法：预测、分类或回归。下面将详细解释这 3 种方法。

签名方法

适用性最广的签名方法是**预测**。如果没有指定其他的签名方法，那么 TensorFlow 会默认使
用**预测**方法。示例 8-3 展示了如何使用预测方法做签名。这个例子将 inputs 键映射到了计
算图 sentence 节点上。计算图 y 节点的输出是模型的预测结果，所以将这个节点映射到输
出键 scores 上。

预测方法允许你定义多个输出节点。如果想可视化注意力层的输出，或是调试网络中的某个节点，那么多节点输出是非常有用的功能。

示例 8-3 用预测签名的示例模型

```
signature_def: {
  key  : "prediction_signature"
  value: {
    inputs: {
      key  : "inputs"
      value: {
        name: "sentence:0"
        dtype: DT_STRING
        tensor_shape: ...
      },
      ...
    }
    outputs: {
      key  : "scores"
      value: {
        name: "y:0"
        dtype: ...
        tensor_shape: ...
      }
    }
    method_name: "tensorflow/serving/predict"
  }
}
```

分类是另一种签名方法。这种方法需要一个名为 inputs 的输入，并会提供两个可选的输出张量，即 classes 和 scores。你需要至少定义一个输出。在示例 8-4 中，分类模型以 sentence 作为输入，并输出了预测的 classes 和 scores。

示例 8-4 用分类签名的示例模型

```
signature_def: {
  key  : "classification_signature"
  value: {
    inputs: {
      key  : "inputs"
      value: {
        name: "sentence:0"
        dtype: DT_STRING
        tensor_shape: ...
      }
    }
    outputs: {
      key  : "classes"
      value: {
        name: "y_classes:0"
        dtype: DT_UINT16
        tensor_shape: ...
      }
```

```
    }
    outputs: {
      key   : "scores"
      value: {
        name: "y:0"
        dtype: DT_FLOAT
        tensor_shape: ...
      }
    }
    method_name: "tensorflow/serving/classify"
  }
}
```

第三种签名方法是**回归**。这种方法只接受一个名为 `inputs` 的输入，并会提供一个名为 `outputs` 的输出。这种签名方法是为回归模型专门设计的。示例 8-5 展示了示例回归签名。

```
signature_def: {
  key   : "regression_signature"
  value: {
    inputs: {
      key   : "inputs"
      value: {
        name: "input_tensor_0"
        dtype: ...
        tensor_shape: ...
      }
    }
    outputs: {
      key   : "outputs"
      value: {
        name: "y_outputs_0"
        dtype: DT_FLOAT
        tensor_shape: ...
      }
    }
    method_name: "tensorflow/serving/regress"
  }
}
```

在 8.11.1 节中，我们会使用签名方法组织模型端点的 URL 结构。

8.7　查看导出的模型

讨论过模型导出和对应的模型签名之后，在将模型部署到 TensorFlow Serving 之前，还可以查看导出的模型。

可以用以下 `pip` 命令安装 TensorFlow Serving Python API：

```
$ pip install tensorflow-serving-api
```

安装完成后，便能开始使用 SavedModel Command Line Interface（CLI）工具了。这个工具有以下功能。

查看导出模型的签名

如果想了解模型图的输入和输出，而模型不是你亲手导出的，那么就需要用到这个工具。

测试导出的模型

这个 CLI 工具可以单独进行模型推算，不需要事先将其部署到 TensorFlow Serving 上。这个功能在测试模型输入数据时极其有用。

下面将具体讨论这两个功能。

8.7.1　查看模型

可以用 saved_model_cli 跳过源代码，直接了解模型的依赖关系。

如果不知道可用的标签集[2]，那么可以用以下命令查看模型：

```
$ saved_model_cli show --dir saved_models/
The given SavedModel contains the following tag-sets:
serve
```

如果模型在不同环境下有不同的图（比如 CPU 用的计算图或 GPU 用的计算图），那么你会看到多个标签。如果模型有多个标签，那么你需要指定一个标签来查看模型的详细信息。

当你决定好要查看哪个标签后，在命令中加上参数 tag_set，saved_model_cli 就会提供相应模型的模型签名。我们的示例模型只有一个名为 serving_default 的签名：

```
$ saved_model_cli show --dir saved_models/ --tag_set serve
The given SavedModel 'MetaGraphDef' contains 'SignatureDefs' with the
following keys:
SignatureDef key: "serving_default"
```

有了 tag_set 和 signature_def 信息后，就可以查看模型的输入和输出了。在 CLI 参数中加入 signature_def 以获得这些详细信息。

以下示例签名来自示例流水线中得到的模型。在示例 6-4 中，我们定义了签名函数，它以序列化的 tf.Example 记录作为输入，从输出张量 outputs 返回预测值。这个过程反映在以下模型签名中：

注 2：模型**标签集**被用来标明加载时所需的元图（metagraph）。一个导出模型可以有训练图和服务图。这两个元图可以被赋予不同的模型标签。

```
$ saved_model_cli show --dir saved_models/ \
        --tag_set serve --signature_def serving_default
The given SavedModel SignatureDef contains the following input(s):
  inputs['examples'] tensor_info:
      dtype: DT_STRING
      shape: (-1)
      name: serving_default_examples:0
The given SavedModel SignatureDef contains the following output(s):
  outputs['outputs'] tensor_info:
      dtype: DT_FLOAT
      shape: (-1, 1)
      name: StatefulPartitionedCall_1:0
Method name is: tensorflow/serving/predict
```

如果不关心 tag_set 和 signature_def，只想查看所有的签名，那么可以使用 --all 参数：

```
$ saved_model_cli show --dir saved_models/ --all
...
```

检查完模型签名后，还需要在部署前测试模型。

8.7.2   测试模型

可以用 saved_model_cli 在输入数据样本上测试导出的模型。

可以使用以下 3 种方法向模型提交测试用的输入数据样本。

--inputs

    一个指向 NumPy 文件的参数，该文件包含 NumPy ndarray 格式的输入数据。

--inputs_exprs

    这个参数允许你定义一个 Python 表达式来指定输入数据。可以在表达式中使用 NumPy 的功能。

--input_examples

    这个参数用于指定 tf.Example 格式的输入数据。

在测试模型的时候，可以指定三种参数之一作为输入参数。另外，saved_model_cli 提供了以下 3 个可选参数。

--outdir

    saved_model_cli 会把图输出写在 stdout 里。如果想把这些输出保存在一个文件中，那么可以用这个参数指定保存路径。

--overwrite

    如果将输出保存为文件，那么可以用这个参数声明文件可被覆写。

--tf_debug

如果想进一步检查模型，那么可以用 TensorFlow Debugger（TFDBG）一步步查看模型图。

```
$ saved_model_cli run --dir saved_models/ \
                      --tag_set serve \
                      --signature_def x1_x2_to_y \
                      --input_examples 'examples=[{"company": "HSBC", ...}]'
```

在了解了如何导出和查看模型后，可以开始深入学习 TensorFlow Serving 的安装、设置和运行了。

8.8　设置TensorFlow Serving

你可以在自己的服务实例上以两种简单的方式安装 TensorFlow Serving。TensorFlow Serving 可以在 Docker 内运行。如果你的服务实例使用 Ubuntu OS，则可以安装 Serving 的 Ubuntu 包。

8.8.1　Docker安装

最简单的 TensorFlow Serving 安装方式是下载预编译的 Docker 镜像。[3] 如第 2 章所述，可以用以下命令获得镜像：

```
$ docker pull tensorflow/serving
```

如果在有 GPU 的机器上运行 Docker 容器，则需要下载最新的 GPU 镜像以获得 GPU 支持：

```
$ docker pull tensorflow/serving:latest-gpu
```

运行 Docker GPU 镜像需要安装英伟达的 Docker GPU 支持程序。英伟达网站有完整的安装指南。

8.8.2　原生Ubuntu安装

如果不想在运行 TensorFlow Serving 的时候承担 Docker 额外的资源消耗，那么可以在 Ubuntu 上安装 Linux 二进制包。

安装过程与其他非标准的 Ubuntu 包类似。首先，需要在源表里增加一个包源，或是用以下命令在 sources.list.d 目录下增加一个列表文件：

```
$ echo "deb [arch=amd64] http://storage.googleapis.com/tensorflow-serving-apt \
  stable tensorflow-model-server tensorflow-model-server-universal" \
  | sudo tee /etc/apt/sources.list.d/tensorflow-serving.list
```

注 3：如果你之前没有安装过 Docker，请查看附录 A 中的介绍。

在更新包注册表前，需要将包的公开密钥加到系统的密匙表中：

```
$ curl https://storage.googleapis.com/tensorflow-serving-apt/\
tensorflow-serving.release.pub.gpg | sudo apt-key add -
```

在更新包注册表后，就可以在 Ubuntu 操作系统上安装 TensorFlow Serving 了。

```
$ apt-get update
$ apt-get install tensorflow-model-server
```

TensorFlow Serving 的两个 Ubuntu 包

谷歌为 TensorFlow Serving 提供了两个 Ubuntu 包！上面提到的 `tensorflow-model-server` 包是首选的，它含有针对 CPU 的预编译优化（比如 AVX 指令集）。

在撰写本章时，谷歌还提供了 `tensorflow-model-server-universal` 包。它没有包含预编译的优化，所以可以在更古老的硬件（比如没有 AVX 指令集的 CPU）上运行。

8.8.3 从源码编译TensorFlow Serving

强烈推荐用 Docker 镜像或 Ubuntu 包运行 TensorFlow Serving。但在某些情况下，比如需要针对硬件优化模型服务时，则需要自己编译 TensorFlow Serving。到目前为止，TensorFlow Serving 只支持在 Linux 操作系统上进行编译，并依赖于 `bazel` 编译工具。可以在 TensorFlow Serving 文档中找到详细的编译介绍。

优化 TensorFlow 服务实例

如果从源码编译 TensorFlow Serving，那么强烈建议你针对模型的 TensorFlow 版本和服务实例的硬件，选择对应的 Serving 版本进行编译，以获得最佳性能。

8.9 配置TensorFlow服务器

TensorFlow Serving 不需要任何设置就能以两种模式运行。你可以指定一个模型，然后 TensorFlow Serving 就会自动选用这个模型的最新版本。或者，你可以指定一个配置文件，在文件中设置好所有需要加载的模型和相应的版本，然后 TensorFlow Serving 就会按照配置加载所有指定的模型。

8.9.1 单一模型配置

如果希望在 TensorFlow Serving 中加载一个模型，并在新版本模型出现时自动切换到新版本，那么单一模型配置是最优选择。

如果是在 Docker 环境中运行 TensorFlow Serving，那么可以用以下命令运行 tensorflow/
serving 镜像：

```
$ docker run -p 8500:8500 \ ❶
             -p 8501:8501 \
             --mount type=bind,source=/tmp/models,target=/models/my_model \ ❷
             -e MODEL_NAME=my_model \ ❸
             -e MODEL_BASE_PATH=/models/my_model \
             -t tensorflow/serving ❹
```

❶ 指定默认端口。

❷ 挂载模型路径。

❸ 指定模型。

❹ 指定 Docker 镜像。

在默认设置下，TensorFlow Serving 会创建 representational state transfer（REST）和 Google remote procedure call（gRPC）端点。我们用 8500 端口和 8501 端口暴露了 REST 和 gRPC 端点。[4] docker run 指令会将主机（源）的路径挂载到容器（目标）的文件系统上。你需要在环境变量中指定模型名 MODEL_NAME 来启动服务器的单一模型配置。

如果想用预编译的 GPU 镜像，则需要在命令行中把镜像名更换成最新版本的 GPU 镜像：

```
$ docker run ...
             -t tensorflow/serving:latest-gpu
```

如果选择不在 Docker 容器中运行 TensorFlow Serving，那么可以使用以下命令：

```
$ tensorflow_model_server --port=8500 \
                          --rest_api_port=8501 \
                          --model_name=my_model \
                          --model_base_path=/models/my_model
```

在两种运行环境下，都应该在终端看到类似以下的输出：

```
2019-04-26 03:51:20.304826: I
tensorflow_serving/model_servers/
server.cc:82]
  Building single TensorFlow model file config:
  model_name: my_model model_base_path: /models/my_model
2019-04-26 03:51:20: I tensorflow_serving/model_servers/server_core.cc:461]
  Adding/updating models.
2019-04-26 03:51:20: I
tensorflow_serving/model_servers/
server_core.cc:558]
```

注 4：如果想了解 REST 和 gRPC 的详细信息，请查看 8.10 节。

```
(Re-)adding model: my_model
...
2019-04-26 03:51:34.507436: I tensorflow_serving/core/loader_harness.cc:86]
   Successfully loaded servable version {name: my_model version: 1556250435}
2019-04-26 03:51:34.516601: I tensorflow_serving/model_servers/server.cc:313]
   Running gRPC ModelServer at 0.0.0.0:8500 ...
[warn] getaddrinfo: address family for nodename not supported
[evhttp_server.cc : 237] RAW: Entering the event loop ...
2019-04-26 03:51:34.520287: I tensorflow_serving/model_servers/server.cc:333]
   Exporting HTTP/REST API at:localhost:8501 ...
```

从终端的输出可见，服务器成功加载了模型 my_model 并创造了 REST 和 gRPC 两个端点。

TensorFlow Serving 使机器学习模型的部署变得极为简单。它的一大优点是**热插拔**功能。如果有新模型版本被上传，则服务器的模型管理器会自动检测到新版本，将现有版本卸载并加载最新版本用于推算。

假如你更新了模型，并已将新模型导出到主机的挂载文件夹中（假设你使用的是 Docker环境），那么服务器上的模型就会自动更新，无须进行多余的设置。模型管理器会自动检测新模型并且重新加载端点。它还会将旧模型卸载和新模型加载的事件告知于你。在终端窗口，你可以找到如下信息：

```
2019-04-30 00:21:56.486988: I tensorflow_serving/core/basic_manager.cc:739]
   Successfully reserved resources to load servable
   {name: my_model version: 1556583584}
2019-04-30 00:21:56.487043: I tensorflow_serving/core/loader_harness.cc:66]
   Approving load for servable version {name: my_model version: 1556583584}
2019-04-30 00:21:56.487071: I tensorflow_serving/core/loader_harness.cc:74]
   Loading servable version {name: my_model version: 1556583584}
...
2019-04-30 00:22:08.839375: I tensorflow_serving/core/loader_harness.cc:119]
   Unloading servable version {name: my_model version: 1556583236}
2019-04-30 00:22:10.292695: I ./tensorflow_serving/core/simple_loader.h:294]
   Calling MallocExtension_ReleaseToSystem() after servable unload with 1262338988
2019-04-30 00:22:10.292771: I tensorflow_serving/core/loader_harness.cc:127]
   Done unloading servable version {name: my_model version: 1556583236}
```

TensorFlow Serving 会默认加载最高版本号的模型。如果你使用的是本章介绍的模型导出方法，那么所有的模型都会被导出到各自的文件夹中，并且每个文件夹都会以迭代时间戳命名。这样，每个新模型的版本号都会比旧模型更高。

TensorFlow Serving 默认的模型加载策略也允许模型回滚。如果想回滚某个模型版本，则可以在基础路径下将其删除。模型服务器会在下次轮询文件系统时侦测到被删除的版本，[5] 然后将这个版本从服务器上卸载，并加载最后一个版本的模型。

注 5：如果想进行模型的自动加载和卸载，则需要将 file_system_poll_wait_seconds 设置成大于 0 的数。它的默认值为 2 秒。

8.9.2 多模型配置

也可以用 TensorFlow Serving 同时加载多个模型。要做到这一点，需要创建一个配置文件来指定模型：

```
model_config_list {
  config {
    name: 'my_model'
    base_path: '/models/my_model/'
    model_platform: 'tensorflow'
  }
  config {
    name: 'another_model'
    base_path: '/models/another_model/'
    model_platform: 'tensorflow'
  }
}
```

配置文件包含一个或多个 config 字典，每个字典都隶属 model_config_list 键。

在 Docker 设置中，可以挂载这个配置文件。不同于加载单个模型，你可以用配置文件启动模型服务器：

```
$ docker run -p 8500:8500 \
             -p 8501:8501 \
             --mount type=bind,source=/tmp/models,target=/models/my_model \
             --mount type=bind,source=/tmp/model_config,\
             target=/models/model_config \ ❶
             -e MODEL_NAME=my_model \
             -t tensorflow/serving \
             --model_config_file=/models/model_config ❷
```

❶ 挂载配置文件。

❷ 指定模型配置文件。

如果不是用 Docker 容器运行 TensorFlow Serving，则可以用 model_config_file 参数在命令行指定模型服务器加载配置文件的路径。

```
$ tensorflow_model_server --port=8500 \
                          --rest_api_port=8501 \
                          --model_config_file=/models/model_config
```

设置指定的模型版本

在某些情况下，你可能不只需要加载最新版模型，还需要加载所有或特定版本的模型。如 8.12 节所述，你可能会对模型进行 A/B 测试，或是同时部署稳定版模型和开发版模型。TensorFlow Serving 会默认加载最新版模型。如果想加载一个模型的所有版本，

则需要在配置文件中加入以下信息：

```
...
config {
  name: 'another_model'
  base_path: '/models/another_model/'
  model_version_policy: {all: {}}
}
...
```

如果想加载某几个特定的模型版本，那么可以用以下方法：

```
...
config {
  name: 'another_model'
  base_path: '/models/another_model/'
  model_version_policy {
    specific {
      versions: 1556250435
      versions: 1556251435
    }
  }
}
...
```

还可以给模型版本加上标签。这些标签在模型进行预测时十分有用。在撰写本书时，TensorFlow Serving 只在 gRPC 端点中支持标签：

```
...
model_version_policy {
  specific {
    versions: 1556250435
    versions: 1556251435
  }
}
version_labels {
  key: 'stable'
  value: 1556250435
}
version_labels {
  key: 'testing'
  value: 1556251435
}
...
```

设置好模型版本后，可以用不同版本的端点进行模型 A/B 测试。如果想了解如何用不同版本的模型进行推算，推荐你阅读 8.12 节。

从 TensorFlow Serving 2.3 开始，REST 端点也支持标签功能。

8.10　REST与gRPC

8.9.1 节提到过 TensorFlow Serving 的两种 API 类型：REST 和 gRPC。它们各自都有优缺点。在了解如何与它们通信之前，本节会详细介绍这两个端点。

8.10.1　REST

REST 是当今 Web 服务常用的通信"协议"。它不是一个正式的协议，而更像是一种客户端与 Web 服务之间的通信风格。REST 客户端使用常规的 HTTP 方法（比如 GET、POST、DELETE 等）与服务器通信。这些请求往往使用 XML 或 JSON 格式携带数据。

8.10.2　gRPC

gRPC 是谷歌开发的远程过程协议。虽然 gRPC 支持多种数据格式，但它使用的标准数据格式是本书中常见的 protocol buffer。在使用 protocol buffer 的情况下，gRPC 的延迟更低，请求的负载也更小。gRPC 是专门为 API 设计的。它的缺点是使用了二进制格式的负载，这使得快速审阅负载信息变得困难。

> ### 如何选择协议？
>
> 一方面，REST 可以方便地与模型服务器进行通信。它的端点很容易理解，而且检查它的负载信息也很方便。可以用 curl 或浏览器工具测试它的端点。各类客户端和客户系统（比如移动应用）上都有现成的 REST 库可以直接使用。
>
> 另一方面，gRPC API 的初始成本更高。客户端往往需要先安装 gRPC 库。但是，针对模型推算所需要的某些数据结构，gRPC API 可以显著地提升性能。如果模型需要处理很多请求，那么 protocol buffer 序列化可以降低负载大小的优势就显得十分重要。
>
> TensorFlow Serving 内部会把 REST 请求携带的 JSON 数据结构转换成 tf.Example 数据结构，这会导致性能变慢。因此，如果你的数据需要大量的数据类型转换（比如转换一个很大的浮点数组），则 gRPC 可能会带来更好的性能。

8.11　用模型服务器预测

到目前为止，我们的关注点只限于模型服务器的设置。本节会展示客户端（比如一个 Web 应用）如何与模型服务器互动。示例中所有的 REST 代码或 gRPC 代码都运行在客户端上。

8.11.1　用REST获得模型预测

你需要用一个 Python 库向模型服务器发起 REST 请求。现在标准库是 requests。用以下命令安装该库：

```
$ pip install requests
```

以下示例展示了如何发起 POST 请求：

```
import requests

url = "http://some-domain"
payload = {"key_1": "value_1"}
r = requests.post(url, json=payload) ❶
print(r.json()) ❷
# {'data': ...}
```

❶ 提交请求。

❷ 查看 HTTP 响应。

1. URL 结构

向模型服务器发起 HTTP 请求的 URL 定义了要如何进行推算：

```
http://{HOST}:{PORT}/v1/models/{MODEL_NAME}:{VERB}
```

HOST

    host 是模型服务器的 IP 地址或域名。如果模型服务器和客户端运行在同一机器上，则可以将 host 设为 localhost。

PORT

    你需要在请求 URL 中指定端口。REST API 的标准端口是 8501。如果此设置和服务生态系统中其他服务的端口发生冲突，那么可以在启动服务器时用参数指定其他端口。

MODEL_NAME

    模型名字需要和模型配置中设置的名字保持一致，或是和启动模型服务器时指定的模型名字保持一致。

VERB

    URL 中的 verb 用来指定模型的类型。你有 3 种选择：predict、classify 或 regress。verb 对应于端点的签名方法。

MODEL_VERSION

    如果想用某个特定的模型版本做预测，则需要在 URL 里标注模型版本。

```
http://{HOST}:{PORT}/v1/models/{MODEL_NAME}[/versions/${MODEL_VERSION}]:{VERB}
```

2. 负载

有了 URL 后，还需要准备请求的负载。TensorFlow Serving 接受以下 JSON 格式的输入数据：

```
{
  "signature_name": <string>,
  "instances": <value>
}
```

signature_name 不是必需的。如果没有指定此值，则模型服务器会用默认的 serving 模型图进行推算。

输入数据是一个对象列表或者输入值列表。可以在 instances 键下用列表传入多个数据样本。

如果只想对一个数据样本做推算，那么可以用 inputs 传入包含所有输入值的列表。在一个负载中，至少要包含 instances 和 inputs 中的一个，但不能全都包含。

```
{
  "signature_name": <string>,
  "inputs": <value>
}
```

示例 8-6 展示了如何向 TensorFlow Serving 端点发起模型预测请求。示例中只发送了一个数据样本进行推算，但是也可以发送一个包含多个输入数据样本的列表进行多次请求。

示例 8-6　用 Python 客户端请求模型预测

```
import requests

def get_rest_request(text, model_name="my_model"):
    url = "http://localhost:8501/v1/models/{}:predict".format(model_name) ❶
    payload = {"instances": [text]} ❷
    response = requests.post(url=url, json=payload)
    return response

rs_rest = get_rest_request(text="classify my text")
rs_rest.json()
```

❶ 如果服务器不在同一台机器上运行，那么将 localhost 换成其他的 IP 地址。

❷ 如果需要推算多个样本，那么可以在 instances 列表中加入多个样本。

8.11.2　通过gRPC使用TensorFlow Serving

相对于 REST API 请求，gRPC 的使用方式有略微的差异。

首先，需要初始化一个 gRPC channel。这个通道会用特定的地址和端口连接 gRPC 服务器。如果想用安全连接，就必须初始化一个安全通道。通道初始化后，需要创建一个 stub。stub 是一个本地对象，它有服务器包含的所有方法：

```
import grpc
from tensorflow_serving.apis import predict_pb2
from tensorflow_serving.apis import prediction_service_pb2_grpc
import tensorflow as tf

def create_grpc_stub(host, port=8500):
    hostport = "{}:{}".format(host, port)
    channel = grpc.insecure_channel(hostport)
    stub = prediction_service_pb2_grpc.PredictionServiceStub(channel)
    return stub
```

创建好 gRPC stub 后，需要创建一个方法，用它来指定模型和签名、上传数据并获得预测结果：

```
def grpc_request(stub, data_sample, model_name='my_model', \
                 signature_name='classification'):
    request = predict_pb2.PredictRequest()
    request.model_spec.name = model_name
    request.model_spec.signature_name = signature_name

    request.inputs['inputs'].CopyFrom(tf.make_tensor_proto(data_sample,
                                                 shape=[1,1])) ❶
    result_future = stub.Predict.future(request, 10) ❷
    return result_future
```

❶ inputs 是神经网络输入的名字。

❷ 10 是函数超时的秒数。

有了以上两个函数后，就可以调用这两个函数进行推算了。

```
stub = create_grpc_stub(host, port=8500)
rs_grpc = grpc_request(stub, data)
```

安全连接

grpc 库可以与 gRPC 端点创建安全的连接。以下示例展示了如何在客户端创建安全的 gRPC 通道：

```
import grpc

cert = open(client_cert_file, 'rb').read()
key = open(client_key_file, 'rb').read()
ca_cert = open(ca_cert_file, 'rb').read() if ca_cert_file else ''
credentials = grpc.ssl_channel_credentials(
    ca_cert, key, cert
)
channel = implementations.secure_channel(hostport, credentials)
```

TensorFlow Serving 服务器需要先进行 SSL 配置后才能安全连接。在使用安全连接前，需要按以下模板[6]创建一个 SSL 配置文件：

```
server_key:  "-----BEGIN PRIVATE KEY-----\n
              <your_ssl_key>\n
              -----END PRIVATE KEY-----"
server_cert: "-----BEGIN CERTIFICATE-----\n
              <your_ssl_cert>\n
              -----END CERTIFICATE-----"
custom_ca: ""
client_verify: false
```

创建好配置文件后，可以在启动 TensorFlow Serving 时用 --ssl_config_file 参数传入配置文件的路径。

```
$ tensorflow_model_server --port=8500 \
                          --rest_api_port=8501 \
                          --model_name=my_model \
                          --model_base_path=/models/my_model \
                          --ssl_config_file="<path_to_config_file>"
```

1. 从分类模型和回归模型中获取预测结果

可以用 gRPC API 从分类模型或回归模型中获取预测结果。

如果想获得分类模型的预测结果，则需要将以下代码

```
from tensorflow_serving.apis import predict_pb2
...
request = predict_pb2.PredictRequest()
```

替换成：

```
from tensorflow_serving.apis import classification_pb2
...
request = classification_pb2.ClassificationRequest()
```

如果想获得回归模型的预测结果，则可以使用以下导入代码。

```
from tensorflow_serving.apis import regression_pb2
...
regression_pb2.RegressionRequest()
```

2. 负载

gRPC API 使用 protocol buffer 作为 API 请求的数据格式。因为使用了二进制的 protocol buffer 负载，所以 API 请求占用的带宽比 JSON 格式小了很多。同时，在处理某些输入数据格式时，gRPC 的预测速度可能会比 REST 快得多。这是因为 JSON 格式的数据需要先

注 6：SSL 配置文件基于 SSL 配置 protocol buffer，详情可在 TensorFlow Serving API 文档中查看。

转换成 tf.Example 格式才能使用。这个转换步骤可能会拖慢模型服务器的推算速度，使得 REST 的性能在某些情况下比 gRPC 差。

你需要先把数据转换成 protocol buffer 数据格式才能上传到 gRPC 端点。TensorFlow 自带的 tf.make_tensor_proto 方法可以很方便地将矢量、列表、NumPy 矢量和 NumPy 数组转换成推算所需的 protocol buffer 格式。

8.12 用TensorFlow Serving进行模型A/B测试

A/B 测试是在真实情况下测试模型的好办法。在这种测试中，一部分用户会收到来自模型版本 A 的预测，剩下的用户会收到来自模型版本 B 的预测。

之前提到过，你可以在 TensorFlow Serving 中加载多个版本的模型，并在 REST URL 请求中或 gRPC 设置中指定所需的模型。

TensorFlow Serving 不支持服务器端的 A/B 测试，这意味着模型服务器会将所有的客户端请求导向相应的两个模型版本。但只需稍微调整请求 URL 的格式，就可以在客户端实现随机 A/B 测试[7]：

```
from random import random ❶

def get_rest_url(model_name, host='localhost', port=8501,
                 verb='predict', version=None):
    url = "http://{}:{}/v1/models/{}/".format(host, port, model_name)
    if version:
        url += "versions/{}".format(version)
    url += ":{}".format(verb)
    return url

...

# 将此客户10%的请求导向模型版本1
# 其余90%的请求会被导向模型的默认版本
threshold = 0.1
version = 1 if random() < threshold else None ❷
url = get_rest_url(model_name='complaints_classification', version=version)
```

❶ random 库用来随机挑选模型。

❷ 如果 version = None，则 TensorFlow Serving 会使用默认版本。

如上所述，随机选用 URL 请求可以实现一些基本的 A/B 测试功能。如果想对这个功能进行拓展，以实现服务器端的随机漫游，那么强烈推荐使用类似于 Istio 的漫游工具。Istio 最初是为了管理 Web 流量而设计的，它也可以用来将请求导向某些模型。你可以分阶段引入

注 7：完整的 A/B 测试需要对模型的结果进行统计学分析。这里展示的实现只完成了 A/B 测试的后端工作。

模型、进行 A/B 测试或针对某些模型创建导向策略。

当你对模型进行 A/B 测试时，常常需要从模型服务器获取模型信息。下一节将解释如何从 TensorFlow Serving 获取元数据信息。

8.13　从模型服务器获取模型元数据

本书在开头介绍了模型生命周期以及如何自动化机器学习模型的生命周期。计算模型准确率或通用的性能反馈是其中非常关键的一步。第 13 章会深入讨论如何生成这样的反馈循环。现在，假设我们使用了一个模型对数据进行分类（比如对文本的语义进行分类），然后让用户评价模型的预测结果。用户对模型准确率的评价会影响到未来如何对模型进行改进，但首先要知道哪些模型向用户提供了预测结果。

模型服务器提供的元数据可以帮助你在反馈循环中标记这些信息。

8.13.1　使用REST请求模型元数据

向 TensorFlow Serving 请求模型元数据十分简单。TensorFlow Serving 提供了获取元数据的端点：

```
http://{HOST}:{PORT}/v1/models/{MODEL_NAME}[/versions/{MODEL_VERSION}]/metadata
```

与之前用于请求推算的 REST API 请求类似，你可以在这个 URL 中指定模型版本。如果不指定模型版本，那么模型服务器会提供默认版本的信息。

如示例 8-7 所示，可以用 GET 请求获得模型元数据。

示例 8-7　如何用 Python 客户端获取模型元数据

```python
import requests

def metadata_rest_request(model_name, host="localhost",
                          port=8501, version=None):
    url = "http://{}:{}/v1/models/{}/".format(host, port, model_name)
    if version:
        url += "versions/{}".format(version)
    url += "/metadata"   ❶
    response = requests.get(url=url)   ❷
    return response
```

❶ 用 /metadata 请求模型信息。

❷ 执行 GET 请求。

模型服务器会返回 model_spec 字典和 metadata 字典，它们分别携带了模型信息和模型定义。

```
{
  "model_spec": {
    "name": "complaints_classification",
    "signature_name": "",
    "version": "1556583584"
  },
  "metadata": {
    "signature_def": {
      "signature_def": {
        "classification": {
          "inputs": {
            "inputs": {
              "dtype": "DT_STRING",
              "tensor_shape": {
                ...
```

8.13.2 使用gRPC请求模型元数据

用 gRPC 获取模型元数据也很简单。在 gRPC 中，你需要创建一个含有模型名称的 GetModelMetadataRequest 请求，并通过 stub 的 GetModelMetadata 方法上传请求：

```python
from tensorflow_serving.apis import get_model_metadata_pb2

def get_model_version(model_name, stub):
    request = get_model_metadata_pb2.GetModelMetadataRequest()
    request.model_spec.name = model_name
    request.metadata_field.append("signature_def")
    response = stub.GetModelMetadata(request, 5)
    return response.model_spec

model_name = 'complaints_classification'
stub = create_grpc_stub('localhost')
get_model_version(model_name, stub)

name: "complaints_classification"
version {
  value: 1556583584
}
```

gRPC 的响应中包含 ModelSpec 对象，其中含有模型版本信息。

可以用几乎相同的方式获得模型的元数据和签名信息，其中唯一的不同是只读取响应中的 metadata 对象，而不是 model_spec 对象。这些信息需要先被序列化，才能被人们读懂。我们使用 SerializeToString 方法将 protocol buffer 信息序列化：

```python
from tensorflow_serving.apis import get_model_metadata_pb2

def get_model_meta(model_name, stub):
    request = get_model_metadata_pb2.GetModelMetadataRequest()
    request.model_spec.name = model_name
    request.metadata_field.append("signature_def")
    response = stub.GetModelMetadata(request, 5)
    return response.metadata['signature_def']
```

```
model_name = 'complaints_classification'
stub = create_grpc_stub('localhost')
meta = get_model_meta(model_name, stub)

print(meta.SerializeToString().decode("utf-8", 'ignore'))
# type.googleapis.com/tensorflow.serving.SignatureDefMap
# serving_default
# complaints_classification_input
#          input_1:0
#                  2@
# complaints_classification_output(
# dense_1/Sigmoid:0
#                  tensorflow/serving/predict
```

gRPC 请求相对于 REST 要更复杂，但在对性能有较高要求的场景中，它的预测速度更快。另一种提高模型预测性能的方法是批量发起预测请求。

8.14 批量推算请求

批量推算请求是 TensorFlow Serving 最强大的功能之一。在模型训练过程中，批量处理允许我们对训练样本进行并行运算，继而提升训练速度。也可以根据 GPU 可用显存的大小设置批次大小，最大化利用计算资源。

如果没有开启 TensorFlow Serving 的批量功能，那么每个客户端请求都会按先后顺序被单独处理，如图 8-3 所示。如果对图片进行分类，那么第一个请求会在 CPU 或 GPU 上推算，然后才轮到第二、第三或更后面的请求。在这种情况下，我们没有充分利用 CPU 或 GPU 的可用资源。

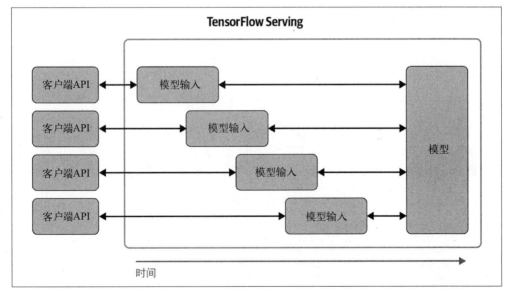

图 8-3：TensorFlow Serving 单独处理请求

如图 8-4 所示，多个客户端可以同时发起模型预测请求，模型服务器会将多个请求整合到一个"批次"中进行计算。因为超时或者批次大小限制，每个请求所耗时间可能比单独请求所耗时间更长一些。不过，和训练阶段相似的是，可以对批次进行并行运算，在运算完成后向每个客户端返回运算结果。这使得硬件利用率比单独请求要高。

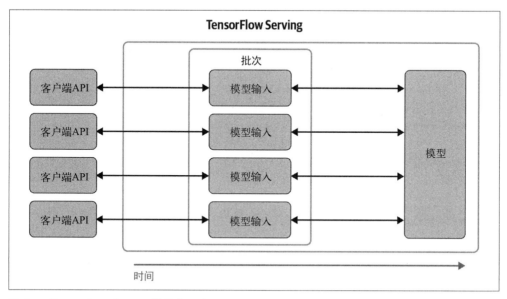

图 8-4：TensorFlow Serving 批量处理请求

8.15　配置批量预测

在使用批量预测前，需要先开启 TensorFlow Serving 的批量预测功能并进行相应的配置。以下是 5 个可用的配置选项。

max_batch_size

　　配置批次大小。大批次会增加请求的延迟，也可能会耗尽 GPU 显存。小批次不能最大化使用计算资源。

batch_timeout_micros

　　配置整合批次的最长等待时间。可以用这个参数限制推算请求的延迟。

num_batch_threads

　　配置并行的 CPU 或 GPU 核心数量。

max_enqueued_batches

　　配置预测批次等待队列的长度。它可以避免等待队列过长。如果队列长度超过最大长度，则多余的请求会被拒绝。

pad_variable_length_inputs

这是一个布尔类型的参数，用来配置是否将不同长度的输入填充为相同长度的输入。

可以想象，不同的应用场景会有不同的最佳批量处理参数，我们需要对其进行测试以找到最优值。如果需要在线推算，那么应该限制请求延迟。通常的做法是先将 batch_timeout_micros 设为 0，然后在 0 和 10 000 毫秒中寻找最优值。从另一个角度来说，更长的超时时间（几毫秒到几秒）允许服务器将批次填充到最佳性能所需的大小，因而能更充分地发挥批量请求的优势。TensorFlow Serving 会在达到 max_batch_size 或超时时间时进行预测。

如果使用 CPU 进行预测，那么可以将 num_batch_threads 配置为 CPU 的核心数量。如果使用 GPU，则需要反复测试 max_batch_size 以获得最佳的 GPU 显存利用率。在调试配置参数时，务必将 max_enqueued_batches 设成一个很大的值，以避免过早拒绝请求。

可以按照以下示例在文本文件中设置这些参数。这个例子创建了一个名为 batching_parameters.txt 的配置文件：

```
max_batch_size { value: 32 }
batch_timeout_micros { value: 5000 }
pad_variable_length_inputs: true
```

如果需要开启批量预测功能，那么需要向运行 TensorFlow Serving 的 Docker 容器传入两个额外参数。将 enable_batching 设为 true 以开启批量预测功能，并将 batching_parameters_file 参数设为批量配置文件在容器内的绝对路径。如果配置文件和模型文件不在同一路径下，则需要将各自路径都挂载到容器中。

以下示例展示了如何用 docker run 命令启动 TensorFlow Serving 批量处理。这些参数会被传到 TensorFlow Serving 的实例中：

```
docker run -p 8500:8500 \
           -p 8501:8501 \
           --mount type=bind,source=/path/to/models,target=/models/my_model \
           --mount type=bind,source=/path/to/batch_config,target=/server_config \
           -e MODEL_NAME=my_model -t tensorflow/serving \
           --enable_batching=true
           --batching_parameters_file=/server_config/batching_parameters.txt
```

如上文所述，配置批量处理需要额外的调试，但可以获得相当可观的性能提升。强烈推荐启用这个功能。这在离线推算大量数据样本时极为有用。

8.16 其他TensorFlow Serving优化方法

TensorFlow Serving 还有许多其他的优化功能。这些功能的标记如下。

`--file_system_poll_wait_seconds=1`

TensorFlow Serving 会以轮询的方式发现新版本模型。可以将这个参数设置为 1 来禁用该功能。如果只想加载模型一次并且不再更新它，那么可以将这个参数设为 0。这个参数必须是整数。如果从云存储桶中加载模型，那么建议你延长轮询间隔，这样可以避免因为频繁的列表操作带来的额外云服务支出。

`--tensorflow_session_parallelism=0`

TensorFlow Serving 会自动设置 TensorFlow session 可用的线程数。如果需要手动设置线程数，那么可以将这个值设为任意正整数。

`--tensorflow_intra_op_parallelism=0`

设置 TensorFlow Serving 可用的核心数。线程的数量决定了可并行运算的数量。当它的值是 0 时，所有的核心都会被使用。

`--tensorflow_inter_op_parallelism=0`

设置一个池内有多少线程可用于 TensorFlow 运算。它可以用来最大化 TensorFlow 图中的独立运算。当它的值是 0 时，所有的核心都会被使用，每个线程会占用一个核心。

和之前的例子类似，可以用 `docker run` 指令指定配置参数：

```
docker run -p 8500:8500 \
           -p 8501:8501 \
           --mount type=bind,source=/path/to/models,target=/models/my_model \
           -e MODEL_NAME=my_model -t tensorflow/serving \
           --tensorflow_intra_op_parallelism=4 \
           --tensorflow_inter_op_parallelism=4 \
           --file_system_poll_wait_seconds=10 \
           --tensorflow_session_parallelism=2
```

这些配置选项可以提升性能并且避免额外的云服务支出。

8.17　TensorFlow Serving的替代品

用 TensorFlow Serving 部署机器学习模型极为方便。TensorFlow Estimator 和 Keras 模型可以覆盖大部分的使用场景。不过，如果需要部署旧模型，或者 TensorFlow 或 Keras 不是你使用的机器学习框架，则可以选用以下替代品。

8.17.1　BentoML

BentoML 是一个支持多种框架的库，可以用来部署各种机器学习模型。它支持由 PyTorch、scikit-learn、TensorFlow、Keras 和 XGBoost 训练的模型。BentoML 支持 TensorFlow 模型的 SavedModel 格式，同时也支持批量请求。

8.17.2　Seldon

Seldon 是来自英国的初创公司，它提供了很多管理模型生命周期的开源工具，其中一个核心产品是 Seldon Core。Seldon Core 提供的工具可以将模型封装在 Docker 镜像中，然后通过 Seldon 部署在 Kubernetes 集群中。

在撰写本章时，Seldon 支持由 TensorFlow、scikit-learn、XGBoost 和 R 训练的机器学习模型。

Seldon 的生态圈让你能够将预处理步骤封装到 Docker 镜像中，与其他镜像一起被部署。它还提供了用于 A/B 测试和多臂老虎机实验的漫游服务。

Seldon 深度集成了 Kubeflow 环境。和 TensorFlow Serving 类似，它可以通过 Kubeflow 部署到 Kubernetes 中。

8.17.3　GraphPipe

GraphPipe 可用于部署 TensorFlow 模型和非 TensorFlow 模型。Oracle 主导了这个开源项目。它不仅支持 TensorFlow 模型和 Keras 模型，还支持 Caffe2 模型以及所有能被转换成 Open Neural Network Exchange（ONNX）格式的模型[8]。可将 PyTorch 模型转换成 ONNX 格式部署在 GraphPipe 中。

除了为 TensorFlow、PyTorch 等框架提供模型服务器，GraphPipe 也为 Python、Java 和 Go 等编程语言提供了客户端实现。

8.17.4　Simple TensorFlow Serving

Simple TensorFlow Serving 是由来自第四范式的 Dihao Chen 开发的。它不仅支持 TensorFlow，还支持 ONNX、scikit-learn、XGBoost、PMML 和 H2O。它支持多模型和 GPU 预测，也针对不同编程语言提供了客户端代码。

Simple TensorFlow Serving 的一个重要特点是支持认证和到模型服务器的加密连接。TensorFlow Serving 目前不支持认证，在使用 SSL 或 TLS 时还需要自定义编译 TensorFlow Serving。

8.17.5　MLflow

MLflow 由 Databricks 开发。它不仅能用于部署机器学习模型，还可以通过 MLflow Tracking 管理模型实验。它自带模型服务器，可以为由 MLflow 管理的模型提供 REST API 端点。

注 8：ONNX 是解释机器学习模型的一种方式。

MLflow 还提供了一些接口，可以将模型从 MLflow 部署到微软的 Azure ML 平台和 AWS SageMaker 上。

8.17.6　Ray Serve

Ray 项目提供的功能可以用于部署机器学习模型。它不依赖于单一框架，支持 PyTorch、TensorFlow、Keras、scikit-learn 模型或自定义的模型预测。这个库支持批量请求，也允许请求在不同的模型和版本之间漫游。

Ray Serve 集成在 Ray 项目生态圈中，支持分布式计算。

8.18　在云端部署

到目前为止，我们提到的所有模型服务器解决方案都由你自己安装和管理。不过，市面上所有主要的云服务提供商（包括 Google Cloud、AWS 和微软 Azure）都提供了机器学习产品，可用于托管机器学习模型。

本节会用一个示例带你在 Google Cloud AI Platform 上部署模型。我们会先部署模型，再解释如何从应用客户端获取模型预测结果。

8.18.1　用例

相对于使用自己的模型服务器实例，在云端部署机器学习模型的流程更顺畅，缩放服务也更简单。所有云服务提供商的部署方案都可以按推算请求的数量进行缩放。

然而，这些易用性并不是没有代价的。在托管平台上部署模型非常容易，但是价格也很贵。例如，两个模型版本全时运行（需要两个计算节点）的成本比在一个计算实例上运行 TensorFlow Serving 的成本要高很多。托管服务的另一个缺点是产品的限制。一些云服务提供商会要求使用他们的软件开发工具包（SDK）部署模型，有时还会限制模型可调用的节点大小和内存容量。这些限制可能会影响大型机器学习模型的运行，尤其是非常多层的模型（比如语言类模型）。

8.18.2　在GCP上进行示例部署

本节会展示如何在 Google Cloud AI Platform 上部署模型。我们可以用网页 UI 创建模型端点，而不是用配置文件和命令行指令。

GCP AI Platform 的模型大小限制

GCP 的端点只支持最大 500MB 的模型。不过，如果用 *N1* 式计算引擎部署端点，则模型大小的上限会被提升到 2GB。在撰写本书时，这个选项处于 beta 阶段。

1. 模型部署

部署模型需要 3 步：

- 使 Google Cloud 能够读取模型；
- 在 Google Cloud AI Platform 上创建一个新的模型实例；
- 创建一个新模型版本实例。

部署的第一步是将导出的 TensorFlow 模型或 Keras 模型上传到云存储桶中。如图 8-5 所示，你需要上传整个导出模型。上传完成后，需要复制存储位置的完整路径。

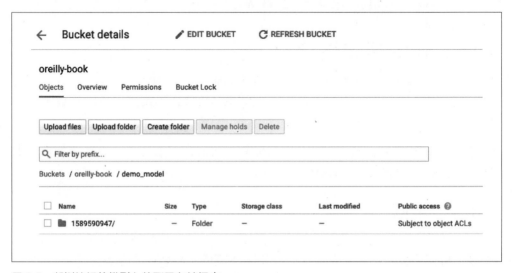

图 8-5：将训练好的模型上传到云存储桶中

上传完毕后，打开 GCP AI Platform 开始部署。如果这是你第一次在 GCP 项目中使用 AI Platform，则需要启用它的 API。Google Cloud 的自动启动流程需要花费几分钟。

如图 8-6 所示，你需要给模型指定唯一识别符。指定好唯一识别符后，首先选择部署的区域[9]，然后输入可选的项目描述，最后单击"Create"完成创建。

注 9：选择离模型请求最近的地理位置以获得最低的预测延迟。

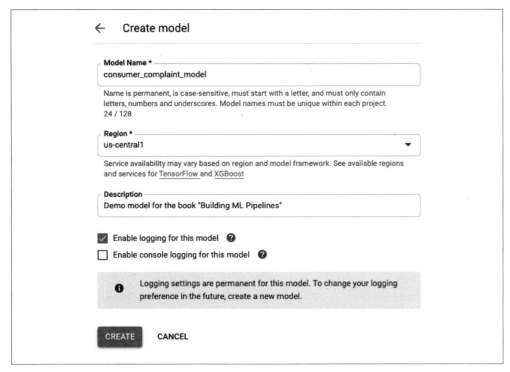

图 8-6：创建一个新模型实例

如图 8-7 所示，登记好模型后，可以在面板中查看模型列表。可以单击"Create version"创建新模型版本。

图 8-7：创建一个新模型版本

在创建新模型版本时，需要配置运行模型的计算实例。如图 8-8 所示，Google Cloud 提供了许多配置选择。Name 是重要参数，我们会在客户端里用到它。将 Model URI 设置为之前保存模型的路径。

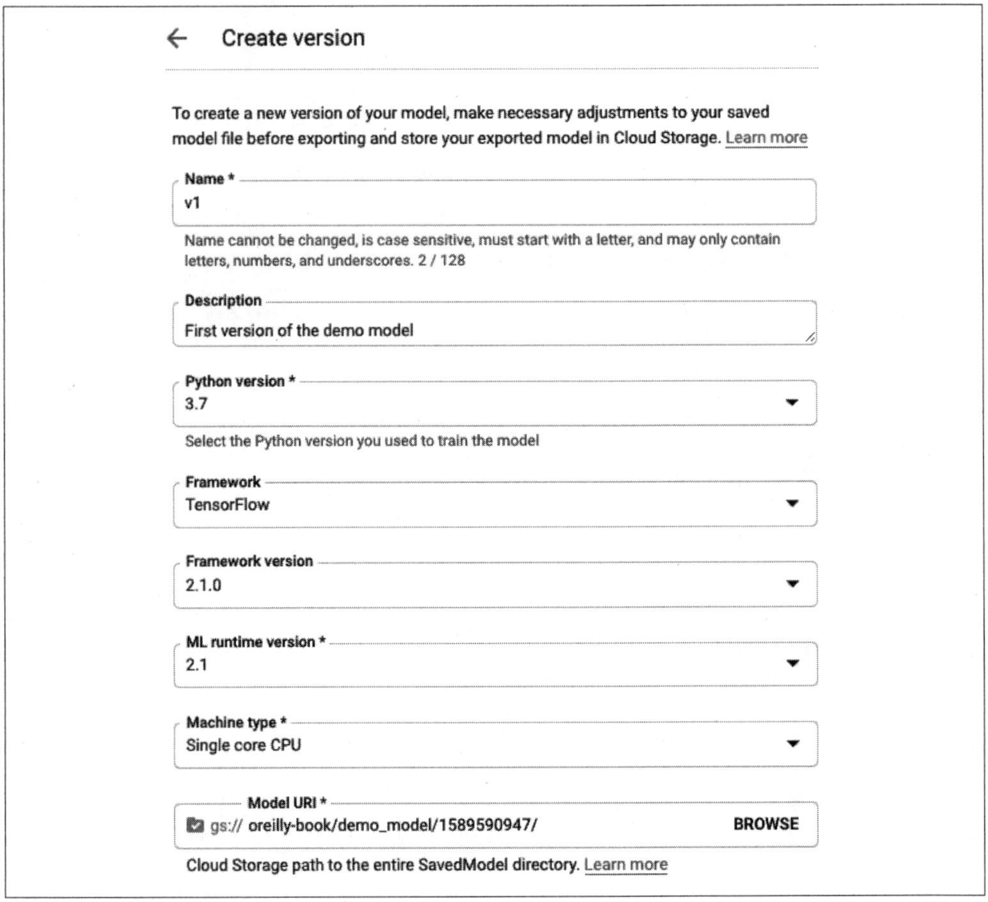

图 8-8：实例创建的细节信息

Google Cloud AI Platform 支持很多机器学习框架，包括 XGBoost、scikit-learn 和自定义预测例程。

可以在 GCP 中配置如何缩放以应对有可能出现的大量推算请求。可以选择两种缩放策略：**手动缩放**和**自动缩放**。

可以在手动缩放里设置模型版本预测可用的节点数量。相反，自动缩放可以根据请求量对实例数量进行自动缩放。如果节点没有接收到任何请求，则节点数量甚至可以自动降至 0。请注意，如果自动缩放将节点数量降至 0，那么当下一个请求访问端点时，你的模型版本需要一定时间重新实例化。如果将推算节点设成自动缩放模式，则每 10 分钟就会进行一次收费计价。

完成模型版本配置后，Google Cloud 会为你启动实例。如图 8-9 所示，当启动完成后，你可以在版本名称边上看到一个 ✓，这意味着模型可以开始预测了。

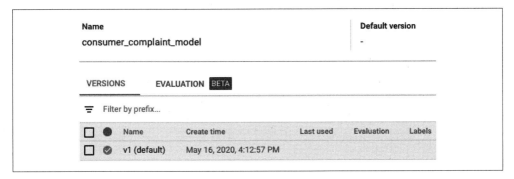

图 8-9：完成新版本的部署

你可以同时运行多个模型版本。在模型版本的控制面板中，可以选择一个版本作为默认版本。任何未指定版本的推算请求都会被推送给"默认版本"。切记，每个模型版本会占用独立的节点，这会增加在 GCP 上的开支。

2. 模型推算

因为 TensorFlow Serving 经历过谷歌内部的大量测试，所以 GCP 也在后台使用它。Google Cloud AI Platform 不仅使用 TensorFlow Serving 实例支持的模型导出格式，请求负载的数据格式也是一样的。

两者唯一重要的不同是 API 的连接方式。如本节所示，你需要通过 GCP API 连接模型版本。GCP API 负责处理请求认证。

使用以下命令安装 google-api-python-client 库以连接 Google Cloud API：

```
$ pip install google-api-python-client
```

所有谷歌服务都可以通过一个服务对象连接。以下辅助函数展示了如何创建服务对象。谷歌 API 客户端需要 service name 和 service version 作为输入并会返回一个对象，此对象通过返回对象中包含的方法提供了 API 的所有功能：

```
import googleapiclient.discovery

def _connect_service():
    return googleapiclient.discovery.build(
        serviceName="ml", version="v1"
    )
```

和之前的 REST 和 gRPC 示例类似，我们在 instances 键中存储推算数据。推算数据是一系列输入字典。可以写一个辅助函数来生成负载。你可以在这个函数中写入预处理步骤：

```
def _generate_payload(sentence):
    return {"instances": [{"sentence": sentence}]}
```

在客户端创建好服务对象和负载后，就可以向 Google Cloud 托管的机器学习模型发起预测请求了。

AI Platform 的服务对象有一个预测方法，它的输入是 name 和 body。name 是一个包含 GCP 项目名、模型名和模型版本（可选）的路径字符串。如果没有指定模型版本，则默认版本模型会被用于推算。body 携带了我们已经熟知的推算数据格式：

```
project = "yourGCPProjectName"
model_name = "demo_model"
version_name = "v1"
request = service.projects().predict(
    name="projects/{}/models/{}/versions/{}".format(
        project, model_name, version_name),
    body=_generate_payload(sentence)
)
response = request.execute()
```

和 TensorFlow Serving 实例中的 REST 响应类似，Google Cloud AI Platform 的响应里包含了不同类别的预测分数：

```
{'predictions': [
    {'label': [
        0.9000182151794434,
        0.02840868942439556,
        0.009750653058290482,
        0.06182243302464485
    ]}
]}
```

这种部署方式省去了创建部署基础架构的工作。其他云服务提供商（比如 AWS 和微软 Azure）也提供了类似的部署服务。在某些场景中，云服务可以很好地代替本地部署方案。它的缺点是高昂的价格和缺少端点自定义功能（比如 gRPC 端点和 8.14 节提到的批量处理功能）。

8.19　使用TFX流水线进行模型部署

在本章开篇介绍中，图 8-1 说明了部署是机器学习流水线的组件之一。在了解了如何进行模型部署，尤其是如何使用 TensorFlow Serving 之后，我们可以回顾一下机器学习流水线的整个流程。

图 8-10 展示了持续进行模型部署的步骤。假设你已经运行 TensorFlow Serving，并设置好模型读取路径。此外，假设你从外部（比如云存储桶或挂载的持久卷）加载模型。TFX 流水线和 TensorFlow Serving 实例需要访问同一个文件系统。

7.5.4 节讨论过 Pusher 组件。我们可以用它将验证过的模型推送到指定位置（比如云存储桶）。TensorFlow Serving 可以从云存储桶读取新版本模型、为指定端点卸载旧模型，以及加载最新版本模型。这是 TensorFlow Serving 默认的模型策略。

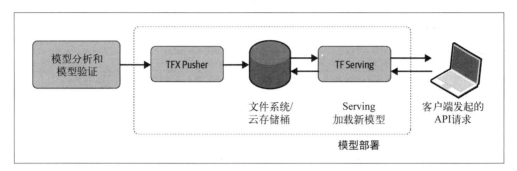

图 8-10：部署 TFX 流水线产出的模型

基于这个默认策略，可以用 TFX 和 TensorFlow Serving 方便地实现模型可持续部署。

8.20　小结

本章讨论了如何使用 TensorFlow Serving 部署机器学习模型，以及为什么模型服务器的缩放能力比 Flask Web 应用强。我们展示了如何安装和配置 TensorFlow Serving，介绍了两种通信方式（REST 和 gRPC），并讨论了两种通信方式的优缺点。

另外，本章介绍了 TensorFlow Serving 的一些优点，比如批量请求和获取模型元数据。我们还讨论了如何用 TensorFlow Serving 快速进行 A/B 测试。

本章结尾简单介绍了云托管服务，并用 Google Cloud AI Platform 举了一个例子。你可以在云端部署模型，无须维护自己的服务器实例。

第 9 章会讨论模型的进阶部署方式，比如从云端加载模型或是在 Kubernetes 中部署 TensorFlow Serving。

第9章

使用TensorFlow Serving进行进阶模型部署

第 8 章讨论了如何用 TensorFlow Serving 高效地部署 TensorFlow 或 Keras 模型。在学习了模型部署的基础知识和 TensorFlow Serving 的配置方法后，本章会介绍一些进阶的机器学习模型部署用例。这些用例包括对部署模型进行 A/B 测试、针对部署和缩放进行模型优化和监测部署后的模型。建议先学完第 8 章再学习本章内容，因为第 8 章的内容是本章的基础。

9.1 解耦部署环节

第 8 章介绍的部署方法非常实用，但有一个缺点：训练好或验证过的模型需要在构建步骤中被封装到部署镜像中，或是在运行时被挂载到容器中。不论是封装还是挂载，这种部署方式都需要开发人员了解相关的开发运维流程（比如如何更新 Docker 容器镜像），或是需要数据科学家与开发运维团队在部署新模型时展开紧密的合作。

第 8 章提到，TensorFlow Serving 可以从远程存储（比如 AWS S3 bucket 或 GCP Storage bucket）中加载模型。TensorFlow Serving 默认的加载策略会定时轮询存储位置。当它发现新版本模型被上传后，就会卸载旧的模型并加载新的版本。基于这个特性，只需将模型服务容器部署一次，它就会在新模型上传后自动更新模型。

9.1.1 工作流概述

在开始了解如何用 TensorFlow Serving 加载远程存储中的模型前，需要先了解整个工作流。

图 9-1 展示了工作流中的分工方式。模型服务容器部署只发生一次。数据科学家可以通过远程存储服务的 Web 界面或是命令行指令上传新版本模型。服务实例会自动发现新版本模型。在这个过程中，不需要重新编译模型服务容器或是重新部署容器。

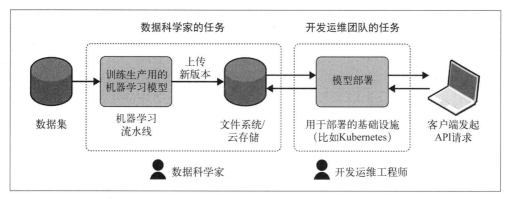

图 9-1：数据科学家和开发运维团队在部署环节中的分工

如果存储访问权限是公开的，那么在启动容器时就可以指定用于加载模型的远程路径：

```
docker run -p 8500:8500 \
        -p 8501:8501 \
        -e MODEL_BASE_PATH=s3://bucketname/model_path/ \ ❶
        -e MODEL_NAME=my_model \ ❷
        -t tensorflow/serving
```

❶ 远程路径。

❷ 其余的设置和前文内容保持一致。

如果模型保存在私有的云存储桶中，则需要在 TensorFlow Serving 中配置访问证书。不同的云供应商有不同的配置方式。本章会展示如何针对 AWS 和 GCP 做配置。

1. 访问 AWS S3 中的私有模型

AWS 通过访问键和访问密钥来认证用户。在访问私有的 AWS S3 bucket 前，需要创建一个用户访问键和密钥[1]。

你可以在 docker run 命令中通过环境变量来指定 AWS 的访问键和访问密钥。这样，TensorFlow Serving 就可以用这些访问证书去访问私有存储桶了：

注 1：请访问 AWS 文档以了解如何管理 AWS 访问密钥。

```
docker run -p 8500:8500 \
        -p 8501:8501 \
        -e MODEL_BASE_PATH=s3://bucketname/model_path/ \
        -e MODEL_NAME=my_model \
        -e AWS_ACCESS_KEY_ID=XXXXX \  ❶
        -e AWS_SECRET_ACCESS_KEY=XXXXX \
        -t tensorflow/serving
```

❶ 环境变量的名字很重要。

TensorFlow Serving 会使用默认的 AWS 环境变量及其默认值。你可以覆盖这些默认变量值（比如，你需要使用 us-east-1 地区的资源，或是改变 S3 端点）。

以下是可设置的选项：

- AWS_REGION=us-east-1

- S3_USE_HTTPS=1

- S3_VERIFY_SSL=1

在运行 docker run 命令时，可以将这些配置选项添加到环境变量中：

```
docker run -p 8500:8500 \
        -p 8501:8501 \
        -e MODEL_BASE_PATH=s3://bucketname/model_path/ \
        -e MODEL_NAME=my_model \
        -e AWS_ACCESS_KEY_ID=XXXXX \
        -e AWS_SECRET_ACCESS_KEY=XXXXX \
        -e AWS_REGION=us-west-1 \  ❶
        -t tensorflow/serving
```

❶ 额外的配置可以通过环境变量加入。

在完成这些设置后，便可以从 AWS S3 bucket 中加载模型了。

2. 访问 GCP bucket 中的私有模型

GCP 通过 service account 认证用户。你需要创建一个 service account 文件以用于访问私有 GCP Storage bucket。

与 AWS 不同的是，GCP 认证会使用 service account JSON 文件而不是保存在环境变量中的密钥。使用 GCP bucket 前，需要将存有证书文件的文件夹挂载到 Docker 容器中，并在环境变量中指定证书文件的路径。TensorFlow Serving 会从这个路径加载证书。

可以从 GCP 下载 service account 证书，并保存为 sa-credientials.json 文件。在下面的例子中，假设你已经在 /home/your_username/.credentials/ 路径下保存了 service account 证书文件。可以用任意名字命名证书文件，但必须在 GOOGLE_APPLICATION_CREDENTIALS 环境变量中指定证书文件在 Docker 容器中的完整路径：

```
docker run -p 8500:8500 \
          -p 8501:8501 \
          -e MODEL_BASE_PATH=gcp://bucketname/model_path/ \
          -e MODEL_NAME=my_model \
          -v /home/your_username/.credentials/:/credentials/ ❶
          -e GOOGLE_APPLICATION_CREDENTIALS=/credentials/sa-credentials.json \ ❷
          -t tensorflow/serving
```

❶ 挂载本地证书路径。

❷ 指定容器中的证书路径。

这样就可以将远程 GCP bucket 作为存储位置了。

9.1.2　优化远程模型加载

无论是使用本地存储还是云端存储，TensorFlow Serving 都会默认每两秒对文件系统进行一次轮询和模型版本更新。如果使用了云端存储，那么轮询操作会通过云服务生成一个存储桶列表视图。如果经常更新模型版本，那么存储桶里就会填满大量的文件。这会生成大量的列表视图信息，并且随着时间的推移占用极大的流量。这些操作所产生的流量会增加使用云服务的成本。为了避免高昂的云服务费用，建议将轮询频率降低到每两分钟一次。在这种设置下，流量消耗会减少到原来的 1/60，而且每小时仍然能对模型进行 30 次更新：

```
docker run -p 8500:8500 \
          ...
          -t tensorflow/serving \
          --file_system_poll_wait_seconds=120
```

TensorFlow Serving 的参数必须放在 docker run 命令之后。可以将轮询等待时间设为大于 1 秒的任意值。如果将等待时间设为 0，那么 TensorFlow Serving 将不会自动更新模型。

9.2　为部署模型进行优化

随着机器学习模型容量的增长，模型优化对于高效部署变得越来越重要。模型量化通过降低权重的精度来简化计算的复杂程度。模型剪枝可以将模型中不重要的权重设为 0。模型蒸馏可以让小尺寸的神经网络学习大型神经网络的目标功能。

这 3 种优化方法都可以减小模型容量，并让模型推算变得更快。下面将逐一介绍这 3 种优化方法。

9.2.1　量化

神经网络的权重一般用 32 位（bit）的数据类型表示（IEEE 754 标准称之为单精度二进制浮点格式）。一个浮点数的表示方式为：1 位表示数字的正负号，8 位表示指数，23 位表示浮点数的精度（尾数）。

神经网络的权重也可以用 bfloat16 浮点格式或 8 位整数表示。如图 9-2 所示，我们还需要 1 位用于存储数字的正负号。TensorFlow 的 bfloat16 浮点数仍然用 8 位表示指数，但只用 7 位表示尾数。某些情况下权重甚至可以用 8 位的整数表示。

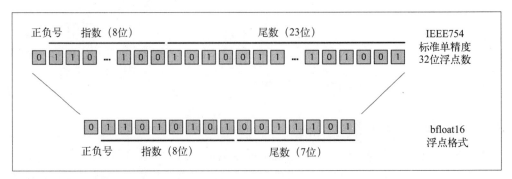

图 9-2：降低浮点精度

将权重的表示方式转换成 16 位浮点数或整数有以下好处：

- 权重可由更少的字节表示，在模型推算过程中占用的内存会更少；
- 由于权重表达方式的简化，预测可以变得更快；
- 16 位或 8 位的嵌入式系统也可以运行神经网络。

目前，模型量化通常在模型训练后进行，我们称之为**训练后量化**。量化后的模型通常都会因为低精度而出现欠拟合的现象，因此建议在部署量化模型前再进行一轮模型分析和模型验证。我们会在讨论英伟达 TensorRT 库（参见 9.3 节）和 TensorFlow TFLite 库（参见 9.4 节）时展示如何进行模型量化。

9.2.2　剪枝

另一种降低模型权重精度的方式是**模型剪枝**。它的理念是移除不必要的权重以降低网络的大小。剪枝会将不必要的权重值设为 0。对模型进行剪枝后，推算的速度会有一定提升。剪枝后的模型可以被更有效的压缩，因为稀疏权重有更高的压缩率。

如何对模型进行剪枝？

剪枝可以在模型训练阶段通过一些工具完成（比如 TensorFlow 的模型优化包 tensorflow-model-optimization[2]）。

注 2：请访问 TensorFlow 官网以了解更多模型优化的信息和剪枝的详细示例。

9.2.3　蒸馏

除了减少网络的连接，还可以训练一个小型神经网络，让它学习大型神经网络的功能。这个方法被称为蒸馏。如图 9-3 所示，用大型神经网络（导师神经网络）的预测结果来引导小型神经网络（学生神经网络）的权重更新，而不是在小型神经网络上重复大型神经网络的受训过程。通过使用来自导师和学生神经网络的预测，学生神经网络被迫学习导师神经网络的行为，因此我们能用更少的权重和更简单的模型架构完成更复杂的目标任务。

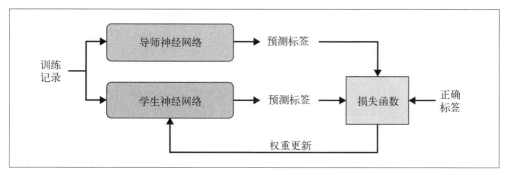

图 9-3：学生神经网络向导师神经网络学习

9.3　在TensorFlow Serving中使用TensorRT

英伟达的 TensorRT 是量化 TensorFlow 模型的工具之一。

如果在英伟达 GPU 上运行的深度学习模型需要消耗大量算力，则可以考虑使用 TensorRT 优化模型服务器。TensorRT 可以用低精度的网络权重和偏置进行推算，同时优化模型性能。TensorRT 支持 int8 和 float16 数据类型。低精度运算还可以降低模型的推算延迟。

在训练完成后，需要用 TensorRT 自带的优化器或 saved_model_cli 优化模型。[3] TensorFlow Serving 可以加载优化后的模型。在撰写本章时，英伟达只在有限的产品上支持 TensorRT，其中包括 Tesla V100 和 P4 显卡。

首先，用 saved_model_cli 转换深度学习模型：

```
$ saved_model_cli convert --dir saved_models/ \
                    --output_dir trt-savedmodel/ \
                    --tag_set serve tensorrt
```

然后，可以在基于 GPU 的 TensorFlow Serving 实例中加载优化好的模型：

```
$ docker run --runtime=nvidia \
         -p 8500:8500 \
```

注 3：参考英伟达的 TensorRT 文档。

```
          -p 8501:8501 \
          --mount type=bind,source=/path/to/models,target=/models/my_model \
          -e MODEL_NAME=my_model \
          -t tensorflow/serving:latest-gpu
```

英伟达 GPU 支持用 TensorRT 推算模型，它还可以有效降低模型推算的延迟。

9.4 TFLite

如果不在英伟达 GPU 上运行深度学习模型，那么还可以选择 TFLite 对机器学习模型进行优化。

TFLite 传统上用于将机器学习模型转换成容量较小的模型。这些轻量模型可以部署在移动端或 IoT 设备上。然而，这种模型也可以部署在 TensorFlow Serving 中。因此，我们不仅可以在边缘设备上用 TFLite 部署机器学习模型，还可以在 TensorFlow Serving 中部署低延迟、低内存占用的模型。

虽然 TFLite 看起来非常有用，但它有一些缺点：在撰写本章时，TensorFlow Serving 对 TFLite 模型的支持仍属于试验阶段。与此同时，不是所有的 TensorFlow 操作都可以被转换为 TFLite 指令。不过，TFLite 支持的操作数量也在不断上升。

9.4.1 用TFLite优化模型的步骤

TFLite 可用于优化 TensorFlow 和 Keras 模型。TFLite 库提供了很多优化工具和选项。你可以用命令行工具或 Python 库进行模型转换。

从将训练好的模型导出为 SavedModel 格式开始。下面的示例主要关注基于 Python 的实现。转换过程分为 4 步。

1. 加载和导出保存的模型。
2. 定义优化目标。
3. 转换模型。
4. 将优化好的模型保存为 TFLite 模型。

```
import tensorflow as tf

saved_model_dir = "path_to_saved_model"
converter = tf.lite.TFLiteConverter.from_saved_model(
    saved_model_dir)

converter.optimizations = [
    tf.lite.Optimize.DEFAULT ❶
]
tflite_model = converter.convert()
```

```
with open("/tmp/model.tflite", "wb") as f:
    f.write(tflite_model)
```

❶ 设置优化策略。

> ### TFLite 优化
>
> TFLite 提供了预先设定好的优化目标。转换器会通过改变优化目标对模型进行不同的优化。这些预定目标为 DEFAULT、OPTIMIZE_FOR_LATENCY 和 OPTIMIZE_FOR_SIZE。
>
> 在 DEFAULT 模式下，转换器会针对延迟和容量优化模型。另外两个选项会偏向优化延迟或容量。可以用以下方法设置转换选项：
>
> ```
> ...
> converter.optimizations = [tf.lite.Optimize.OPTIMIZE_FOR_SIZE]
> converter.target_spec.supported_types = [tf.lite.constants.FLOAT16]
> tflite_model = converter.convert()
> ...
> ```

如果你的模型包含在导出模型时 TFLite 不支持的 TensorFlow 操作，则转换会终止并且报错。可以在转换前开启 TFLite 对部分 TensorFlow 操作的附加支持，但这会导致 TFLite 模型的大小增加 30MB 左右。以下代码片段展示了如何在转换前开启对部分 TensorFlow 操作的附加支持：

```
...
converter.target_spec.supported_ops = [tf.lite.OpsSet.TFLITE_BUILTINS,
                                       tf.lite.OpsSet.SELECT_TF_OPS]
tflite_model = converter.convert()
...
```

如果转换过程因为不支持的 TensorFlow 操作而终止，则可以向 TensorFlow 社区指出该问题。社区正在努力增加 TFLite 支持的操作，也欢迎用户对将来应将哪些操作加入 TFLite 提出建议。可以在 TFLite Op 需求表中登记目前还不支持的 TensorFlow 操作。

9.4.2　使用TensorFlow Serving实例部署TFLite模型

最新版本的 TensorFlow Serving 只需少量配置就能加载 TFLite 模型。在启动 TensorFlow Serving 前开启 use_tflite_model，它就会加载优化后的模型：

```
docker run -p 8501:8501 \
           --mount type=bind,\
            source=/path/to/models,\
            target=/models/my_model \
           -e MODEL_BASE_PATH=/models \
           -e MODEL_NAME=my_model \
           -t tensorflow/serving:latest \
           --use_tflite_model=true ❶
```

❶ 开启 TFLite 模型加载。

TensorFlow Lite 优化模型可以降低部署模型的延迟和内存占用。

在边缘设备上部署模型

不仅可以在 TensorFlow Serving 中部署优化好的 TensorFlow 模型或 Keras 模型，还可以在手机和边缘设备上部署模型。以下是部分支持的设备类型。

- Android 和 iOS 手机
- ARM64 架构的计算机
- 微机和嵌入式设备（比如树莓派）
- 边缘设备（比如 IoT 设备）
- 边缘 TPU（比如 Coral）

如果想在手机或边缘设备上部署模型，推荐阅读 Anirudh Koul 等人合著的 *Practical Deep Learning for Cloud, Mobile, and Edge*。如果想着重了解 TFMicro 在边缘设备上的使用，推荐阅读 Pete Warden 和 Daniel Situnayake 合著的《TinyML：基于 TensorFlow Lite 在 Arduino 和超低功耗微控制器上部署机器学习》。

9.5　监测TensorFlow Serving实例

可以在 TensorFlow Serving 中监测推算设置。TensorFlow Serving 提供了可由 Prometheus 使用的监测指标的端点。Prometheus 基于 Apache License 2.0，是一个免费的实时事件日志记录和报警应用。它在 Kubernetes 社区中被广泛使用，但也可以独立于 Kubernetes 运行。

你需要同时运行 TensorFlow Serving 和 Prometheus 才可以跟踪推算服务的指标。Prometheus 可以不间断地从 TensorFlow Serving 中获取指标。两个应用之间通过 REST 端点通信，这也意味着即使你在应用中只使用 gRPC 端点，也必须启动 TensorFlow Serving 的 REST 端点。

9.5.1　设置Prometheus

在使用 Prometheus 跟踪 TensorFlow Serving 提供的指标前，必须先创建并配置 Prometheus 实例。如图 9-4 所示，为了简化例子，需同时运行两个 Docker 实例（TensorFlow Serving 和 Prometheus）。在更专业的环境中，这两个应用会通过 Kubernetes 进行部署。

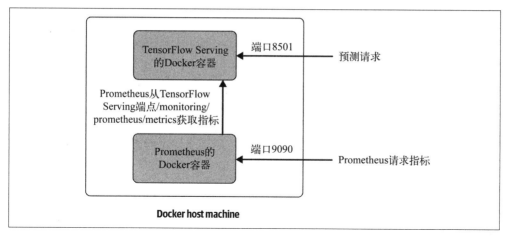

图 9-4：Prometheus Docker 设置

在使用 Prometheus 前，必须先创建一个 Prometheus 配置文件。在 /tmp/prometheus.yml 路径中创建配置文件，并加入以下配置信息：

```
global:
  scrape_interval: 15s
  evaluation_interval: 15s
  external_labels:
    monitor: 'tf-serving-monitor'

scrape_configs:
  - job_name: 'prometheus'
    scrape_interval: 5s ❶
    metrics_path: /monitoring/prometheus/metrics ❷
    static_configs:
      - targets: ['host.docker.internal:8501'] ❸
```

❶ 请求指标的间隔时间。

❷ TensorFlow Serving 的指标端点。

❸ 用你的应用 IP 取代这个 IP。

这个例子将目标主机设置为了 host.docker.internal。我们利用 Docker 的域名解析来访问主机上的 TensorFlow Serving 容器。Docker 会自动将 host.docker.internal 域名解析为主机的 IP 地址。

创建好 Prometheus 配置文件后，就可以在 Docker 容器中运行 Prometheus 实例了：

```
$ docker run -p 9090:9090 \ ❶
             -v /tmp/prometheus.yml:/etc/prometheus/prometheus.yml \ ❷
             prom/prometheus
```

❶ 开启 9090 端口。

❷ 挂载配置文件。

Prometheus 提供了指标的展示面板，稍后我们会通过 9090 端口访问此面板。

9.5.2　TensorFlow Serving配置

和之前配置批量推算类似，需要用配置文件来配置日志记录功能。

创建以下配置文件（在我们的例子中，配置文件保存在 /tmp/monitoring_config.txt 中）：

```
prometheus_config {
    enable: true,
    path: "/monitoring/prometheus/metrics"
}
```

在配置文件中，我们设置了提供指标数据的 URL 路径。这个路径必须和 Prometheus 配置文件中的路径（/tmp/prometheus.yml）保持一致。

只需在 TensorFlow Serving 中加入 monitoring_config_file 的路径，它就会向 Prometheus 开放读取指标数据的 REST 端点。

```
$ docker run -p 8501:8501 \
              --mount type=bind,source=`pwd`,target=/models/my_model \
              --mount type=bind,source=/tmp,target=/model_config \
              tensorflow/serving \
              --monitoring_config_file=/model_config/monitoring_config.txt
```

使用 Prometheus

如图 9-5 所示，当 Prometheus 实例开始运行后，可以通过 Prometheus 的面板 UI 查看 TensorFlow Serving 的指标。

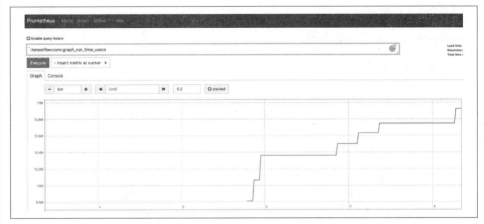

图 9-5：Prometheus 面板展示了 TensorFlow Serving 的指标信息

Prometheus 为常用的指标提供了标准化的 UI。如图 9-6 所示，TensorFlow Serving 提供了包括会话运行次数、加载延迟或特定计算图运算耗时等指标的查看选项。

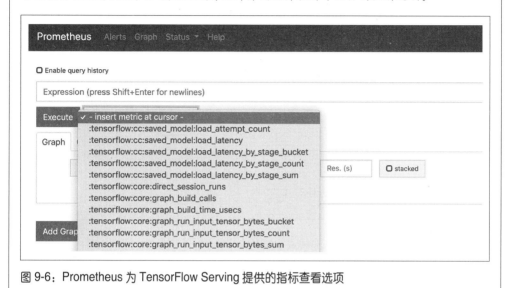

图 9-6：Prometheus 为 TensorFlow Serving 提供的指标查看选项

9.6 使用TensorFlow Serving和Kubernetes进行简单的扩容

到目前为止，本书只介绍了如何在一个 TensorFlow Serving 实例中运行一个或多个模型版本。虽然这种部署方式已经能满足很多使用场合，但它不能应付大量的预测请求。在这种情况下，需要复制多个 TensorFlow Serving Docker 容器来满足这些预测请求。复制容器的**编排**通常由 Docker Swarm 或 Kubernetes 完成。虽然深入讨论 Kubernetes 不属于本书内容范围，但我们仍想提供一个简单的例子来说明如何通过 Kubernetes 编排模型部署。

在接下来的例子中，假设你已经运行 Kubernetes 集群并且用 kubectl 接入了集群。因为不需要为部署 TensorFlow 模型专门编译 Docker 容器，所以这个例子复用了谷歌提供的 Docker 容器，并将 Kubernetes 加载模型的路径指向了远程存储桶。

第一段示例代码强调了以下两个功能：

- 直接用 Kubernetes 部署，不进行 Docker 容器编译操作；
- 通过 Google Cloud 认证访问远程存储。

在这个示例中，我们在 GCP 上进行部署[4]：

```
apiVersion: apps/v1
kind: Deployment
metadata:
  labels:
    app: ml-pipelines
  name: ml-pipelines
spec:
  replicas: 1 ❶
  selector:
    matchLabels:
      app: ml-pipelines
  template:
    spec:
      containers:
        - args:
          - --rest_api_port=8501
          - --model_name=my_model
          - --model_base_path=gs://your_gcp_bucket/my_model ❷
          command:
          - /usr/bin/tensorflow_model_server
          env:
          - name: GOOGLE_APPLICATION_CREDENTIALS
            value: /secret/gcp-credentials/user-gcp-sa.json ❸
          image: tensorflow/serving ❹
          name: ml-pipelines
          ports:
          - containerPort: 8501
          volumeMounts:
          - mountPath: /secret/gcp-credentials ❺
            name: gcp-credentials
      volumes:
      - name: gcp-credentials
        secret:
          secretName: gcp-credentials ❻
```

❶ 在需要时增加容器副本。

❷ 从远程存储中加载模型。

❸ 提供 GCP 证书。

❹ 加载预编译的 TensorFlow Serving 镜像。

❺ 挂载 service account 证书文件（如果使用 GCP 部署 Kubernetes 的话）。

❻ 将证书文件作为卷加载。

注 4：基于 AWS 的部署也是类似的，不同点在于 GCP 使用证书文件认证，而 AWS 使用环境变量中的 secret 和 key 进行认证。

接下来，就可以在不编译任何 Docker 镜像的前提下部署和缩放 TensorFlow 模型或 Keras 模型了。

可以在 Kubernetes 环境下用以下指令生成 service account 证书文件：

```
$ kubectl create secret generic gcp-credentials \
  --from-file=/path/to/your/user-gcp-sa.json
```

与之相对应的 Kubernetes 服务设置如下：

```
apiVersion: v1
kind: Service
metadata:
  name: ml-pipelines
spec:
  ports:
    - name: http
      nodePort: 30601
      port: 8501
  selector:
    app: ml-pipelines
  type: NodePort
```

只需短短几行 YAML 配置代码，就可以部署和缩放机器学习服务。面对一些更复杂的应用场合（比如用 Istio 控制机器学习模型部署后的流量漫游），推荐你深入了解 Kubernetes 和 Kubeflow。

Kubernetes 和 Kubeflow 延伸阅读

Kubernetes 和 Kubeflow 是十分实用的开发运维工具，但本书无法提供充分的介绍，因为其所涉及的内容实在太多了。如果对这两个话题感兴趣，推荐你阅读以下图书：

- Brendan Burns 等人合著的 *Kubernetes: Up and Running, 2nd edition*；
- Josh Patterson 等人合著的 *Kubeflow Operations Guide*；
- Holden Karau 等人合著的 *Kubeflow for Machine Learning*。

9.7 小结

本章介绍了一些进阶的部署场景，包括数据科学家和开发运维的分工、从远程存储加载模型、优化模型以减少预测延迟和内存占用，以及可缩放的部署。

第 10 章会整合前文中提到的所有流水线组件，打造一条完整、可复用的机器学习流水线。

第10章

TensorFlow Extended的高级功能

前两章详细说明了如何进行模型部署。至此，本书完成了对所有流水线组件的介绍。在深入了解这些流水线组件的编排之前，本章先介绍一下 TFX 的高级功能。

在大部分场景中，我们可以用之前介绍过的流水线组件搭建合适的机器学习流水线。但有时需要构建自定义 TFX 组件或是更复杂的流水线图。因此，本章会介绍如何构建 TFX 自定义组件。我们会在计算机视觉机器学习流水线中实现自定义图像数据读取组件，并通过这个例子介绍自定义组件的概念。我们还会介绍流水线结构中其他的高级功能，包括同时生成两个模型（比如，同时用 TensorFlow Serving 和 TFLite 部署模型），以及在流水线中加入人工审核流程。

正在开发的功能

在撰写本书时，书中介绍的部分功能仍处于开发阶段。因此，这些功能可能会随着更新而变化。根据 TFX 的功能变化，在写作阶段我们竭尽所能地更新了所有代码示例。所有的示例在 TFX 0.22 中都能运行。你可以在 TFX 文档中查找有关 TFX API 的更新信息。

10.1　流水线的高级功能

本节将用 3 个功能进一步提高流水线的生产力。到目前为止，本书讨论的所有流水线功能都是线性的，即只有一个入口和一个出口。在第 1 章中，我们介绍了有向无环图的基本概念。只要流水线图之间的连接满足有向无环的条件，就可以自由搭配流水线组件。接下来的内容会着重介绍以下 3 个功能：

- 同时训练多个模型；
- 导出用于移动端部署的模型；
- 热启动模型训练。

10.1.1　同时训练多个模型

之前提到过，你可以同时训练多个模型。例如，你可能需要训练一个不同的模型（也许是某种更简单的模型），同时复用现有的预处理数据和预处理流程图。图 10-1 展示了如何实现这一功能。

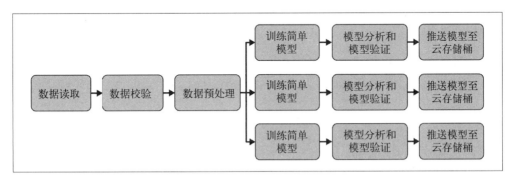

图 10-1：同时训练多个模型

可以用多个 Trainer 组件在 TFX 中定义图 10-1 所示的流程图，如以下代码所示：

```
def set_trainer(module_file, instance_name,
                train_steps=5000, eval_steps=100):  ❶
    return Trainer(
        module_file=module_file,
        custom_executor_spec=executor_spec.ExecutorClassSpec(
            GenericExecutor),
        examples=transform.outputs['transformed_examples'],
        transform_graph=transform.outputs['transform_graph'],
        schema=schema_gen.outputs['schema'],
        train_args=trainer_pb2.TrainArgs(num_steps=train_steps),
        eval_args=trainer_pb2.EvalArgs(num_steps=eval_steps),
        instance_name=instance_name)

prod_module_file = os.path.join(pipeline_dir, 'prod_module.py')  ❷
trial_module_file = os.path.join(pipeline_dir, 'trial_module.py')
...

trainer_prod_model = set_trainer(module_file, 'production_model')  ❸
trainer_trial_model = set_trainer(trial_module_file, 'trial_model',
                                  train_steps=10000, eval_steps=500)
...
```

❶ 高效创建 Trainer 的函数。

❷ 为每个 Trainer 加载组件代码。

❸ 为每个图分支创建 Trainer 组件。

这一步将流程图拆分为了多个可同时运行的训练分支。每个 Trainer 组件都享用来自数据读取、模式和 Transform 组件的相同输入。每个 Trainer 组件都加载了不同的训练代码，因此可以训练不同的模型。我们将训练步数和评估步数作为以上函数的输入参数。这样就可以用同一训练参数（相同的组件代码）训练不同的模型，并分析不同训练参数对模型性能的影响了。

如以下代码所示，每个训练组件都需要配上一个 Evaluator 组件。每个模型都由自己的 Pusher 组件进行推送。

```
evaluator_prod_model = Evaluator(
    examples=example_gen.outputs['examples'],
    model=trainer_prod_model.outputs['model'],
    eval_config=eval_config_prod_model,
    instance_name='production_model')

evaluator_trial_model = Evaluator(
    examples=example_gen.outputs['examples'],
    model=trainer_trial_model.outputs['model'],
    eval_config=eval_config_trial_model,
    instance_name='trial_model')

...
```

本节介绍了如何用 TFX 创建较复杂的流水线。下一节会讨论如何在完成训练后自动导出用于移动端部署的 TFLite 模型。

10.1.2　导出TFLite模型

越来越多的机器学习模型被部署在移动设备上。机器学习流水线可以持续、稳定地导出用于移动设备的机器学习模型。移动端模型的部署过程和模型服务器（比如第 8 章讨论过的 TensorFlow Serving）的部署过程大体相似。因此，可以同时在模型服务器和移动端上稳定地更新模型。使用不同设备的用户也能得到更一致的体验。

TFLite 的限制

由于移动设备硬件能力有限，TFLite 无法支持所有的 TensorFlow 操作。因此，不是所有的模型都能被转换成 TFLite 格式。请访问 TFLite 网站以查看 TFLite 支持的 TensorFlow 操作。

在 TensorFlow 生态圈中，TFLite 是针对移动端部署的解决方案。它是可运行在边缘设备或移动设备上的 TensorFlow 变种。图 10-2 展示了流水线如何同时运行两个训练分支。

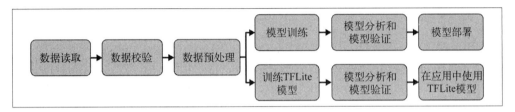

图 10-2：导出用于移动端部署的模型

可以利用之前展示过的分支逻辑，更新 run_fn 函数中的组件代码，将模型保存为 TFLite
支持的格式。

示例 10-1 展示了 run_fn 所需的新功能。

示例 10-1 TFX rewriter 示例

```
from tfx.components.trainer.executor import TrainerFnArgs
from tfx.components.trainer.rewriting import converters
from tfx.components.trainer.rewriting import rewriter
from tfx.components.trainer.rewriting import rewriter_factory

def run_fn(fn_args: TrainerFnArgs):
...
temp_saving_model_dir = os.path.join(fn_args.serving_model_dir, 'temp')
model.save(temp_saving_model_dir,
        save_format='tf',
        signatures=signatures) ❶

tfrw = rewriter_factory.create_rewriter(
    rewriter_factory.TFLITE_REWRITER,
    name='tflite_rewriter',
    enable_experimental_new_converter=True
) ❷
converters.rewrite_saved_model(temp_saving_model_dir, ❸
                               fn_args.serving_model_dir,
                               tfrw,
                               rewriter.ModelType.TFLITE_MODEL)

tf.io.gfile.rmtree(temp_saving_model_dir) ❹
```

❶ 将模型导出为保存好的模型。

❷ 实例化 TFLite rewriter。

❸ 将模型转换为 TFLite 格式。

❹ 转换结束后，删除保存好的模型。

我们没有在训练结束后导出保存好的模型，而是将模型转换成了 TFLite 兼容的格式，最后
再删除保存好的模型。Trainer 组件会导出 TFLite 模型，并在元数据仓库中注册该模型。下
游组件（比如 Evaluator 或 Pusher）可以调用该 TFLite 兼容模型。以下示例展示了如何评

估 TFLite 模型，评估结果可以反映模型优化（比如量化等操作）是否导致模型性能下降：

```
eval_config = tfma.EvalConfig(
    model_specs=[tfma.ModelSpec(label_key='my_label', model_type=tfma.TF_LITE)],
    ...
)

evaluator = Evaluator(
    examples=example_gen.outputs['examples'],
    model=trainer_mobile_model.outputs['model'],
    eval_config=eval_config,
    instance_name='tflite_model')
```

可以用这样的流水线配置自动生成移动端模型，并将其推送到工件存储中，便于移动端模型部署。例如，Pusher 组件可以将 TFLite 模型推送至云存储桶中。移动端开发人员可以用谷歌的 ML Kit 在 iOS 或 Android 移动应用内部署云存储桶中的模型。

将模型转换为 TensorFlow.js 格式

TFX 从 0.22 版开始为 rewriter_factory 提供了一项新功能：将现有的 TensorFlow 模型转换为 TensorFlow.js 模型。转换后的模型可以被部署在 Web 浏览器或 Node.js 运行环境中。只需将示例 10-1 中的 rewriter_factory 类型改为 rewriter_factory.TFJS_REWRITER，并将 rewriter.ModelType 改为 rewriter.ModelType.TFJS_MODEL，就可以使用这项新功能。

10.1.3　热启动模型训练

在某些情况下，我们不想从零开始训练一个全新的模型。**热启动**指的是加载某个模型训练存档，然后继续模型训练。这个功能在训练大型模型或训练耗时较长时非常有用。在一些法律条文（比如欧盟的 GDPR）的约束下，用户可以随时拒绝自己的隐私数据被使用在产品中。借助热启动训练，可以将模型回滚到使用隐私数据进行训练之前的存档，再对模型进行微调，而不是从头训练新的模型。

在 TFX 流水线中，热启动训练需要用到第 7 章介绍过的 Resolver 组件。Resolver 组件会加载最新版本的模型信息，并将之传递给 Trainer 组件：

```
latest_model_resolver = ResolverNode(
    instance_name='latest_model_resolver',
    resolver_class=latest_artifacts_resolver.LatestArtifactsResolver,
    latest_model=Channel(type=Model))
```

最新的模型会作为 base_model 参数传入 Trainer 组件：

```
trainer = Trainer(
    module_file=trainer_file,
    transformed_examples=transform.outputs['transformed_examples'],
    custom_executor_spec=executor_spec.ExecutorClassSpec(GenericExecutor),
```

```
schema=schema_gen.outputs['schema'],
base_model=latest_model_resolver.outputs['latest_model'],
transform_graph=transform.outputs['transform_graph'],
train_args=trainer_pb2.TrainArgs(num_steps=TRAINING_STEPS),
eval_args=trainer_pb2.EvalArgs(num_steps=EVALUATION_STEPS))
```

接下来，流水线会按既定的流程运行。下面，我们要介绍流水线中另一项有用的功能。

10.2 人工审核

本节介绍的实验性功能可以进一步强化流水线的实用性。到目前为止，我们演示过的流水线都能自动完成端到端的运行，甚至可以自动部署机器学习模型。但某些 TFX 用户仍对全自动流水线持怀疑态度，并希望对模型进行人工审核。人工审核的主要目是抽查模型质量和增加模型的可信度。

本节会介绍**人工审核**组件的功能。第 7 章提到过，通过验证的模型会被标注为"可用"模型。下游的 Pusher 组件会在推送模型前先检查模型是否可用。如图 10-3 所示，"可用"标签也可以人工签发。

图 10-3：人工审核

人工审核是一个自定义组件。谷歌的 TFX 团队用 Slack 通知组件来演示该功能。该功能不仅支持 Slack messenger，还可以被拓展到更多应用场景中。

人工审核组件的功能非常简单。当编排工具触发人工审核后，它会向指定的 Slack 信道发送一个链接。该链接指向最新导出的模型，并要求数据科学家人工审核该模型（参见图 10-4）。数据科学家可以用 WIT 人工审核模型，或是用无法在 Evaluator 中分析的极端样例测试模型。

图 10-4：Slack 信息要求人工审核

当数据科学家完成人工模型分析后，他们可以批准或驳回相应的 Slack 信息。TEF 组件会监听 Slack 的回复，并将审核结果保存在元数据仓库中，供下游组件读取。审查结果也会呈现在审查记录中。如图 10-5 所示，Kubeflow Pipelines 的谱系浏览器可以显示审核记录。元数据仓库记录了审核人员信息和审核时间戳（Slack 信息 ID 1584638332.0001 代表 Unix 格式时间戳）。

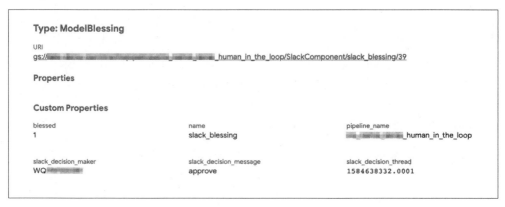

图 10-5：Kubeflow Pipelines 中的审查记录

10.2.1 创建Slack组件

Slack 组件需要 Slack bot 令牌才能向 Slack 账号发送消息。你可以从 Slack API 中获取 bot 令牌。得到令牌后，需要用以下 bash 命令将其保存在流水线环境的环境变量中：

```
$ export SLACK_BOT_TOKEN={your_slack_bot_token}
```

Slack 组件不是 TFX 的标准组件，需要单独安装。可以从 GitHub 上克隆 TFX 代码块，然后单独安装该组件：

```
$ git clone https://github.com/tensorflow/tfx.git

$ cd tfx/tfx/examples/custom_components/slack
$ pip install -e .
```

在 Python 环境中安装该组件后，它会出现在 Python 路径中，并可以在 TFX 脚本中被调用。以下示例展示了如何在 Python 代码中使用它。请记住，你还需要在 TFX 流水线运行环境中安装 Slack 组件。如果你在 Kubeflow Pipelines 中运行 TFX 流水线，那么就需要创建自定义 Docker 镜像，并在镜像中安装 Slack 组件（因为 Slack 组件不是 TFX 的标准组件）。

10.2.2 如何使用Slack组件

可以用加载其他 TFX 组件的方式加载 Slack 组件：

```
from slack_component.component import SlackComponent

slack_validator = SlackComponent(
    model=trainer.outputs['model'],
    model_blessing=model_validator.outputs['blessing'],
    slack_token=os.environ['SLACK_BOT_TOKEN'], ❶
    slack_channel_id='my-channel-id', ❷
    timeout_sec=3600
)
```

❶ 在环境中加载 Slack 令牌。

❷ 指定消息要发送至哪个信道。

该组件会在触发后向指定信道发送消息并等待回复（默认等待时间为 1 小时，等待时长由 timeout_sec 参数决定）。在这段时间里，数据科学家可以进行模型评估，然后批准或驳回该模型。如以下代码所示，下游组件（比如 Pusher 组件）可以消费 Slack 组件的输出：

```
pusher = Pusher(
    model=trainer.outputs['model'],
    model_blessing=slack_validator.outputs['slack_blessing'], ❶
    push_destination=pusher_pb2.PushDestination(
        filesystem=pusher_pb2.PushDestination.Filesystem(
            base_directory=serving_model_dir)))
```

❶ Slack 组件提供的模型 "blessing" 标签。

只需几步简单的设置，就可以在流水线中集成人工审核模型的功能。这个功能也可用在其他流水线应用中（比如审查数据的统计学分布或数据偏移指标）。

 Slack API 标准

Slack 组件基于 Real Time Messaging（RTM）协议实现。该协议已被淘汰，未来可能会被新协议取代。因此，Slack 组件的功能可能会受到影响。

10.3　TFX自定义组件

第 2 章讨论了 TFX 组件的架构以及每个组件都由 3 个部分组成：驱动器、执行器和发布器。本节会详细介绍如何构建自定义组件。首先会介绍如何从零开始编写自定义组件。然后会介绍如何对已有的组件做自定义修改，使其适用于特定的应用场景。一般来说，修改现有的组件比重新编写组件要方便得多。

我们会编写一个图 10-6 所示的自定义组件。流水线将用该组件读取 JPEG 图像和对应的标签。该组件会从指定的文件路径中加载图片，并从图片文件名中读取标签。这个例子要训练一个猫狗图片分类器。训练集的文件名包含了图片的分类标签（比如 dog-1.jpeg）。在加载每张图片后，我们会将它们转换成 tf.Example 数据结构并保存到 TFRecord 文件中，供下游组件使用。

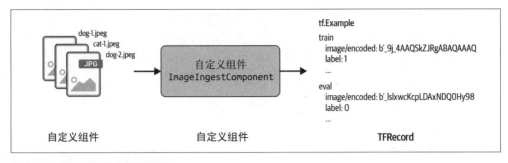

图 10-6：自定义组件示例的功能

10.3.1　自定义组件的应用场景

我们用数据读取组件演示如何编写自定义组件，但你也可以在流水线的任意环节中插入自定义组件。接下来要介绍的概念可以帮助你根据需求灵活地定制流水线功能。比如，你可以用自定义组件实现以下功能：

- 从自定义数据库中读取数据；
- 对数据集生成数据分析，并将分析结果通过邮件发送给数据科学团队；
- 当新模型被导出时通知开发运维团队；
- 在模型导出完成后自动编译 Docker 容器；
- 在机器学习审查记录中跟踪更多信息。

本书无法详细介绍这些功能的实现方法，如果你觉得这些功能中的某一个对你有用，接下来的内容将详细讲解如何实现自定义组件。

10.3.2　从零创建自定义组件

如图 10-7 所示，自定义组件由各个子部件组成。首先需要用 ComponentSpec 定义组件的输入和输出。然后需要定义组件的执行器。执行器决定了如何处理输入和如何生成输出。如果自定义组件的输入没有注册在元数据仓库中，那么还需要编写自定义组件驱动器。例如，在图 10-7 的示例中，我们想在自定义组件里注册图片路径，但该工件并没有提前注册在元数据仓库中。

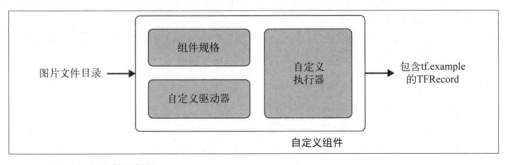

图 10-7：自定义组件的子部件

虽然图 10-7 看起来有些复杂，但接下来的内容会详细解释每个子部件。

尽量复用已有的组件

如果想改变某个现有 TFX 组件的功能，那么可以考虑复用现有 TFX 组件并只改变它的执行器，而不是从零开始实现它。10.3.3 节会进一步讨论这个问题。

1. 组件规格

ComponentSpec 又称为组件规格，它决定了不同组件之间如何进行通信。组件规格定义了每个组件最重要的 3 个细节：组件输入、组件输出和组件执行时可能会用到的参数。不同组件之间通过**信道**（channel）传递输入和输出。在下面的例子中可以看到，信道还分为不同的类型。组件的输入定义了从上游组件传入的工件，或是未注册的全新工件（比如文件路径）。组件的输出定义了哪些工件会被注册到元数据仓库中。

组件参数定义了执行组件所需的参数，它不会被保存在元数据仓库中。组件参数可以是 Pusher 组件的 push_destination 或是 Trainer 组件的 train_args。以下代码展示了图像读取组件的组件规格：

```
from tfx.types.component_spec import ChannelParameter
from tfx.types.component_spec import ExecutionParameter
from tfx.types import standard_artifacts

class ImageIngestComponentSpec(types.ComponentSpec):
    """ComponentSpec for a Custom TFX Image Ingestion Component."""
    PARAMETERS = {
        'name': ExecutionParameter(type=Text)
    }
    INPUTS = {
        'input': ChannelParameter(type=standard_artifacts.ExternalArtifact) ❶
    }
    OUTPUTS = {
        'examples': ChannelParameter(type=standard_artifacts.Examples) ❷
    }
```

❶ ExternalArtifact 允许我们定义新的输入路径。

❷ 导出 Examples。

在 ImageIngestComponentSpec 示例中，我们用输入参数 input 传入输入路径。转换后的图像会被存储到该组件生成的 TFRecord 文件中。TFRecord 文件的路径将通过 examples 参数传到下游组件里。另外，我们还为该组件定义了一个名为 name 的参数。

2. 组件信道

在 ComponentSpec 示例中，我们介绍了两种组件信道：ExternalArtifact 和 Examples。ExternalArtifact 常用在读取组件中，因为读取组件一般是流水线的第一个组件。它没有上游组件，也不会收到任何经过处理的 Examples。如果要开发流水线的中间组件，则可能需要读取 Examples。在这种情况下，信道类型应为 standard_artifacts.Examples。TFX 提供了各种各样的信道类型，以下只展示了其中的一小部分。

- ExampleStatistics
- Model
- ModelBlessing
- Bytes
- String
- Integer
- Float
- HyperParameters

完成 ComponentSpec 后，可以开始了解组件执行器了。

3. 组件执行器

组件执行器定义了该组件如何将输入处理成输出。我们在编写组件时可以继承 TFX 类的功能模式。TFX 会调用 Executor 对象中的 Do 函数，这个函数包含了该组件要执行的操作。我们会在这个函数中实现该组件的功能：

```
from tfx.components.base import base_executor

class Executor(base_executor.BaseExecutor):
    """Executor for Image Ingestion Component."""

    def Do(self, input_dict: Dict[Text, List[types.Artifact]],
            output_dict: Dict[Text, List[types.Artifact]],
            exec_properties: Dict[Text, Any]) -> None:
        ...
```

在以上代码片段中，Executor 的 Do 函数有 3 个输入参数：input_dict、output_dict 和 exec_properties。这些 Python 字典携带了输入和输出的工件引用和执行属性。

工件的引用

input_dict 和 output_dict 包含了存储在元数据仓库中的信息。它们是工件引用而不是数据本身。例如，input_dict 字典中的 protocol buffer 只携带数据文件路径而不会携带数据。这使得其他程序（比如 Apache Beam）能更高效地处理数据。

为了详细展示执行器 Do 方法的实现过程，此处要复用 3.3.3 节提到的方法，将图片转换成 TFRecord 数据结构。转换过程和 TFRecord 数据结构的技术细节已经在前文中进行了详细讨论。实现代码如下：

```
def convert_image_to_TFExample(image_filename, tf_writer, input_base_uri):

    image_path = os.path.join(input_base_uri, image_filename) ❶

    lowered_filename = image_path.lower() ❷
    if "dog" in lowered_filename:
        label = 0
    elif "cat" in lowered_filename:
        label = 1
    else:
        raise NotImplementedError("Found unknown image")

    raw_file = tf.io.read_file(image_path) ❸

    example = tf.train.Example(features=tf.train.Features(feature={ ❹
        'image_raw': _bytes_feature(raw_file.numpy()),
        'label': _int64_feature(label)
    }))
    writer.write(example.SerializeToString()) ❺
```

❶ 组成完整图片路径。

❷ 从文件名中读取图片标签。

❸ 加载图片。

❹ 创建 TensorFlow Example 数据结构。

❺ 将 tf.Example 写入 TFRecord 文件中。

这个方法可以将图片保存在含有 TFRecord 数据结构的文件中。现在，可以开始编写与组件相关的代码了。

我们的组件会加载图片、转换图片为 tf.Example 并生成训练集和评估集。为了简化示例，我们固定了评估集的大小。在生产级组件中，评估集的大小应由 ComponentSpec 的执行参数动态地设定。组件的输入是图片文件夹路径，输出是保存训练集和评估集的文件路径（该路径下有 train 和 eval 两个子路径）。

```
class ImageIngestExecutor(base_executor.BaseExecutor):

    def Do(self, input_dict: Dict[Text, List[types.Artifact]],
           output_dict: Dict[Text, List[types.Artifact]],
           exec_properties: Dict[Text, Any]) -> None:

        self._log_startup(input_dict, output_dict, exec_properties) ❶

        input_base_uri = artifact_utils.get_single_uri(input_dict['input']) ❷
        image_files = tf.io.gfile.listdir(input_base_uri) ❸
        random.shuffle(image_files)
        splits = get_splits(images)
```

```
            for split_name, images in splits:
                output_dir = artifact_utils.get_split_uri(
                    output_dict['examples'], split_name) ❹

                tfrecord_filename = os.path.join(output_dir, 'images.tfrecord')
                options = tf.io.TFRecordOptions(compression_type=None)
                writer = tf.io.TFRecordWriter(tfrecord_filename, options=options) ❺
                for image in images:
                    convert_image_to_TFExample(image, tf_writer, input_base_uri) ❻
```

❶ 日志记录参数。

❷ 从工件中取得文件路径。

❸ 获取所有文件名。

❹ 设定数据子集（训练集或评估集）的 URI。

❺ 根据选项创建 TFRecord 写入器。

❻ 将一张图片写入 TFRecord 文件中。

Do 方法的输入参数是 input_dict、output_dict 和 exec_properties。第一个参数是一个 Python 字典，它包含了元数据仓库中的工件引用。第二个参数是组件输出的引用。第三个参数是可选执行参数，在这个例子中，组件名字是可选执行参数。TFX 的 artifact_utils 函数可以帮助我们处理工件信息。例如，可以用下面的代码提取输入数据的路径：

```
    artifact_utils.get_single_uri(input_dict['input'])
```

还可以用数据子集的名字来指定输出路径：

```
    artifact_utils.get_split_uri(output_dict['examples'], split_name)
```

这个函数将我们引回了前面的问题：为了简化示例，没有像第 3 章那样，对数据集进行动态切分。在这个示例中，我们固定了数据子集的名字和大小：

```
def get_splits(images: List, num_eval_samples=1000):
    """ Split the list of image filenames into train/eval lists """
    train_images = images[num_test_samples:]
    eval_images = images[:num_test_samples]
    splits = [('train', train_images), ('eval', eval_images)]
    return splits
```

这样的组件不适用于生产环境，但本章没有足够的篇幅来介绍完整的组件实现。接下来的内容会讲解如何通过复用现有组件来简化自定义组件的实现，并且实现第 3 章介绍过的功能。

4. 组件驱动器

如果现在就运行自定义组件的执行器，则 TFX 会抛出异常，提醒我们组件输入没有被注册在元数据仓库中且上游组件未被运行。但是在示例中，自定义组件没有上游组件。数据读取是每条流水线的第一步。那么，这个异常来自哪里呢？

前文提到过，TFX 的组件之间通过元数据仓库交流，每个组件的输入工件都应该注册在元数据仓库中。在示例中，我们想将硬盘里的数据输送到流水线中。自定义组件的输入并非来自另一个组件，所以需要先将数据源注册在元数据仓库里。

自定义驱动器十分少见

很少有人自己编写自定义驱动器。如果可以复用现有 TFX 组件的输入和输出架构，或是输入已经被注册在元数据仓库中，就不需要实现自定义驱动器。

和自定义执行器类似，可以在编写自定义驱动器时复用 TFX 的 BaseDriver 类。可以通过覆盖 BaseDriver 的 resolve_input_artifacts 方法改变驱动器的默认行为。最简单的驱动器只有一个功能，就是注册输入。首先需要**解析**信道，获得 input_dict，然后通过循环获取 input_dict 中的多个输入列表。接下来，循环读取每个输入列表中的输入，并用 publish_artifacts 函数将输入注册在元数据仓库中。publish_artifacts 会调用元数据仓库、发布工件并将工件设为可发布状态。

```
class ImageIngestDriver(base_driver.BaseDriver):
    """Custom driver for ImageIngest."""

    def resolve_input_artifacts(
        self,
        input_channels: Dict[Text, types.Channel],
        exec_properties: Dict[Text, Any],
        driver_args: data_types.DriverArgs,
        pipeline_info: data_types.PipelineInfo) -> Dict[Text, List[types.Artifact]]:
      """Overrides BaseDriver.resolve_input_artifacts()."""
      del driver_args ❶
      del pipeline_info

      input_dict = channel_utils.unwrap_channel_dict(input_channels) ❷
      for input_list in input_dict.values():
          for single_input in input_list:
              self._metadata_handler.publish_artifacts([single_input]) ❸
              absl.logging.debug("Registered input: {}".format(single_input))
              absl.logging.debug("single_input.mlmd_artifact "
                                 "{}".format(single_input.mlmd_artifact)) ❹
      return input_dict
```

❶ 删除多余的参数。

❷ 解析信道，获得输入字典。

❸ 发布工件。

❹ 输出工件信息。

在对每个输入做循环时，还可以输出更多信息：

```
print("Registered new input: {}".format(single_input))
print("Artifact URI: {}".format(single_input.uri))
print("MLMD Artifact Info: {}".format(single_input.mlmd_artifact))
```

完成自定义驱动器后，可以开始组装自定义组件了。

5. 组装自定义组件

编写完 ImageIngestComponentSpec、ImageIngestExecutor 和 ImageIngestDriver 后，可以用这些子部件组装 ImageIngestComponent 组件。之后就可以在流水线（比如图像分类训练）中使用这个组件了。

我们需要在自定义组件中定义规格类、执行器类和驱动器类。如以下代码所示，它们被分别指派给了 SPEC_CLASS、EXECUTOR_SPEC 和 DRIVER_CLASS。我们还需要用模块的参数（比如输入和输出样例、模块名称）实例化 ComponentSpec，然后将它传给实例化后的 ImageIngestComponent。

在某些罕见的情况下，自定义组件不会输出工件。这时可以把默认的输出工件类型设定为 tf.Example，然后定义数据子集的名字，最后将输出工件放入信道中：

```
from tfx.components.base import base_component
from tfx import types
from tfx.types import channel_utils

class ImageIngestComponent(base_component.BaseComponent):
    """Custom ImageIngestWorld Component."""
    SPEC_CLASS = ImageIngestComponentSpec
    EXECUTOR_SPEC = executor_spec.ExecutorClassSpec(ImageIngestExecutor)
    DRIVER_CLASS = ImageIngestDriver

    def __init__(self, input, output_data=None, name=None):
        if not output_data:
            examples_artifact = standard_artifacts.Examples()
            examples_artifact.split_names = \
                artifact_utils.encode_split_names(['train', 'eval'])

            output_data = channel_utils.as_channel([examples_artifact])

        spec = ImageIngestComponentSpec(input=input,
                                        examples=output_data,
                                        name=name)
        super(ImageIngestComponent, self).__init__(spec=spec)
```

就这样，我们完成了 ImageIngestComponent 的组装。接下来的内容会介绍如何执行自定义组件。

6. 使用自定义组件

完成自定义组件的编写后，可以像使用其他组件一样使用自定义组件。以下代码示例使用了我们编写的自定义组件。它和第 3 章介绍过的数据读取组件非常相似，唯一的不同是，需要导入新创建的自定义组件并将其实例化。

```
import os

from tfx.utils.dsl_utils import external_input
from tfx.orchestration.experimental.interactive.interactive_context import \
    InteractiveContext

from image_ingestion_component.component import ImageIngestComponent

context = InteractiveContext()

image_file_path = "/path/to/files"
examples = external_input(dataimage_file_path_root)
example_gen = ImageIngestComponent(input=examples,
                                   name=u'ImageIngestComponent')
context.run(example_gen)
```

自定义组件的输出可以被下游组件（比如 StatisticsGen）使用。

```
from tfx.components import StatisticsGen

statistics_gen = StatisticsGen(examples=example_gen.outputs['examples'])
context.run(statistics_gen)

context.show(statistics_gen.outputs['statistics'])
```

粗浅的实现

需要强调的是，这里介绍的组件实现只提供了最粗浅的功能，并不适用于生产环境。接下来的内容不仅会详细解释这些缺失的功能，还会用更新过的代码展示生产级组件的实现。

7. 实现总结

前文详细介绍了如何实现简单的自定义组件。虽然这个组件可以运行，但是它还缺少许多在第 3 章介绍过的重要功能（比如动态设置数据子集名字或数据子集分割比例）。这些功能在数据读取组件中是必不可少的。简化版的自定义组件还使用了很多不必要的代码（比如编写组件驱动器），数据读取的过程也不够高效、难以缩放。可以通过 Apache Beam 在 TFX 组件中实现高效的数据读取。

接下来的内容会介绍如何用第 3 章（关于读取 Presto 数据库的内容）提到过的设计模式简化组件的实现过程。可以复用常见的功能（比如组件驱动器）来加速实现并减少代码的 bug。

10.3.3 复用现有组件

相对于从头编写自定义 TFX 组件，继承现有组件并覆写它的执行器会更方便和快捷。如图 10-8 所示，复用现有的组件架构可以使我们的工作变得简单。我们需要的组件架构和文件读取组件（比如 CsvExampleGen）相同。对这类组件输入文件路径后，它们会从路径中加载数据并将其转换为 tf.Example，最后输出 TFRecord 文件。

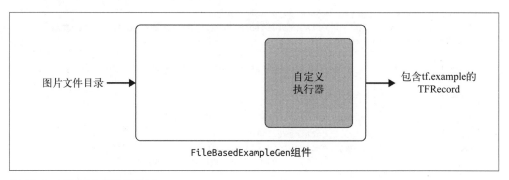

图 10-8：拓展现有组件的功能

如第 3 章所述，TFX 的 FileBasedExampleGen 提供了这样的功能。与 Avro 和 Parquet 示例类似，因为复用了现有的组件，所以可以专注于开发更灵活（相较于上一个示例中的基础组件）的自定义执行器。复用现有组件的另一个好处是可以利用现成的 Apache Beam 实现。

现有的数据读取组件架构允许通过 Apache Beam 高效地读取数据。TFX 和 Apache Beam 通过类（比如 GetInputSourceToExamplePTransform）和函数装饰器（比如 @beam.ptransform_fn）在 Apache Beam 流水线中读取数据。在示例中，我们用 @beam.ptransform_fn 函数装饰器定义了 Apache Beam 变换（PTransform）。装饰器以 Apache Beam 流水线作为输入，运行指定的变换（在该示例中，变换指的是加载图像并转换为 tf.Example），最后通过 Apache Beam PCollection 输出变换结果。

接下来要展示的数据转换实现与之前的示例相似。唯一的不同点是，不需要实例化 TFRecord 写入器，只需加载图像并将其转换成 tf.Example。不需要像上个示例一样，把 tf.Example 写到 TFRecord 数据结构中，因为 TFX 和 Apache Beam 的底层代码可以替我们完成写入操作。以下代码示例展示了更新后的函数：

```
def convert_image_to_TFExample(image_path)): ❶

    # 根据图片的文件路径，确认图片的标签
    lowered_filename = image_path.lower()
    print(lowered_filename)
    if "dog" in lowered_filename:
        label = 0
    elif "cat" in lowered_filename:
        label = 1
```

```
    else:
        raise NotImplementedError("Found unknown image")

    # 读取图片
    raw_file = tf.io.read_file(image_path)

    # 创建TensorFlow Example数据结构
    example = tf.train.Example(features=tf.train.Features(feature={
        'image_raw': _bytes_feature(raw_file.numpy()),
        'label': _int64_feature(label)
    }))
    return example ❷
```

❶ 唯一的输入自变量是文件路径。

❷ 函数会返回处理好的样例，而不是将它们写到存储中。

完成转换函数后，可以开始实现执行器的核心功能。因为复用了现有的组件，所以可以复用第 3 章用过的自变量（比如数据集切分模式 split_pattern）。以下示例展示的 image_to_example 函数有 4 个输入自变量：Apache Beam 流水线对象、携带工件信息的 input_dict、携带执行器属性的字典和数据集切分模式。image_to_example 函数会将文件路径中的图像文件放入一个列表，并将该列表传给 Apache Beam 流水线。Apache Beam 流水线负责将图片转换成 tf.Example。

```
@beam.ptransform_fn
def image_to_example(
    pipeline: beam.Pipeline,
    input_dict: Dict[Text, List[types.Artifact]],
    exec_properties: Dict[Text, Any],
    split_pattern: Text) -> beam.pvalue.PCollection:

    input_base_uri = artifact_utils.get_single_uri(input_dict['input'])
    image_pattern = os.path.join(input_base_uri, split_pattern)
    absl.logging.info(
        "Processing input image data {} "
        "to tf.Example.".format(image_pattern))

    image_files = tf.io.gfile.glob(image_pattern) ❶
    if not image_files:
        raise RuntimeError(
            "Split pattern {} did not match any valid path."
            "".format(image_pattern))

    p_collection = (
        pipeline
        | beam.Create(image_files) ❷
        | 'ConvertImagesToTFRecords' >> beam.Map(
            lambda image: convert_image_to_TFExample(image)) ❸
    )
    return p_collection
```

❶ 生成图像文件列表。

❷ 将列表转换成 Apache Beam PCollection。

❸ 转换所有图片。

作为编写自定义执行器的最后一步，还需要用 image_to_example 函数覆写 BaseExampleGenExecutor 的 GetInputSourceToExamplePTransform 函数：

```
class ImageExampleGenExecutor(BaseExampleGenExecutor):

    @beam.ptransform_fn
    def image_to_example(...):
        ...
    def GetInputSourceToExamplePTransform(self) -> beam.PTransform:
        return image_to_example
```

就这样，我们完成了自定义图像数据读取组件。

使用自定义执行器

回顾第 3 章中的 Avro 数据读取示例，我们可以用相同的方法，用 custom_executor_spec 替换现有数据读取组件的执行器。通过覆写 FileBasedExampleGen 组件的默认执行器，我们可以使用第 3 章讨论过的所有读取组件功能（比如定义输入数据集的切分方式，或是输出数据集的训练集 / 评估集切分比例）。以下代码示例展示了如何使用自定义组件：

```
from tfx.components import FileBasedExampleGen
from tfx.utils.dsl_utils import external_input

from image_ingestion_component.executor import ImageExampleGenExecutor

input_config = example_gen_pb2.Input(splits=[
    example_gen_pb2.Input.Split(name='images',
                                pattern='sub-directory/if/needed/*.jpg')
])

output = example_gen_pb2.Output(
    split_config=example_gen_pb2.SplitConfig(splits=[
        example_gen_pb2.SplitConfig.Split(
            name='train', hash_buckets=4),
        example_gen_pb2.SplitConfig.Split(
            name='eval', hash_buckets=1)
    ])
)

example_gen = FileBasedExampleGen(
    input=external_input("/path/to/images/"),
    input_config=input_config,
    output_config=output,
    custom_executor_spec=executor_spec.ExecutorClassSpec(
        ImageExampleGenExecutor)
)
```

前文中提到过，拓展现有组件的执行器比从头实现自定义组件更简单、更快捷。因此，在实现自定义组件时应尽量复用现有的组件架构。

10.4 小结

本章拓展了前面章节中讨论过的 TFX 概念，详细介绍了如何实现自定义组件以及如何针对需求拓展 TFX 组件的功能。自定义组件丰富了机器学习流水线的功能，也保证了产出的所有模型都使用同样的处理步骤。从零实现自定义组件是个复杂的过程。我们先讲解了如何从零实现基本的自定义组件，又通过继承现有组件、覆写执行器的方式快速且高效地实现了自定义组件。

本章还讨论了进阶的训练方式，比如用流水线图分支产出多个模型。该功能可用于导出部署在移动端的 TFLite 模型。我们还提到了如何通过热启动持续地训练机器学习模型。热启动极大地缩短了模型持续训练所需的时间。

本章同时介绍了如何创建实验性的 Slack 组件，并用它人工审查机器学习流水线产出的模型。作为流水线的步骤之一，人工审核能够确保模型在部署前接受过专家检查。我们相信，在自动化流程的关键步骤中加入少量的人工审核能让机器学习流水线变得更受欢迎。

接下来的两章将介绍如何在所选择的编排环境中运行 TFX 流水线。

第11章

流水线第一部分：Apache Beam 和Apache Airflow

前面章节中介绍了使用 TFX 构建机器学习流水线的所有必要组件。本章会将所有组件放在一起，并展示如何使用两个编排器（Apache Beam 和 Apache Airflow）来运行整条流水线。第 12 章还将展示如何使用 Kubeflow Pipelines 运行流水线。所有这些工具都遵循相似的原理，但是我们将展示细节之间的差异，并为每个工具提供示例代码。

正如第 1 章所讨论的那样，流水线编排工具对于抽象胶水代码至关重要，否则我们将需要自己编写胶水代码来自动执行机器学习流水线。如图 11-1 所示，流水线编排器位于前面各章已经提到的组件之下。如果没有这些编排工具，我们将需要编写代码来检查一个组件何时完成、启动下一个组件、安排流水线的运行，等等。幸运的是，所有这些代码已经以这些编排器的形式存在！

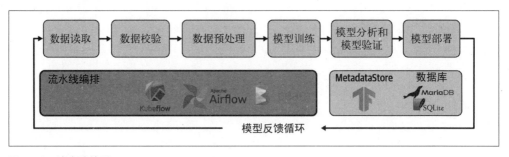

图 11-1：流水线编排

首先，本章将讨论不同工具的用例。然后，本章将逐步讲解一些常用代码，这些代码在从交互式流水线迁移到由这些工具编排的流水线时需要用到；Apache Beam 和 Apache Airflow 的设置比 Kubeflow Pipelines 更简单，因此在继续学习第 12 章中功能更强大的 Kubeflow Pipelines 之前，本章将讨论这些更容易使用的工具。

11.1　选择哪种编排工具

本章和第 12 章将讨论可用于运行流水线的 3 种编排工具：Apache Beam、Apache Airflow 和 Kubeflow Pipelines。只需选择其中一个即可运行流水线。在深入研究如何使用这些工具之前，我们将描述每种工具的优缺点，这将帮助你确定哪些工具最符合你的需求。

11.1.1　Apache Beam

如果将 TFX 用于流水线任务，那么你已经安装了 Apache Beam。因此，如果想要少装点软件包，那么使用已经安装好的 Beam 进行编排是一个合理的选择。其设置非常简单，既可以使用你已经很熟悉的分布式数据处理基础架构（比如 Google Cloud Dataflow），也可以将 Beam 作为中间步骤，以确保在移至 Airflow 或 Kubeflow Pipelines 之前，流水线可以正常运行。

但是，Apache Beam 缺少用于调度模型更新或监视流水线作业过程的各种工具。这就是 Apache Airflow 和 Kubeflow Pipelines 亮眼的地方。

11.1.2　Apache Airflow

许多公司已经使用 Apache Airflow 来执行数据加载任务。扩展现有的 Apache Airflow 以运行流水线意味着无须学习诸如 Kubeflow 之类的新工具。

如果将 Apache Airflow 与可用于生产环境的数据库（比如 PostgreSQL）结合使用，则可以选择执行流水线的一部分而不是全部。如果一条非常耗时的流水线发生故障时无须重新运行所有先前的流水线步骤而只需重新运行出错的步骤，则可以节省大量时间。

11.1.3　Kubeflow Pipelines

如果你已经有使用 Kubernetes 的经验并且可以访问 Kubernetes 集群，那么使用 Kubeflow Pipelines 作为编排器就很合理。尽管 Kubeflow 的安装比 Airflow 更为复杂，但它拥有许多新的功能，包括查看 TFDV 和 TFMA 可视化效果、模型世系以及工件集合的能力。

Kubernetes 还是出色的部署机器学习模型的基础架构平台。通过 Kubernetes 工具 Istio 进行的推算路由目前是机器学习基础架构领域中的最新技术。

可以使用各种云提供商来设置 Kubernetes 集群，不仅限于单个供应商。Kubeflow Pipelines 还允许利用云提供商提供的最新的用于训练的硬件。你可以有效地运行流水线，并扩展和缩小集群的节点。

11.1.4　AI Platform上的Kubeflow Pipelines

也可以在 Google Cloud AI Platform 上运行 Kubeflow Pipelines，该平台是 GCP 的一部分。这个平台将为你处理大部分基础架构的问题，并且使从 Google Cloud Storage bucket 中加载数据变得更容易。此外，Google Dataflow 的集成简化了流水线的扩展。然而，这些特性会将你绑定在单个云提供商中[1]。

如果你选择使用 Apache Beam 或 Airflow，本章提供了所需的全部信息。如果你选择使用 Kubeflow（通过 Kubernetes 或在 Google Cloud AI Platform 上），则只需阅读下一节。下一节将展示如何将交互式流水线转换为脚本，然后你可以转到第 12 章继续学习 Kubeflow。

11.2　将交互式TFX流水线转换为生产流水线

到目前为止，我们的例子已经说明了如何在 notebook 类的环境或**交互式** context 中运行 TFX 流水线的所有不同组件。要在 notebook 中运行流水线，需要在上一个组件完成后手动触发每个组件。为了使流水线自动化，需要编写一个 Python 脚本来运行所有这些组件，而无须我们参与。

幸运的是，我们已经拥有了这个脚本的所有片段。下面将总结到目前为止所讨论的所有流水线组件。

ExampleGen

　　从数据源中读取新数据（参见第 3 章）。

StatisticsGen

　　计算新数据的摘要统计信息（参见第 4 章）。

SchemaGen

　　定义模型的预期特征及其类型和范围（参见第 4 章）。

ExampleValidator

　　根据模式检查数据并标记任何异常（参见第 4 章）。

Transform

　　将数据预处理为模型期望的数字表示形式（参见第 5 章）。

注 1：这就是所谓的供应商锁定（vendor lock-in）。——译者注

Trainer

在新数据上训练模型（参见第6章）。

Resolver

检查是否存在先前的最优模型并将其返回以进行比较（参见第7章）。

Evaluator

在评估数据集上评估模型的性能，并验证模型是否对先前版本进行了改进（参见第7章）。

Pusher

如果模型通过了验证步骤，则将其推送到服务目录（参见第7章）。

完整的流水线如示例11-1所示。

示例 11-1　基本流水线

```python
import tensorflow_model_analysis as tfma
from tfx.components import (CsvExampleGen, Evaluator, ExampleValidator, Pusher,
                            ResolverNode, SchemaGen, StatisticsGen, Trainer,
                            Transform)
from tfx.components.base import executor_spec
from tfx.components.trainer.executor import GenericExecutor
from tfx.dsl.experimental import latest_blessed_model_resolver
from tfx.proto import pusher_pb2, trainer_pb2
from tfx.types import Channel
from tfx.types.standard_artifacts import Model, ModelBlessing
from tfx.utils.dsl_utils import external_input


def init_components(data_dir, module_file, serving_model_dir,
                    training_steps=2000, eval_steps=200):

    examples = external_input(data_dir)
    example_gen = CsvExampleGen(...)
    statistics_gen = StatisticsGen(...)
    schema_gen = SchemaGen(...)
    example_validator = ExampleValidator(...)
    transform = Transform(...)
    trainer = Trainer(...)
    model_resolver = ResolverNode(...)
    eval_config=tfma.EvalConfig(...)
    evaluator = Evaluator(...)
    pusher = Pusher(...)

    components = [
        example_gen,
        statistics_gen,
        schema_gen,
        example_validator,
        transform,
```

```
        trainer,
        model_resolver,
        evaluator,
        pusher
    ]
    return components
```

在示例项目中，我们将组件实例化与流水线配置分开，以便专注于不同编排器的流水线设置。

init_components 函数负责实例化这些组件。除了训练步数和评估步数，它还需要 3 项输入。

data_dir

训练 / 评估数据的路径。

module_file

Transform 组件和 Trainer 组件所需的 Python 模块。分别在第 5 章和第 6 章中进行了描述。

serving_model_dir

导出模型应存储的路径。

除了将在第 12 章讨论的对 Google Cloud 设置的细微调整之外，每个编排器平台的组件设置都相同。因此，我们将在 Apache Beam、Apache Airflow 和 Kubeflow Pipelines 的不同示例中复用组件定义。如果你使用 Kubeflow Pipelines，那么使用 Beam 来调试流水线将非常有帮助。但是，如果你想直接跳到 Kubeflow Pipelines，那么阅读第 12 章即可。

11.3　Beam和Airflow的简单交互式流水线转换

如果想使用 Apache Beam 或 Airflow 编排流水线，那么可以通过以下步骤将 notebook 转换为流水线。对于不想导出的任何 notebook 单元，请在每个单元的开头使用 %%skip_for_export Jupyter 魔法命令。

首先，设置流水线名称和编排工具：

```
runner_type = 'beam' ❶
pipeline_name = 'consumer_complaints_beam'
```

❶ 这里也可以换成 airflow。

然后，设置所有相关的文件路径：

```
notebook_file = os.path.join(os.getcwd(), notebook_filename)

# 流水线输入
```

```
data_dir = os.path.join(pipeline_dir, 'data')
module_file = os.path.join(pipeline_dir, 'components', 'module.py')
requirement_file = os.path.join(pipeline_dir, 'requirements.txt')

# 流水线输出
output_base = os.path.join(pipeline_dir, 'output', pipeline_name)
serving_model_dir = os.path.join(output_base, pipeline_name)
pipeline_root = os.path.join(output_base, 'pipeline_root')
metadata_path = os.path.join(pipeline_root, 'metadata.sqlite')
```

接下来，列出需要包含在流水线中的组件：

```
components = [
    example_gen, statistics_gen, schema_gen, example_validator,
    transform, trainer, evaluator, pusher
]
```

最后，导出流水线：

```
pipeline_export_file = 'consumer_complaints_beam_export.py'
context.export_to_pipeline(notebook_file path=_notebook_file,
                           export_file path=pipeline_export_file,
                           runner_type=runner_type)
```

此导出命令将生成可以使用 Beam 或 Airflow 运行的脚本，具体用什么编排器取决于前面
选择的 runner_type。

11.4 Apache Beam简介

因为很多 TFX 组件是通过在后台运行 Apache Beam 的方式完成功能的，所以第 2 章中就
介绍了它。各种 TFX 组件（比如 TFDV 或 TensorFlow Transform）都使用 Apache Beam 对
内部数据进行抽象处理。但是，许多 Beam 函数同样也可以用于运行流水线。下一节将展
示如何使用 Beam 来编排示例项目。

11.5 使用Apache Beam编排TFX流水线

由于 Apache Beam 已经作为 TFX 的依赖项进行安装，因此将它用作流水线编排工具非常
容易。Beam 非常简单，不具有 Airflow 或 Kubeflow Pipelines 的所有功能（比如图形可视
化、计划任务等）。

Apache Beam 也是调试机器学习流水线的好方法。通过在流水线调试期间使用 Apache
Beam，然后迁移至 Airflow 或 Kubeflow Pipelines，可以排除由于复杂的 Airflow 或
Kubeflow Pipelines 设置而引起的流水线错误。

本节将介绍如何使用 Apache Beam 设置和执行示例 TFX 流水线。第 2 章介绍过 Apache

Beam Pipeline 的功能。这些功能将与示例 11-1 脚本一起使用，以运行流水线。我们将定义一个 Apache Beam Pipeline，它接受 TFX 流水线组件作为参数，并会连接到保存 ML MetadataStore 的 SQLite 数据库：

```
import absl
from tfx.orchestration import metadata, pipeline

def init_beam_pipeline(components, pipeline_root, direct_num_workers):

    absl.logging.info("Pipeline root set to: {}".format(pipeline_root))
    beam_arg = [
        "--direct_num_workers={}".format(direct_num_workers), ❶
        "--requirements_file={}".format(requirement_file)
    ]

    p = pipeline.Pipeline( ❷
        pipeline_name=pipeline_name,
        pipeline_root=pipeline_root,
        components=components,
        enable_cache=False, ❸
        metadata_connection_config=\
            metadata.sqlite_metadata_connection_config(metadata_path),
        beam_pipeline_args=beam_arg)
    return p
```

❶ Apache Beam 可以指定工作程序的数量。较为合理的默认设置是 CPU 核数的一半（如果有多个 CPU 核心的话）。

❷ 这里使用配置来定义流水线对象。

❸ 如果要避免重新运行已经完成的组件，那么可以将缓存设置为 True。如果将此标志设置为 False，则每次运行流水线时，所有内容都会重新计算。

Apache Beam 的流水线配置项包括流水线名称、流水线目录的根目录路径，以及要作为流水线的一部分执行的组件的列表。

接下来，我们将初始化示例 11-1 中的组件、像之前一样初始化流水线，并使用 BeamDagRunner().run(pipeline) 运行流水线：

```
from tfx.orchestration.beam.beam_dag_runner import BeamDagRunner

components = init_components(data_dir, module_file, serving_model_dir,
                            training_steps=100, eval_steps=100)
pipeline = init_beam_pipeline(components, pipeline_root, direct_num_workers)
BeamDagRunner().run(pipeline)
```

这是一个最小的设置，可以轻松地与其他基础架构集成或使用 cron 执行定时作业。还可以使用 Apache Flink 或 Spark 扩展此流水线。

下一节将讨论 Apache Airflow，当使用它来编排流水线时，它将提供许多额外的功能。

11.6 Apache Airflow简介

Airflow 是 Apache 的工作流自动化项目。该项目于 2016 年启动，此后得到了大公司和通用数据科学界的极大关注。在 2018 年 12 月，该项目从 Apache Incubator "毕业"，成为独立的 Apache 项目。

Apache Airflow 可以通过 Python 代码表示的 DAG 来表示工作流任务。此外，Airflow 可用于计划执行并监视工作流。这使其成为 TFX 流水线的理想编排工具。

本节将介绍 Airflow 的基础知识。随后将展示如何使用它来运行示例项目。

11.6.1 安装和初始设置

Apache Airflow 的基本设置非常简单直观。如果你使用的是 Mac 或 Linux，那么请使用以下命令定义 Airflow 数据的位置：

```
$ export AIRFLOW_HOME=~/airflow
```

然后，安装 Airflow：

```
$ pip install apache-airflow
```

Airflow 可以被安装各种扩展项。在撰写本书时，扩展列表中有 PostgreSQL 支持、Dask、Celery 和 Kubernetes。

可以在 Airflow 文档中找到 Airflow 扩展的完整列表以及如何安装它们的指南。

现在 Airflow 已经安装完毕，我们需要创建一个初始数据库，其中将存储所有任务状态信息。Airflow 提供了一个初始化 Airflow 数据库的命令：

```
$ airflow initdb
```

如果直接使用 Airflow 并且未更改任何配置，则 Airflow 将默认使用 SQLite 数据库。这种设置可以用于执行演示项目和运行较小的工作流。如果要使用 Apache Airflow 做大型工作流，强烈建议你仔细阅读相关文档。

最小的 Airflow 设置包括用于协调任务和任务依存关系的 Airflow 调度程序，以及用于提供启动、停止和监视任务 UI 的 Web 服务器。

使用以下命令启动调度程序：

```
$ airflow scheduler
```

在另一个终端窗口中，使用以下命令启动 Airflow Web 服务器：

```
$ airflow webserver -p 8081
```

命令参数 -p 设置了 Web 浏览器可以访问 Airflow 界面的端口。如果所有程序都工作正常，那么访问 http://127.0.0.1:8081 应该会看到图 11-2 所示的界面。

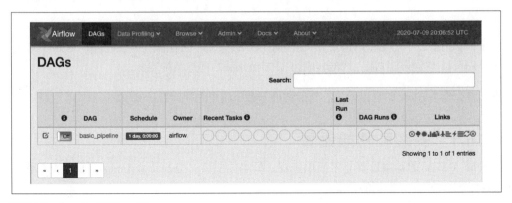

图 11-2：Apache Airflow UI

Airflow 的配置

通过更改 Airflow 配置中的相关参数，可以覆盖 Airflow 的默认设置。如果将图定义存储在 ~/airflow/dags 之外的其他位置，则可能需要通过在 ~/airflow/airflow.cfg 中定义流水线图的新位置来覆盖默认配置。

11.6.2 基本Airflow示例

安装好 Airflow 之后，来看一下如何设置基本的 Airflow 流水线。在此示例中，将不包含任何 TFX 组件。

工作流流水线需要通过 Python 脚本定义，Airflow 要求 DAG 的定义位于 ~/airflow/dags 中。一条基本流水线由特定于项目的 Airflow 配置、任务定义以及任务依赖关系的定义构成。

1. 特定于项目的配置

可以配置特定于项目的 Airflow 设置，比如何时重试失败的工作流或在工作流失败时通知特定人员。配置选项列表很长。建议你参考 Airflow 文档以获取最新的说明。

Airflow 流水线定义从导入相关的 Python 模块和项目配置开始：

```
from airflow import DAG
from datetime import datetime, timedelta

project_cfg = { ❶
    'owner': 'airflow',
    'email': ['your-email@example.com'],
    'email_on_failure': True,
```

```
        'start_date': datetime(2019, 8, 1),
        'retries': 1,
        'retry_delay': timedelta(hours=1)
}

dag = DAG( ❷
        'basic_pipeline',
        default_args=project_cfg,
        schedule_interval=timedelta(days=1))
```

❶ 用于定义项目配置的位置。

❷ 由 Airflow 读取的 DAG 对象。

同样，Airflow 提供了一系列配置选项来设置 DAG 对象。

2. 任务定义

设置好 DAG 对象后，就可以创建工作流任务了。Airflow 提供了在 Bash 或 Python 环境中执行任务的任务运算符。其他预定义的运算符使你可以连接到 GCP Storage bucket 或 AWS S3 bucket。

下面展示了一个非常基本的任务定义示例：

```
from airflow.operators.python_operator import PythonOperator

def example_task(_id, **kwargs):
    print("task {}".format(_id))
    return "completed task {}".format(_id)

task_1 = PythonOperator(
    task_id='task 1',
    provide_context=True,
    python_callable=example_task,
    op_kwargs={'_id': 1},
    dag=dag
)

task_2 = PythonOperator(
    task_id='task 2',
    provide_context=True,
    python_callable=example_task,
    op_kwargs={'_id': 2},
    dag=dag
)
```

在 TFX 流水线中，不需要你定义这些任务，因为 TFX 库会帮你处理。但是这些示例将帮助你了解背后的实际操作。

3. 任务依赖关系

在我们的机器学习流水线中，任务之间相互依赖。例如，模型训练任务要求必须在训练开始之前执行完数据校验任务。Airflow 提供了多种声明这些依赖关系的方法。

假设 task_2 依赖于 task_1，则可以像下面这样定义任务依赖项：

```
task_1.set_downstream(task_2)
```

Airflow 还提供了一个移位运算符来表示任务依赖性：

```
task_1 >> task_2 >> task_X
```

前面的示例中定义了一个任务链。仅当上一个任务成功完成，后续任务才会被执行。如果任务未成功完成，则将不会执行后续任务，Airflow 会将这些后续任务标记为已跳过。

同样，这些依赖关系将由 TFX 流水线中的 TFX 库处理，并不需要我们自己设置。

4. 整合在一起

在单独解释了所有的设置步骤之后，现在将它们整合在一起。在 AIRFLOW_HOME 路径的 DAG 文件夹中（通常位于 ~/airflow/dags 处），创建一个新文件 basic_pipeline.py：

```python
from airflow import DAG
from airflow.operators.python_operator import PythonOperator
from datetime import datetime, timedelta

project_cfg = {
    'owner': 'airflow',
    'email': ['your-email@example.com'],
    'email_on_failure': True,
    'start_date': datetime(2020, 5, 13),
    'retries': 1,
    'retry_delay': timedelta(hours=1)
}

dag = DAG('basic_pipeline',
        default_args=project_cfg,
        schedule_interval=timedelta(days=1))

def example_task(_id, **kwargs):
    print("Task {}".format(_id))
    return "completed task {}".format(_id)

task_1 = PythonOperator(
    task_id='task_1',
    provide_context=True,
    python_callable=example_task,
    op_kwargs={'_id': 1},
    dag=dag
)

task_2 = PythonOperator(
    task_id='task_2',
    provide_context=True,
```

```
    python_callable=example_task,
    op_kwargs={'_id': 2},
    dag=dag
)

task_1 >> task_2
```

可以在终端中执行以下命令来测试流水线设置：

```
python ~/airflow/dags/basic_pipeline.py
```

打印语句将不打印到终端，而是打印到 Airflow 的日志文件中。可以在以下位置找到日志
文件：

```
~/airflow/logs/NAME OF YOUR PIPELINE/TASK NAME/EXECUTION TIME/
```

如果要检查示例流水线中第一个任务的结果，则必须查看日志文件：

```
$ cat . ./logs/basic_pipeline/task_1/2019-09-07T19\:36\:18.027474+00\:00/1.log

...
[2019-09-07 19:36:25,165] {logging_mixin.py:95} INFO - Task 1 ❶
[2019-09-07 19:36:25,166] {python_operator.py:114} INFO - Done. Returned value was:
    completed task 1
[2019-09-07 19:36:26,112] {logging_mixin.py:95} INFO - [2019-09-07 19:36:26,112] ❷
    {local_task_job.py:105} INFO - Task exited with return code 0
```

❶ 打印语句。

❷ 成功后返回的消息。

要测试 Airflow 是否识别了新流水线，可以执行以下命令：

```
$ airflow list_dags

-------------------------------------------------------------------
DAGS
-------------------------------------------------------------------
basic_pipeline
```

这表明流水线已成功识别。

至此，你已经了解了 Airflow 流水线的原理，下面通过示例项目将其付诸实践。

11.7　使用Apache Airflow编排TFX流水线

本节将演示如何使用 Airflow 编排 TFX 流水线。这使我们能够使用 Airflow 的 UI 及其计划
功能等特性，这些特性在生产环境中非常有用。

11.7.1　流水线设置

使用 Airflow 设置 TFX 流水线与 Apache Beam 的 `BeamDagRunner` 设置非常相似，不同之处在于必须为 Airflow 用例配置更多选项。

这里将使用 `AirflowDAGRunner` 代替 `BeamDagRunner`。运行程序还需要另外一个参数，即 Apache Airflow 的配置（与 11.6.2 节中讨论的配置相同）。`AirflowDagRunner` 帮我们处理了先前描述过的任务定义和依赖关系，这样我们就可以专注于流水线了。

如前所述，Airflow 流水线的文件必须位于 ~/airflow/dags 文件夹中。前面还讨论了一些常见的 Airflow 配置，比如计划任务。我们为流水线提供了以下这些配置：

```
airflow_config = {
    'schedule_interval': None,
    'start_date': datetime.datetime(2020, 4, 17),
    'pipeline_name': 'your_ml_pipeline'
}
```

类似于 Apache Beam，下面初始化组件并定义工作程序的数量：

```
from tfx.orchestration import metadata, pipeline

def init_pipeline(components, pipeline_root:Text,
                  direct_num_workers:int) -> pipeline.Pipeline:

    beam_arg = [
        "--direct_num_workers={}".format(direct_num_workers)
    ]
    p = pipeline.Pipeline(pipeline_name=pipeline_name,
                          pipeline_root=pipeline_root,
                          components=components,
                          enable_cache=True,
                          metadata_connection_config=metadata.
                          sqlite_metadata_connection_config(metadata_path),
                          beam_pipeline_args=beam_arg)
    return p
```

随后，初始化流水线并执行它：

```
from tfx.orchestration.airflow.airflow_dag_runner import AirflowDagRunner
from tfx.orchestration.airflow.airflow_dag_runner import AirflowPipelineConfig
from base_pipeline import init_components

components = init_components(data_dir, module_file, serving_model_dir,
                            training_steps=100, eval_steps=100)
pipeline = init_pipeline(components, pipeline_root, 0)
DAG = AirflowDagRunner(AirflowPipelineConfig(airflow_config)).run(pipeline)
```

同样，此代码与 Apache Beam 流水线的代码非常相似，但是使用 `AirflowDagRunner` 和 `AirflowPipelineConfig` 代替了 `BeamDagRunner`。使用示例 11-1 初始化组件，然后 Airflow 框架会自动寻找一个名为 `DAG` 的变量并执行。

本书的 GitHub 仓库中提供了一个 Docker 容器，可以让你轻松使用 Airflow 来运行示例流水线。它设置了 Airflow Web 服务器和调度程序，并将文件放到了正确的位置。可以在附录 A 中了解有关 Docker 的更多信息。

11.7.2　运行流水线

如前所述，启动 Airflow Web 服务器后，就可以在之前定义的端口中打开 UI 了。该视图与图 11-3 非常相似。要运行流水线，需要打开流水线，然后使用"播放"图标指示的"触发 DAG"按钮来触发它。

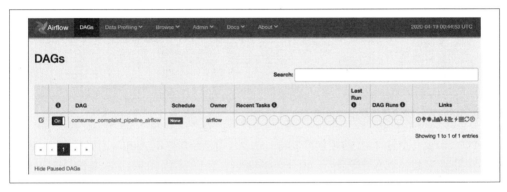

图 11-3：在 Airflow 中打开 DAG

Web 服务器 UI 中的图形视图（参见图 11-4）对于查看组件的依赖关系和流水线执行的进度很有用。

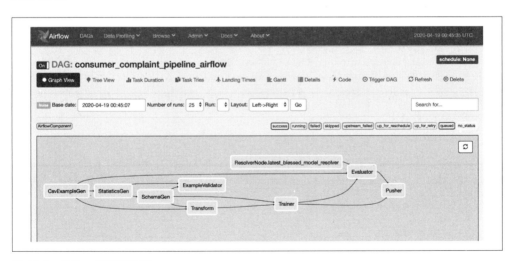

图 11-4：Airflow 的图形视图

需要刷新浏览器页面以查看进度的更新。随着每个组件完成，它们图标的周围边缘会显示一个框，如图 11-5 所示。可以通过单击查看每个组件的日志。

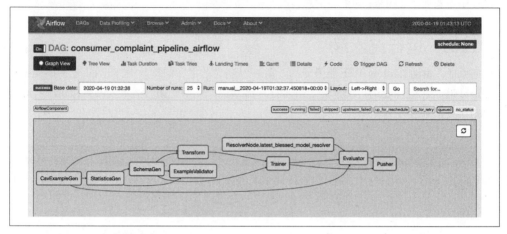

图 11-5：Airflow 中已经完成的流水线

如果仅仅想要一个包含 UI 的轻量级工具，或者公司已经在使用 Airflow，那么使用 Airflow 来编排流水线是一个不错的选择。但是，如果公司已经在运行 Kubernetes 集群，则第 12 章将介绍的 Kubeflow Pipelines 是针对这种情况的一种更好的编排工具。

11.8　小结

本章讨论了编排机器学习流水线的不同工具。你需要选择最适合自己情况和用例的工具。我们首先演示了如何使用 Apache Beam 运行流水线，然后介绍了 Airflow 及其原理，最后展示了如何使用 Airflow 运行完整的流水线。

第 12 章将展示如何使用 Kubeflow Pipelines 和 Google Cloud AI Platform 运行流水线。如果这些都不适合你的情况，那么可以直接跳到第 13 章，在那里将展示如何使用反馈循环将流水线变成一个循环。

第12章

流水线第二部分：
Kubeflow Pipelines

第 11 章讨论了使用 Apache Beam 和 Apache Airflow 编排流水线的流程。这两个编排工具的好处很明显：Apache Beam 易于设置，Apache Airflow 则被广泛用于 ETL 任务。

本章将讨论使用 Kubeflow Pipelines 进行的业务流程编排。Kubeflow Pipelines 让我们能够在 Kubernetes 集群中运行机器学习任务，从而提供了高度可扩展的流水线解决方案。正如第 11 章所述，编排工具负责流水线组件之间的协调，如图 12-1 所示。

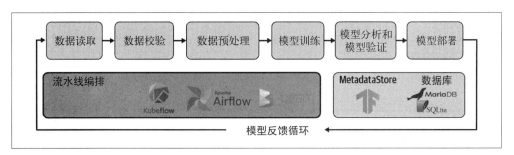

图 12-1：流水线编排

Kubeflow Pipelines 的设置比 Apache Airflow 或 Apache Beam 更为复杂。但是，正如本章稍后将要讨论的那样，它提供了卓越的功能，包括**流水线追踪浏览**、**TensorBoard 集成**以及查看 TFDV 和 TFMA 可视化结果。此外，它还利用了 Kubernetes 的优势，比如自动扩展计算 pod、持久卷、资源请求和限制，等等。

本章分为两部分。第一部分将讨论如何使用 Kubeflow Pipelines 建立和执行流水线。演示的设置独立于执行环境。它既可以是提供托管 Kubernetes 集群的云环境，也可以是本地 Kubernetes 环境。

Kubernetes 简介

如果不熟悉 Kubernetes 的概念和术语，请查看附录。附录 A 简要介绍了 Kubernetes。

本章的第二部分将讨论如何使用 Google Cloud AI Platform 运行 Kubeflow Pipelines。这仅限于 Google Cloud 环境。它承担了大部分基础架构，并使你能够使用 Dataflow 轻松扩展数据任务（比如数据预处理任务）。如果你想使用 Kubeflow Pipelines，但又不想花时间管理 Kubernetes 基础架构，则建议使用此方法。

12.1 Kubeflow Pipelines概述

Kubeflow Pipelines 是基于 Kubernetes 的编排工具，同时考虑了机器学习。Apache Airflow 是为 ETL 流程设计的，Kubeflow Pipelines 的核心则是端到端执行机器学习流水线。

Kubeflow Pipelines 提供了统一的 UI 来跟踪机器学习流水线的运行情况，它既是数据科学家的协作中心（参见 12.2.3 节），也是调度连续模型构建运行的方式。此外，Kubeflow Pipelines 提供了自己的软件开发工具包（SDK），可为流水线运行构建 Docker 容器或编排容器。Kubeflow Pipelines 的领域专用语言（DSL）可以在设置流水线步骤方面提供更大的灵活性，但也需要在组件之间进行更多的协调。我们认为，TFX 流水线具有更高级别的流水线标准，因此其不易出错。如果想了解有关 Kubeflow Pipelines SDK 的更多信息，建议阅读下文中的"Kubeflow 与 Kubeflow Pipelines"。

当设置 Kubeflow Pipelines 时，正如 12.1.1 节所述，Kubeflow Pipelines 将安装各种工具，包括 UI、工作流控制器、MySQL 数据库实例和 ML MetadataStore（参见 2.4 节）。

当使用 Kubeflow Pipelines 运行 TFX 流水线时，你会注意到每个组件都是作为自己的 Kubernetes pod 在运行。如图 12-2 所示，每个组件都与集群中的中央元数据仓库连接，并且可以从 Kubernetes 集群的持久卷或云存储桶中加载工件。组件的所有输出（比如，来自 TFDV 执行或导出的模型的数据统计信息）都已在元数据仓库中注册，并作为工件存储在持久卷或云存储桶中。

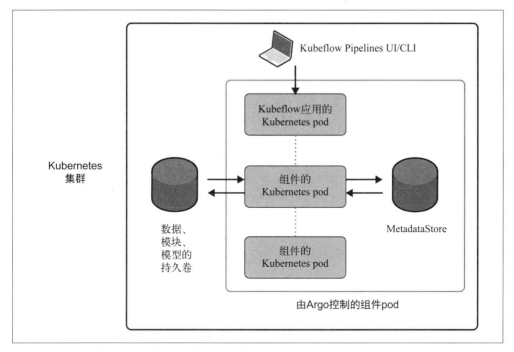

图 12-2：Kubeflow Pipelines 概览

Kubeflow 与 Kubeflow Pipelines

Kubeflow 和 Kubeflow Pipelines 容易混淆。Kubeflow 是一套开源项目，其中包含各种机器学习工具，比如用于训练机器学习模型的 TFJob、用于模型超参数优化的 Katib 和用于部署机器学习模型的 KFServing。Kubeflow Pipelines 是 Kubeflow 套件中的另一个项目，它专注于部署和管理端到端机器学习工作流。

本章仅关注 Kubeflow Pipelines 的安装和操作。如果想更深入地了解 Kubeflow，建议阅读该项目的文档。

此外，推荐以下两本 Kubeflow 图书：

- Josh Patterson 等人合著的 *Kubeflow Operations Guide*；
- Holden Karau 等人合著的 *Kubeflow for Machine Learning*。

正如本章将演示的那样，Kubeflow Pipelines 提供了运行机器学习流水线的高度可扩展方式。Kubeflow Pipelines 在后台运行 Argo，以协调各个组件的依赖关系。由于通过 Argo 进行了编排，因此流水线编排将具有不同的工作流。12.2 节将介绍 Kubeflow Pipelines 编排工作流。

12.1.1　安装和初始设置

Kubeflow Pipelines 在 Kubernetes 集群内执行。本节假定你创建了一个 Kubernetes 集群，该集群在整个节点池中至少具有 16GB 和 8 个 CPU，并且配置了 kubectl，用来与新创建的 Kubernetes 集群连接。

创建 Kubernetes 集群

有关在本地机器或 Google Cloud 之类的云平台上进行 Kubernetes 集群的基本设置，请查看附录 A 和附录 B。鉴于 Kubeflow Pipelines 对资源的要求，首选使用云服务进行 Kubernetes 设置。以下列举了一些云服务提供商托管的 Kubernetes 服务。

1. Amazon Elastic Kubernetes 服务（Amazon EKS）。
2. Google Kubernetes 引擎（GKE）。
3. Azure Kubernetes 服务（AKS）。
4. IBM 的 Kubernetes 服务。

有关 Kubeflow 的底层架构以及 Kubernetes 的更多信息，强烈推荐阅读 Brendan Burns 等人合著的《Kubernetes 即学即用》。

为了编排流水线，将 Kubeflow Pipelines 作为独立的应用进行安装，并且不包含 Kubeflow 项目中的其他所有工具。使用以下 bash 命令，可以单独安装 Kubeflow Pipelines。完整的安装可能需要 5 分钟才能完成：

```
$ export PIPELINE_VERSION=0.5.0
$ kubectl apply -k "github.com/kubeflow/pipelines/manifests/"\
    "kustomize/cluster-scoped-resources?ref=$PIPELINE_VERSION"
customresourcedefinition.apiextensions.k8s.io/
    applications.app.k8s.io created
...
clusterrolebinding.rbac.authorization.k8s.io/
    kubeflow-pipelines-cache-deployer-clusterrolebinding created

$ kubectl wait --for condition=established \
                --timeout=60s crd/applications.app.k8s.io
customresourcedefinition.apiextensions.k8s.io/
    applications.app.k8s.io condition met
```

```
$ kubectl apply -k "github.com/kubeflow/pipelines/manifests/"\
    "kustomize/env/dev?ref=$PIPELINE_VERSION"
```

可以通过打印有关已创建 pod 的信息来检查安装进度：

```
$ kubectl -n kubeflow get pods
NAME                                          READY   STATUS    AGE
cache-deployer-deployment-c6896d66b-62gc5     0/1     Pending   90s
cache-server-8869f945b-4k7qk                  0/1     Pending   89s
controller-manager-5cbdfbc5bd-bnfxx           0/1     Pending   89s
...
```

几分钟后，所有 pod 的状态都应变为"Running"（运行中）。如果流水线遇到任何问题
（比如计算资源不足），则 pod 的状态将显示错误。

```
$ kubectl -n kubeflow get pods
NAME                                          READY   STATUS    AGE
cache-deployer-deployment-c6896d66b-62gc5     1/1     Running   4m6s
cache-server-8869f945b-4k7qk                  1/1     Running   4m6s
controller-manager-5cbdfbc5bd-bnfxx           1/1     Running   4m6s
...
```

可以使用以下方法查看单个 pod。

```
kubectl -n kubeflow describe pod <pod name>
```

管理 Kubeflow Pipelines 安装

如果想尝试使用 Kubeflow Pipelines，不妨试试 Google Cloud AI Platform 提供
的托管安装。12.3 节将深入讨论如何在 Google Cloud AI Platform 上运行 TFX
流水线，以及如何在 Google Cloud Marketplace 中设置 Kubeflow Pipelines。

12.1.2 访问已安装的Kubeflow Pipelines

如果安装成功，那么无论使用的是云服务还是 Kubernetes 服务，都可以通过使用 Kubernetes
创建端口转发来访问已安装的 Kubeflow Pipelines UI：

```
$ kubectl port-forward -n kubeflow svc/ml-pipeline-ui 8080:80
```

在端口转发的情况下，可以通过访问 http://localhost:8080 在浏览器中访问 Kubeflow
Pipelines。对于生产用例，应该为 Kubernetes 服务创建一个负载均衡器。

Google Cloud 用户可以通过访问为 Kubeflow 安装所创建的公共域来访问 Kubeflow Pipelines。
可以通过执行以下操作来获取 URL：

```
$ kubectl describe configmap inverse-proxy-config -n kubeflow \
| grep googleusercontent.com
<id>-dot-<region>.pipelines.googleusercontent.com
```

然后，可以使用所选的浏览器访问提供的 URL。如果一切顺利，你将看到 Kubeflow Pipelines 仪表板或登录页面，如图 12-3 所示。

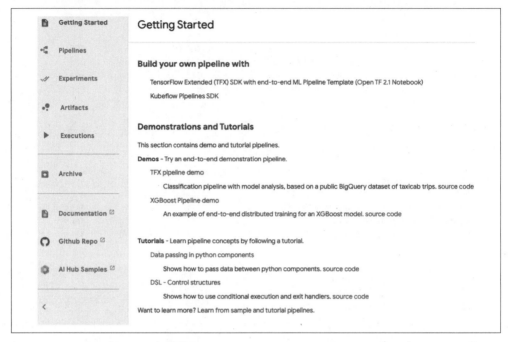

图 12-3：Kubeflow Pipelines 起始界面

安装好 Kubeflow Pipelines 之后，就可以专注于如何运行流水线了。下一节将讨论流水线编排以及从 TFX 到 Kubeflow Pipelines 的工作流。

12.2　使用Kubeflow Pipelines编排TFX流水线

前文讨论了如何在 Kubernetes 上设置 Kubeflow Pipelines 应用。本节将描述如何在 Kubeflow Pipelines 上运行流水线，并且将仅在 Kubernetes 集群中集中执行。这保证了可以在独立于云服务提供商的集群中运行流水线。12.3 节将展示如何利用 GCP 的 Dataflow 等托管云服务来将流水线扩展到 Kubernetes 集群之外。

在深入探讨如何使用 Kubeflow Pipelines 编排机器学习流水线之前，我们想后退一步。由于从 TFX 代码到流水线执行的工作流比第 11 章所讨论的工作流稍微复杂一些，因此下面将首先概述整个过程。图 12-4 展示了总体架构。

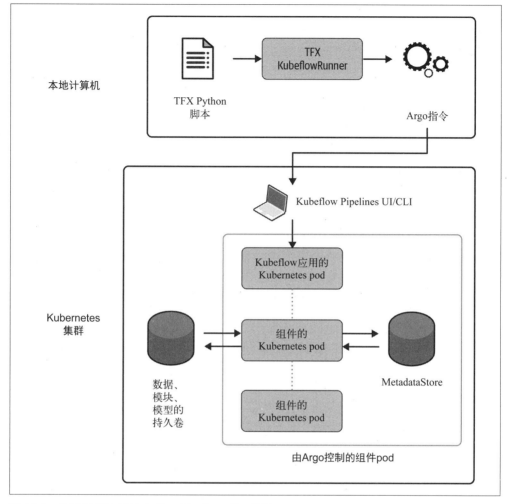

图 12-4：从 TFX 脚本到 Kubeflow Pipelines 的工作流

与 Airflow 和 Apache Beam 一样，我们仍然需要一个 Python 脚本来定义流水线中的 TFX 组件。本章将重用示例 11-1 中的脚本。与 Apache Beam 或 Airflow TFX 运行程序的执行方式相反，Kubeflow 运行程序不会触发流水线运行，而会生成用于在 Kubeflow 安装程序上执行的配置文件。

如图 12-4 所示，TFX KubeflowRunner 将带有所有组件规范的 TFX Python 脚本转换为了 Argo 指令，然后可以使用 Kubeflow Pipelines 执行该指令。Argo 将每个 TFX 组件作为自己的 Kubernetes pod 运行了起来，并在容器中为特定组件运行了 TFX 执行器。

自定义 TFX 容器镜像

用于所有组件容器的 TFX 镜像需要包括所有必需的 Python 包。默认的 TFX 镜像提供了最新的 TensorFlow 版本和基本的软件包。如果你的流水线需要其他软件包，则需要构建一个自定义的 TFX 容器镜像，并在 KubeflowDagRunnerConfig 中指定它。附录 C 将介绍如何执行此操作。

所有组件都需要在执行器容器外读取或写入文件系统。例如，数据读取组件需要从文件系统读取数据，最终模型需要由 Pusher 推送到特定位置。仅在组件容器内进行读写是不切实际的。因此，建议将工件存储在可由所有组件访问的硬盘上（比如，存储在云存储桶或 Kubernetes 集群的持久卷中）。如果对设置持久卷感兴趣，请查看 C.2 节。

12.2.1　流水线设置

可以将训练数据、Python 模块和流水线工件存储在云存储桶或持久卷中，具体选择哪种方式取决于你。你的流水线仅需要访问文件。如果选择在云存储桶之间读写数据，那么请确保在 Kubernetes 集群中运行时，TFX 组件具有必要的云证书。

有了所有文件，并为流水线容器添加了自定义的 TFX 镜像（如果需要的话）后，现在可以"组装"TFX Runner 脚本，以生成用于执行 Kubeflow Pipelines 的 Argo YAML 指令[1]了。

正如第 11 章讨论的那样，可以重用 init_components 函数来生成组件。这使我们可以专注于特定于 Kubeflow 的配置。

首先，为运行 Transform 组件和 Trainer 组件所需的 Python 模块代码配置文件路径。此外，我们将设置原始训练数据的文件夹位置、流水线工件以及训练模型的存储位置。以下示例展示了如何使用 TFX 挂载持久卷：

```
import os

pipeline_name = 'consumer_complaint_pipeline_kubeflow'

persistent_volume_claim = 'tfx-pvc'
persistent_volume = 'tfx-pv'
persistent_volume_mount = '/tfx-data'

# 流水线输入
data_dir = os.path.join(persistent_volume_mount, 'data')
module_file = os.path.join(persistent_volume_mount, 'components', 'module.py')

# 流水线输出
output_base = os.path.join(persistent_volume_mount, 'output', pipeline_name)
serving_model_dir = os.path.join(output_base, pipeline_name)
```

注 1：可以在本书的 GitHub 仓库中参考生成 Argo YAML 指令的脚本。

如果决定使用云服务，则根目录可以是一个存储桶，如以下示例所示：

```
import os
...
bucket = 'gs://tfx-demo-pipeline'

# 流水线输出
data_dir = os.path.join(bucket, 'data')
module_file = os.path.join(bucket, 'components', 'module.py')
...
```

定义了文件路径后，现在可以配置 KubeflowDagRunnerConfig 了。以下 3 个参数对于在
Kubeflow Pipelines 中配置 TFX 很重要。

kubeflow_metadata_config

Kubeflow 会 在 Kubernetes 集群中运行 MySQL 数据库。调用 get_default_kubeflow_
metadata_config() 将返回 Kubernetes 集群提供的数据库信息。如果要使用托管数据库
（比如 AWS RDS 或 Google Cloud Database），则可以通过参数覆盖连接详细信息。

tfx_image

镜像 URI 是可选参数。如果未定义 URI，则 TFX 将根据执行器的 TFX 版本设置镜像。
示例中将 URI 设置为了容器镜像仓库的路径（比如 gcr.io/oreilly-book/ml-pipelines-tfx-
custom:0.22.0）。

pipeline_operator_funcs

此参数会访问在 Kubeflow Pipelines 内运行 TFX 所需的配置信息列表（比如 gRPC 服
务器的服务名称和端口）。由于可以通过 Kubernetes ConfigMap[2] 提供此信息，因此
get_default_pipeline_operator_funcs 函数将读取 ConfigMap，并将详细信息提供给
pipeline_operator_funcs 参数。在示例项目中，我们将使用项目数据手动挂载持久卷。
因此，需要在列表中附加以下信息：

```
from kfp import onprem
from tfx.orchestration.kubeflow import kubeflow_dag_runner

...
PROJECT_ID = 'oreilly-book'
IMAGE_NAME = 'ml-pipelines-tfx-custom'
TFX_VERSION = '0.22.0'

metadata_config = \
    kubeflow_dag_runner.get_default_kubeflow_metadata_config() ❶
pipeline_operator_funcs = \
    kubeflow_dag_runner.get_default_pipeline_operator_funcs() ❷
pipeline_operator_funcs.append( ❸
```

注 2：关于 Kubernetes ConfigMap 的更多信息，请参阅 A.3.1 节。

```
            onprem.mount_pvc(persistent_volume_claim,
                             persistent_volume,
                             persistent_volume_mount))
    runner_config = kubeflow_dag_runner.KubeflowDagRunnerConfig(
        kubeflow_metadata_config=metadata_config,
        tfx_image="gcr.io/{}/{}:{}".format(
            PROJECT_ID, IMAGE_NAME, TFX_VERSION), ❹
        pipeline_operator_funcs=pipeline_operator_funcs
    )
```

❶ 获取默认的元数据配置。

❷ 获取默认的 OpFunc 函数。

❸ 通过将卷添加到 OpFunc 函数中来挂载卷。

❹ 如果需要，添加自定义 TFX 镜像。

OpFunc 函数

OpFunc 函数使我们可以设置特定于集群的详细信息，这对于执行流水线非常重要。这些功能使我们可以与 Kubeflow Pipelines 中的 DSL 对象进行交互。OpFunc 函数会将 Kubeflow Pipelines DSL 对象 dsl.ContainerOp 作为输入、应用附加功能，并返回相同的对象。

将 OpFunc 函数添加到 pipeline_operator_funcs 中的两个常见用例是请求最小内存或为容器执行指定 GPU。但是，OpFunc 函数还允许设置特定于云服务提供商的凭证或请求 TPU（用 Google Cloud）。

来看一下 OpFunc 函数的两个最常见的用例：设置运行 TFX 组件容器的最小内存限制，以及请求 GPU 执行所有 TFX 组件。以下示例将运行每个组件容器所需的最小内存资源设置为了 4GB：

```
    def request_min_4G_memory():
        def _set_memory_spec(container_op):
            container_op.set_memory_request('4G')
        return _set_memory_spec
    ...
    pipeline_operator_funcs.append(request_min_4G_memory())
```

该函数会接收 container_op 对象，设置限制，然后返回函数本身。

可以以相同的方式请求 GPU 执行 TFX 组件容器，如以下示例所示。如果需要 GPU 来执行容器，则只有在 Kubernetes 集群中有可用 GPU 并对其进行了完整的配置时，流水线才会运行：[3]

注 3：访问 Nvidia 网站以获取更多关于在 Kubernetes 集群中安装最新驱动的信息。

```
def request_gpu():
    def _set_gpu_limit(container_op):
        container_op.set_gpu_limit('1')
    return _set_gpu_limit
...
pipeline_op_funcs.append(request_gpu())
```

Kubeflow Pipelines SDK 为每个主要的云服务提供商都提供了通用的 OpFunc 函数。以下示例展示了如何将 AWS 凭证添加到 TFX 组件容器中：

```
from kfp import aws
...
pipeline_op_funcs.append(
    aws.use_aws_secret()
)
```

函数 use_aws_secret() 会假定将 AWS_ACCESS_KEY_ID 和 AWS_SECRET_ACCESS_KEY 注册为 base64 编码的 Kubernetes secrets[4]。Google Cloud 凭证对应的函数为 use_gcp_secrets()。

有了 runner_config，现在可以初始化组件并执行 KubeflowDagRunner 了。但是，运行器会开始输出 Argo 配置信息，而不是运行流水线。在接下来的内容中，我们会将 Argo 配置信息上传到 Kubeflow Pipelines 中：

```
from tfx.orchestration.kubeflow import kubeflow_dag_runner
from pipelines.base_pipeline import init_components, init_pipeline ❶

components = init_components(data_dir, module_file, serving_model_dir,
                            training_steps=50000, eval_steps=15000)
p = init_pipeline(components, output_base, direct_num_workers=0)

output_filename = "{}.yaml".format(pipeline_name)
kubeflow_dag_runner.KubeflowDagRunner(config=runner_config,
                                      output_dir=output_dir, ❷
                                      output_filename=output_filename).run(p)
```

❶ 对组件复用基本模块。

❷ 可选参数。

参数 output_dir 和 output_filename 是可选的。如果未提供，则 Argo 配置信息将作为压缩的 tar.gz 文件提供。该文件将位于执行以下 Python 脚本的目录下。为了获得更好的可读性，我们将输出格式配置为 YAML，并设置了特定的输出路径。

注 4：登录 Kubernetes 网站以获取关于 Kubernetes secrets 以及如何设置它们的信息。

执行以下命令后，你将在 pipelines/kubeflow_pipelines/argo_pipeline_files/ 目录下找到 Argo 配置文件 consumer_complaint_pipeline_kubeflow.yaml。

```
$ python pipelines/kubeflow_pipelines/pipeline_kubeflow.py
```

12.2.2　运行流水线

现在是时候访问 Kubeflow Pipelines 仪表板了。如果要创建新流水线，请单击"Upload pipeline"（上传流水线）进行上传，如图 12-5 所示。或者，可以选择现有流水线并上传一个新版本。

图 12-5：总览已上传的流水线

选择 Argo 配置文件，如图 12-6 所示。

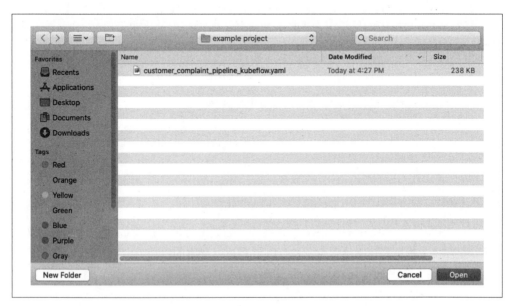

图 12-6：选择生成的 Argo 配置文件

Kubeflow Pipelines 将可视化组件依赖性。如果要开始运行新的流水线,请选择"Create run"(创建运行),如图 12-7 所示。

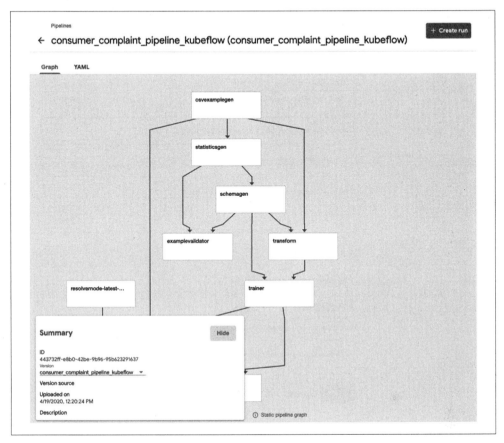

图 12-7:准备运行流水线

现在,可以配置流水线的运行了。流水线既可以运行一次,也可以重复运行(比如,搭配一个定时任务)。Kubeflow Pipelines 还允许在**实验**中对流水线运行进行分组。

如图 12-8 所示,按下"Start"之后,Kubeflow Pipelines 将在 Argo 的帮助下开始工作,并为每个容器拉起一个 pod,具体取决于你的有向组件图。满足组件的所有条件后,将拉起一个组件的 pod 并运行该组件的执行器。

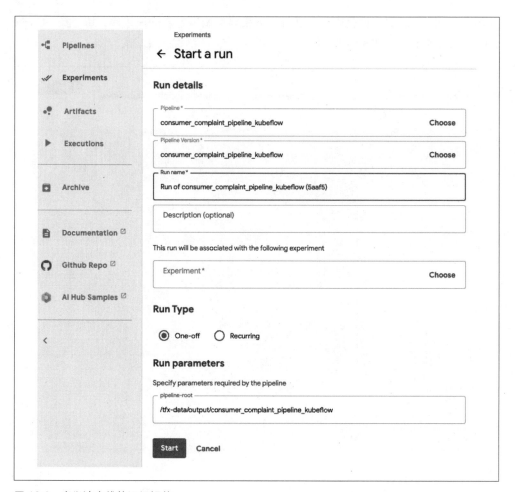

图 12-8：定义流水线的运行细节

如果要查看正在运行的流水线的详细信息，可以单击"Run name"，如图 12-9 所示。

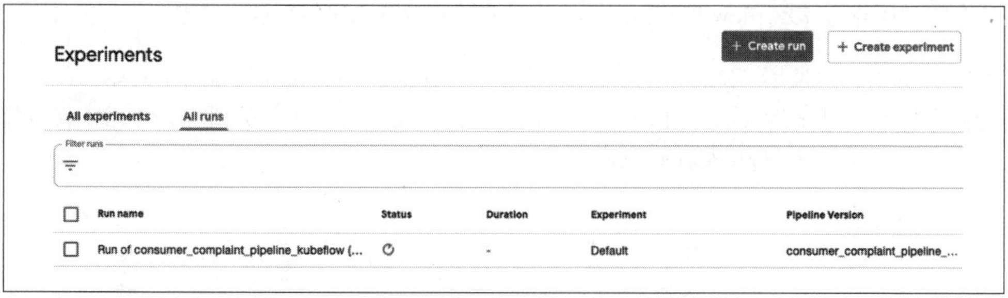

图 12-9：流水线运行中

现在，可以在组件执行期间或之后检查它们了。如果某个组件发生故障，则可以检查该组件的日志文件。图 12-10 展示了一个示例，其中 Transform 组件缺少 Python 库。如附录 C 所述，可以通过将缺少的库添加到自定义的 TFX 容器镜像中来提供它们。

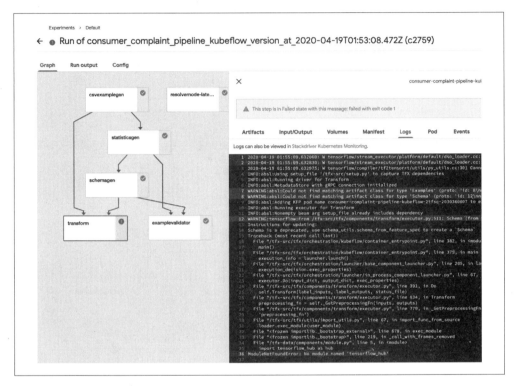

图 12-10：检查组件故障

成功运行的流水线如图 12-11 所示。运行完成后，可以在 Pusher 组件中设置的文件系统位置找到经过验证和导出的机器学习模型。在示例中，我们将模型推送到了持久卷上的路径 /tfx-data/output/consumer_complaint_pipeline_kubeflow/。

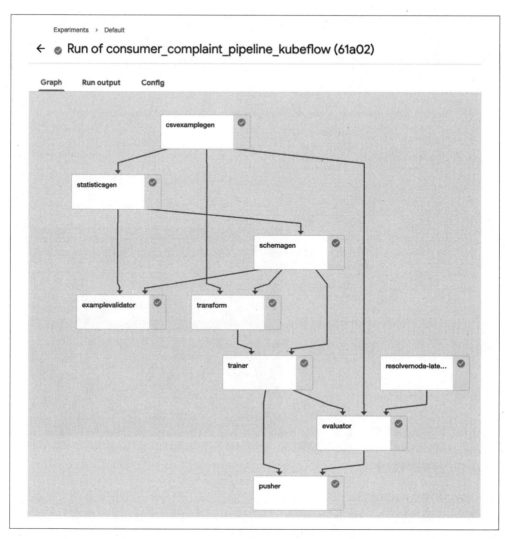

图 12-11：成功运行的流水线

也可以使用 kubectl 检查流水线的状态。由于每个组件都会作为自己的 pod 运行，因此所有以流水线名称作为前缀的 pod 都应处于已完成状态：

```
$ kubectl -n kubeflow get pods
NAME                                                          READY   STATUS      AGE
cache-deployer-deployment-c6896d66b-gmkqf                     1/1     Running     28m
cache-server-8869f945b-lb8tb                                  1/1     Running     28m
consumer-complaint-pipeline-kubeflow-nmvzb-1111865054         0/2     Completed   10m
consumer-complaint-pipeline-kubeflow-nmvzb-1148904497         0/2     Completed   3m38s
consumer-complaint-pipeline-kubeflow-nmvzb-1170114787         0/2     Completed   9m
consumer-complaint-pipeline-kubeflow-nmvzb-1528408999         0/2     Completed   5m43s
consumer-complaint-pipeline-kubeflow-nmvzb-2236032954         0/2     Completed   13m
```

```
consumer-complaint-pipeline-kubeflow-nmvzb-2253512504    0/2    Completed    13m
consumer-complaint-pipeline-kubeflow-nmvzb-2453066854    0/2    Completed    10m
consumer-complaint-pipeline-kubeflow-nmvzb-2732473209    0/2    Completed    11m
consumer-complaint-pipeline-kubeflow-nmvzb-997527881     0/2    Completed    10m
...
```

还可以执行以下命令来通过 kubectl 查看特定组件的日志。可以通过相应的 pod 来检索特定组件的日志。

```
$ kubectl logs -n kubeflow podname
```

TFX CLI 工具

除了基于 UI 的流水线创建过程，还可以通过 TFX CLI 以编程方式创建并运行流水线。可以在 C.3 节中找到有关如何设置 TFX CLI 以及如何在没有 UI 的情况下部署机器学习流水线的详细信息。

12.2.3　Kubeflow Pipelines的有用功能

下面将重点介绍 Kubeflow Pipelines 的有用功能。

1. 重新启动失败的流水线

流水线的执行可能需要一段时间，有时甚至需要几小时。TFX 会将每个组件的状态存储在 ML MetadataStore 中，并且 Kubeflow Pipelines 可以跟踪流水线运行中成功完成的组件任务。因此，它能够从上次失败的组件重新启动失败的流水线。这样可以避免重新运行成功完成的组件，因此可以节省流水线重新运行的时间。

2. 重复运行

除了启动各条流水线，Kubeflow Pipelines 还使我们能够根据计划运行流水线。如图 12-12 所示，可以调度运行类似于 Apache Airflow 中的调度任务。

3. 协作和回顾流水线运行

Kubeflow Pipelines 为数据科学家提供了进行协作并以团队形式回顾流水线任务的界面。第 4 章和第 7 章讨论过可视化以显示数据或模型验证的结果。这些流水线组件完成后，可以查看组件的结果。

图 12-13 展示了以数据验证步骤作为例子的结果。由于组件输出已保存到磁盘上或云存储桶中，因此还可以回顾流水线的运行情况。

由于每条流水线的运行结果以及这些运行的组件都保存在 ML MetadataStore 中，因此也可以比较这些运行结果。如图 12-14 所示，Kubeflow Pipelines 提供了一个 UI 来比较流水线。

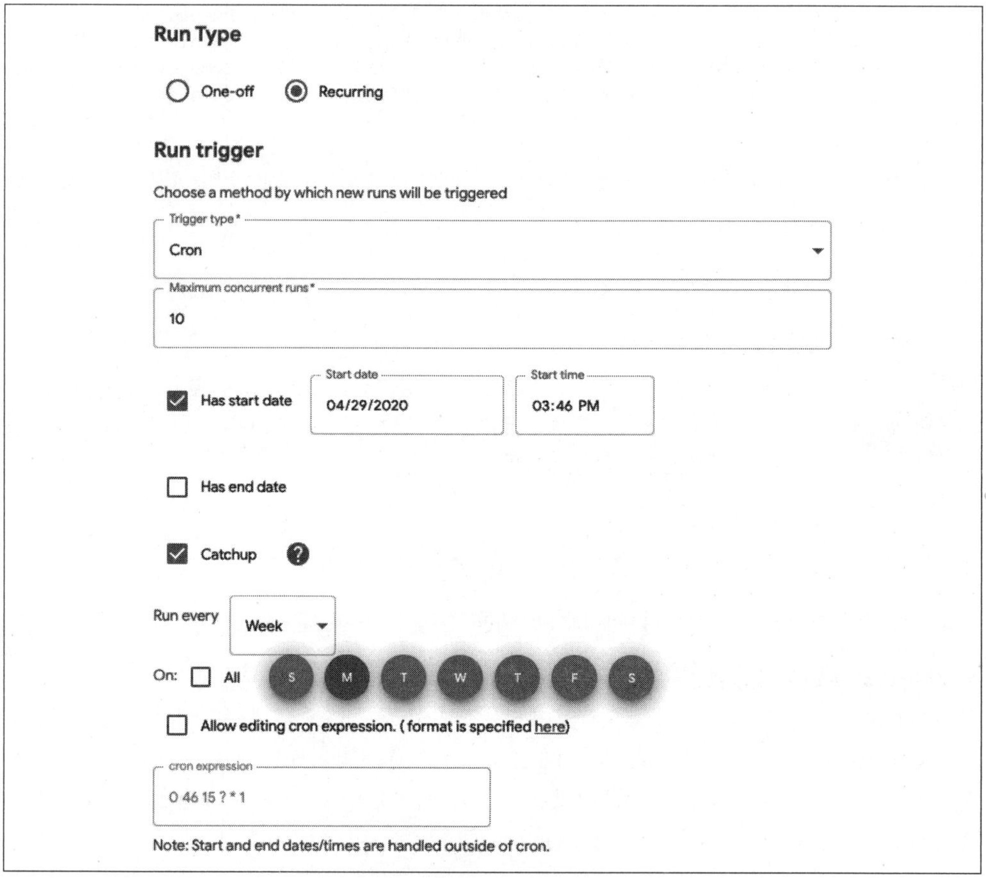

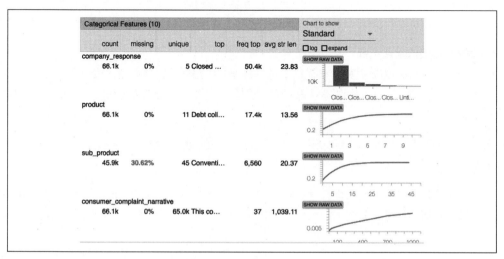

图 12-12：使用 Kubeflow Pipelines 调度重复运行的任务

图 12-13：Kubeflow Pipelines 提供的 TFDV 统计信息

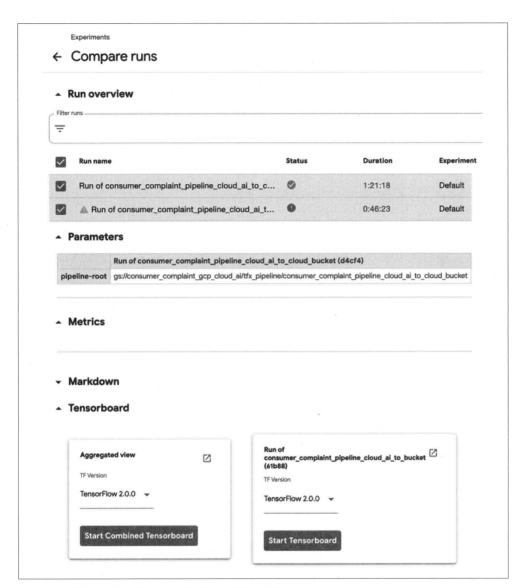

图 12-14：用 Kubeflow Pipelines 比较流水线的运行结果

Kubeflow Pipelines 还很好地集成了 TensorFlow 的 TensorBoard。如图 12-15 所示，可以使用 TensorBoard 查看模型训练过程中的统计数据。在创建了底层的 Kubernetes pod 之后，可以使用 TensorBoard 进行模型训练以查看统计信息。

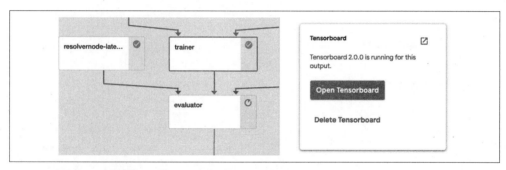

图 12-15：使用 TensorFlow 的 TensorBoard 回顾训练情况

4. 记录流水线的家谱

为了更广泛地采用机器学习，回顾模型的创建至关重要。如果数据科学家发现训练后的模型不公平（参见第 7 章），则重要的是追溯和重现使用的数据或超参数。对于每种机器学习模型，基本上都需要一份记录。

Kubeflow Pipelines 使用 Kubeflow 家谱资源管理器为此类记录提供了解决方案。它创建了一个可以轻松查询 ML MetadataStore 数据的 UI。

如图 12-16 的右半部分所示，机器学习模型被推送到了某个位置。家谱资源管理器使我们能够追溯到导出的模型的所有组件和工件，并且可以一直追溯到原始数据集。如果在循环组件中有人工参与，则可以追溯谁为模型签了字（参见 10.2 节），或者可以检查数据验证结果并调查初始训练数据是否开始偏移。

图 12-16：用 Kubeflow Pipelines 检查流水线的家谱

如你所见，Kubeflow Pipelines 是编排机器学习流水线的强大工具。如果你的基础架构是基于 AWS 或 Azure 的，或者想完全掌控设置过程，建议使用此方法。但是，如果你已经在使用 GCP 了，或者想使用 Kubeflow Pipelines 的更简单的方法，请继续往下阅读。

12.3　基于Google Cloud AI Platform的流水线

如果不想花时间来管理自己的 Kubeflow Pipelines 设置，或者想与 GCP AI Platform 或其他 GCP 服务（比如 Dataflow、AI Platform 的训练和预测等）集成，本节适合你。接下来的内容将讨论如何通过 Google Cloud AI Platform 设置 Kubeflow Pipelines。此外，我们将重点介绍如何用 Google Cloud 的 AI 任务训练机器学习模型，以及如何使用 Google Cloud Dataflow（可被用作 Apache Beam 的运行器）扩展预处理。

12.3.1　流水线设置

Google Cloud AI Platform Pipelines 可以让你通过 UI 设置 Kubeflow Pipelines。图 12-17 展示了 AI Platform Pipelines 的首页，可以在那里开始设置。

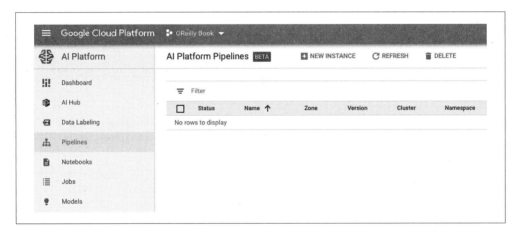

图 12-17：Google Cloud AI Platform Pipelines

Beta 产品

如图 12-17 所示，在撰写本书时，该产品仍处于测试阶段。这里展示的流程可能会更改。

单击“New Instance”（在页面右上角附近）后，它将带你到 Google Marketplace，如图 12-18 所示。

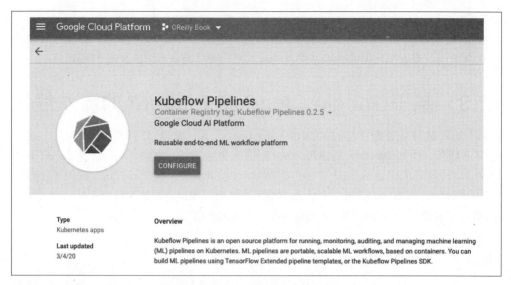

图 12-18：适用于 Kubeflow Pipelines 的 Google Marketplace 页面

选择"Configure"后，你需要在菜单顶部选择现有的 Kubernetes 集群或创建集群，如图 12-19 所示。

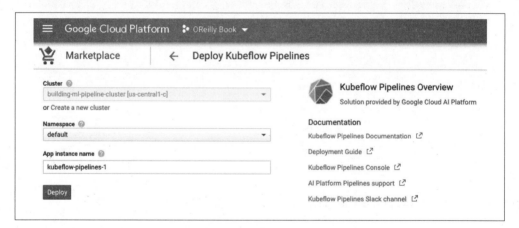

图 12-19：为 Kubeflow Pipelines 配置集群

节点大小

在创建新的 Kubernetes 集群或选择现有集群时，要考虑节点的可用内存。每个节点实例都需要提供足够的内存来容纳整个模型。对于演示项目，我们选择 n1-standard-4 作为实例类型。在撰写本书时，我们无法从 Marketplace 启动 Kubeflow Pipelines 时创建自定义集群。如果你的流水线设置需要更大的实例，建议你先创建集群及其节点，然后在从 Marketplace 创建 Kubeflow Pipelines 设置时从现有集群的列表中选择集群。

访问范围

在 Marketplace 创建 Kubeflow Pipelines 或自定义集群创建期间，当询问集群节点的访问范围时，选择"Allow full access to all Cloud APIs"。Kubeflow Pipelines 需要访问各种 Cloud API。授予对所有 Cloud API 的访问权限可简化设置过程。

配置完 Kubernetes 集群后，Google Cloud 将实例化你的 Kubeflow Pipelines 设置，如图 12-20 所示。

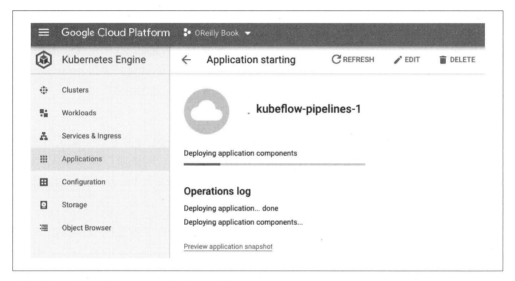

图 12-20：创建你的 Kubeflow Pipelines 设置

几分钟后，你的设置将可以使用，并且你可以在"AI Platform Pipelines"已部署的 Kubeflow 列表中找到 Kubeflow Pipelines 实例。如图 12-21 所示，如果单击"Open Pipelines Dashboard"，那么你将被重定向到新部署的 Kubeflow Pipelines 设置。从这里开始，Kubeflow Pipelines 将按前文讨论的那样工作，并且 UI 看起来非常相似。

图 12-21：Kubeflow 部署列表

逐步手动安装的 Kubeflow Pipelines 也会出现在 AI Platform Pipelines Dashboard 中

如果按照 12.1.1 节和附录 B 所述逐步手动安装 Kubeflow Pipelines，那么你设置的 Kubeflow Pipelines 也会列在 AI Platform Pipelines 实例下。

12.3.2　TFX流水线设置

TFX 流水线的配置与之前讨论的 KubeflowDagRunner 的配置非常相似。实际上，如果按照 12.2.1 节中介绍的，挂载了一个装有所需的 Python 模块和训练数据的持久卷，则可以在 AI Platform Pipelines 上运行 TFX 流水线。

接下来的内容将向你展示对先前 Kubeflow Pipelines 设置的一些更改，这些更改可以简化你的工作流（比如，从 Google Cloud Storage bucket 中加载数据），或帮助你在 Kubernetes 集群之外大规模运行流水线（比如，通过 AI Platform Jobs 训练机器学习模型）。

1. 使用 Google Cloud Storage bucket 进行数据交换

12.2.1 节讨论了可以从 Kubernetes 集群挂载的持久卷中加载运行流水线所需的数据和 Python 模块。如果在 Google Cloud 生态系统中运行流水线，则还可以从 Google Cloud Storage bucket 中加载数据。这将简化工作流，使你能够通过 GCP Web 界面或 gcloud SDK 上传和查看文件。

可以按照与本地磁盘上文件路径相同的方式提供存储桶路径，如以下代码片段所示：

```
input_bucket = 'gs://YOUR_INPUT_BUCKET'
output_bucket = 'gs://YOUR_OUTPUT_BUCKET'
data_dir = os.path.join(input_bucket, 'data')

tfx_root = os.path.join(output_bucket, 'tfx_pipeline')
pipeline_root = os.path.join(tfx_root, pipeline_name)
serving_model_dir = os.path.join(output_bucket, 'serving_model_dir')
module_file = os.path.join(input_bucket, 'components', 'module.py')
```

把存储桶在输入数据（比如 Python 模块和训练数据）和输出数据（比如训练后的模型）之间区分开通常是有益的，但也可以使用同一个存储桶。

2. 用 AI Platform Jobs 训练模型

如果要通过 GPU 或 TPU 进行大规模模型训练，则可以配置你的流水线，使其在这样的硬件上训练机器学习模型：

```
project_id = 'YOUR_PROJECT_ID'
gcp_region = 'GCP_REGION>'  ❶

ai_platform_training_args = {
    'project': project_id,
    'region': gcp_region,
```

```
    'masterConfig': {
        'imageUri': 'gcr.io/oreilly-book/ml-pipelines-tfx-custom:0.22.0'} ❷
    'scaleTier': 'BASIC_GPU' ❸
}
```

❶ 例如 us-central1。

❷ 提供一个自定义镜像（如果需要的话）。

❸ 其他选项包括 BASIC_TPU、STANDARD_1 以及 PREMIUM_1。

为了使 Trainer 组件能够发现 AI Platform 的配置，需要配置组件执行器，并换掉到目前为止与 Trainer 组件一起使用的 GenericExecutor。以下代码片段展示了所需的其他参数：

```
from
tfx.extensions.google_cloud_ai_platform.trainer import executor \
as ai_platform_trainer_executor

trainer = Trainer(
    ...
    custom_executor_spec=executor_spec.ExecutorClassSpec(
        ai_platform_trainer_executor.GenericExecutor),
    custom_config = {
            ai_platform_trainer_executor.TRAINING_ARGS_KEY:
                ai_platform_training_args}
)
```

可以使用 AI Platform 发起模型训练，而不是在 Kubernetes 集群中训练机器学习模型。除了分布式训练的能力，AI Platform 还提供了对加速型训练硬件（比如 TPU）的访问。

当流水线触发 Trainer 组件时，它将在 AI Platform Jobs 中启动一个训练任务，如图 12-22 所示。在那里可以查看日志文件或任务的完成状态。

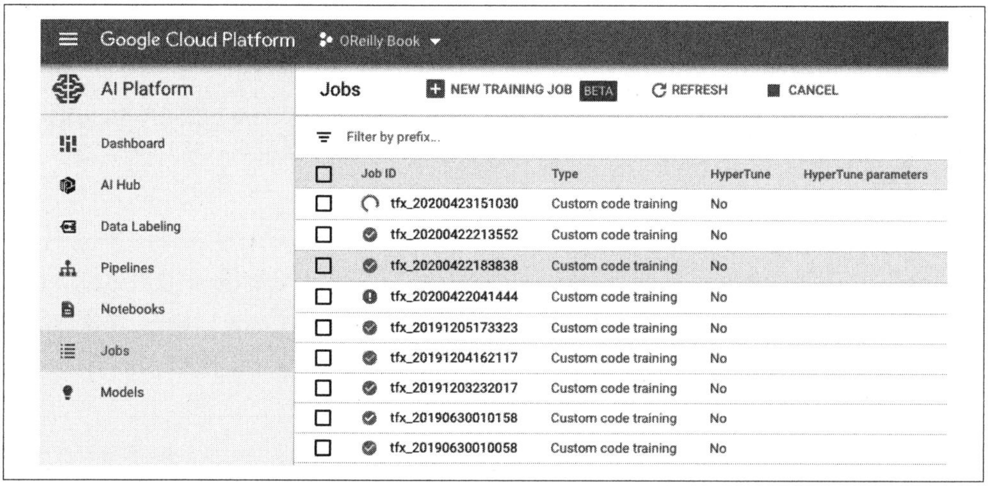

图 12-22：AI Platform 训练任务

3. 通过 AI Platform 端点做服务模型

如果在 Google Cloud 生态系统中运行流水线，还可以将机器学习模型部署到 AI Platform 的端点上。这些端点可以伸缩你的模型，以防模型遇到推算高峰。

除了设置 7.5.4 节讨论的 PushDestination，还可以复写执行器并为 AI Platform 部署提供 Google Cloud 详细信息。以下代码段展示了所需的配置详细信息：

```
ai_platform_serving_args = {
    'model_name': 'consumer_complaint',
    'project_id': project_id,
    'regions': [gcp_region]
}
```

与 Trainer 组件的设置类似，需要换掉组件的执行器，并向 custom_config 提供部署详细信息：

```
from tfx.extensions.google_cloud_ai_platform.pusher import executor \
    as ai_platform_pusher_executor

pusher = Pusher(
    ...
    custom_executor_spec=executor_spec.ExecutorClassSpec(
        ai_platform_pusher_executor.Executor),
    custom_config = {
        ai_platform_pusher_executor.SERVING_ARGS_KEY:
            ai_platform_serving_args
    }
)
```

如果提供了 Pusher 组件的配置，则可以通过使用 AI Platform 来免去设置和维护自己的 TensorFlow Serving 实例。

部署限制

在撰写本书时，通过 AI Platform 进行部署，模型的最大大小限制为 512MB。我们的演示项目超出了限制，因此目前无法通过 AI Platform 端点进行部署。

4. 利用 Google Cloud Dataflow 做扩展

到目前为止，所有依赖 Apache Beam 的组件都已使用默认的 DirectRunner 执行了数据处理任务，这意味着处理任务将在 Apache Beam 启动任务运行的同一实例上执行。在这种情况下，Apache Beam 将占用尽可能多的 CPU 核数，但不会扩展到单个实例之外。

一种选择是使用 Google Cloud Dataflow 执行 Apache Beam。在这种情况下，TFX 将使用 Apache Beam 处理作业，后者将向 Dataflow 提交任务。根据每个作业的要求，Dataflow 将启动计算实例并在各个实例之间分配作业任务。这是扩展数据预处理作业（比如统计信息生成或数据预处理）的一种很巧妙的方法。[5]

为了使用 Google Cloud Dataflow 的扩展功能，需要提供更多的 Apache Beam 配置，并将其传给流水线做实例化：

```
tmp_file_location = os.path.join(output_bucket, "tmp")
beam_pipeline_args = [
    "--runner=DataflowRunner",
    "--experiments=shuffle_mode=auto",
    "--project={}".format(project_id),
    "--temp_location={}".format(tmp_file_location),
    "--region={}".format(gcp_region),
    "--disk_size_gb=50"
]
```

除了将 DataflowRunner 配置为 runner 类型，我们还将 shuffle_mode 设置为了 auto。这是 Dataflow 一个有趣的功能。当运行诸如 GroupByKey 之类的转换时，该操作将在 Dataflow 的服务后端中处理，而不是在 Google Compute Engine 的 VM 中。这减少了执行时间和计算实例的 CPU/ 内存成本。

12.3.3　运行流水线

使用 Google Cloud AI Platform 运行流水线与 12.2 节中讨论的内容没有什么不同。TFX 脚本将生成 Argo 配置文件。然后可以将配置文件上传到在 AI Platform 上设置的 Kubeflow Pipelines 中。

在流水线运行期间，可以按照 12.3.2 节中的说明查看训练作业，并且可以详细查看 Dataflow 作业，如图 12-23 所示。

注 5：Dataflow 仅通过 Google Cloud 提供。其他可替代的分布式运行器是 Apache Flink 和 Apache Spark。

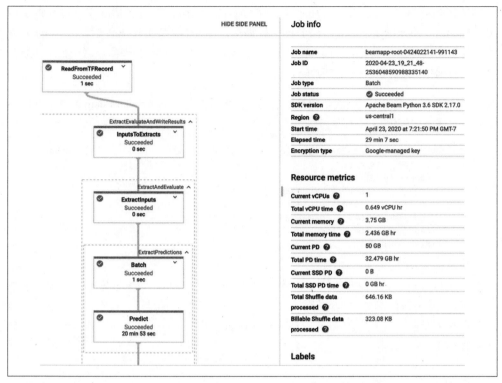

图 12-23：Google Cloud Dataflow 作业详情

Dataflow 仪表板提供了有关作业进度和伸缩需求的有价值的深度信息。

12.4　小结

使用 Kubeflow Pipelines 运行流水线具有巨大的好处。正因为如此，我们认为它所需的任何额外设置都是值得去做的。我们有了流水线家谱浏览、与 TensorBoard 的无缝集成以及重复运行的选项，这是选择 Kubeflow Pipelines 作为流水线编排器的充分理由。

如前所述，当前使用 Kubeflow Pipelines 运行 TFX 流水线的工作流与第 11 章讨论的在 Apache Beam 或 Apache Airflow 上运行流水线的工作流不同。不过，TFX 组件的配置与第 11 章讨论的是相同的。

本章介绍了两种 Kubeflow Pipelines 设置方法：第一种可以与大部分托管 Kubernetes 服务（比如 AWS Elastic Kubernetes 服务或 Microsoft Azure Kubernetes 服务）一起使用；第二种可以与 Google Cloud AI Platform 一起使用。

第 13 章将讨论如何用反馈循环将流水线变成一个闭环。

第13章

反馈循环

既然有了一条通畅的流水线,可以将机器学习模型投入生产,那么我们就不希望它只运行一次。模型一旦部署,就不应该是静态的。新数据被收集了起来,数据分布发生了变化(参见第4章),模型发生了偏移(参见第7章),最重要的是,我们希望流水线能够不断改进。

如图 13-1 所示,将某种类型的反馈添加到机器学习流水线中会把它变成一种生命周期。模型的预测会导致收集到新的数据,这些新数据又能不断地改进模型。

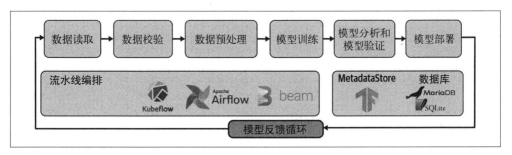

图 13-1:机器学习流水线中的模型反馈循环

如果没有新的数据,那么模型的预测能力可能会随着输入的变化而降低。机器学习模型的部署实际上可能会更改输入的训练数据,因为用户体验发生了变化。例如,在视频推荐系统中,来自模型的更好的推荐会导致用户拥有不同的观看选择。反馈循环可以帮助我们收集新数据以刷新模型。它对于个性化的模型(比如推荐系统或预测文本)特别有用。

在这一点上，至关重要的是要稳健地设置此类流水线。仅当新数据的涌入导致数据统计信息超出数据验证中设置的限制，或者导致模型统计信息超出模型分析中设置的边界时，才会导致流水线发生故障。然后，这可以触发诸如模型重新训练、新特征工程等事件。如果这些触发器之一被触发，则新模型应该收到一个新的版本号。

除了收集新的训练数据，反馈循环还可以提供有关模型实际使用情况的信息。这可能包括活跃用户的数量、他们与之交互的时间以及许多其他数据。这类数据对于向业务干系人证明模型的价值非常有用。

反馈循环可能很危险

反馈循环也可能带来负面影响，应谨慎对待。如果在没有人工输入的情况下将模型的预测重新输入到新的训练数据中，那么该模型将既从其正确的预测中学习又从其错误的预测中学习。反馈循环还可能放大原始数据中存在的任何偏差或不公平现象。仔细的模型分析可以帮助你发现其中的一些情况。

13.1　显式反馈和隐式反馈

可以将反馈分为两种主要类型：显式反馈和隐式反馈。[1] **显式**反馈是用户对预测的一些直接的输入，例如，对推荐系统的购物或观影推荐给予点赞（竖起大拇指）或差评（大拇指向下），或者更正预测。**隐式**反馈是人们在正常使用产品时的行为为模型提供反馈，例如，购买推荐系统推荐的东西或观看推荐的电影。用户隐私需要通过隐式反馈进行仔细考虑，因为它很容易跟踪用户采取的每项操作。

13.1.1　数据飞轮

在有些情况下，你可能拥有了创立基于机器学习的新产品所需的所有数据。但是在其他情况下，你可能需要收集更多的数据。在处理监督学习问题时，这种情况经常发生。监督学习比无监督学习更为成熟，并且通常会提供更可靠的结果，因此在生产系统中部署的大多数模型是监督模型。通常会出现以下情况：你拥有大量未标记的数据，标记数据则不足。不过，正如我们在示例项目中使用的那样，**迁移学习**的发展正开始消除一些机器学习问题对大量标记数据的需求。

如果有大量未标记的数据并且需要收集更多标签，则**数据飞轮**概念特别有用。该数据飞轮使你可以通过使用产品中预先存在的数据（手动标记的数据或公共数据）来设置初始模型，进而扩展训练数据集。通过收集来自用户的有关初始模型的反馈，可以标记数据，从而改善模型预测，吸引更多用户使用该产品，并标记更多数据，以此类推，如图 13-2 所示。

注 1：详细信息参见 Google PAIR 手册。

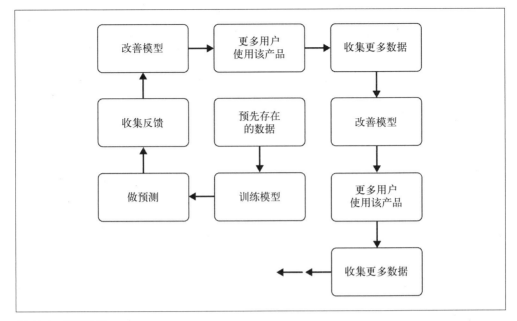

图 13-2：数据飞轮

13.1.2　现实世界中的反馈循环

当将模型的预测展示给客户时，就会出现一些机器学习系统中最常见的反馈循环的例子。这在推荐系统中尤为常见。在推荐系统中，模型会预测特定用户的前 k 个最相关的选择。在发布产品之前，通常很难收集推荐系统的训练数据，因此这些系统在很大程度上取决于其用户的反馈。

Netflix 的电影推荐系统是反馈循环的一个典型例子。用户获得电影推荐，然后通过对预测进行评级来提供反馈。随着用户对更多电影进行评分，他们会收到根据自己的喜好而量身定制的建议。

最初，当 Netflix 的主要业务是通过邮件发送 DVD 时，它使用 1 到 5 星级评分系统来收集DVD 评分，这表明客户实际上已经在观看 DVD。在这种情况下，Netflix 只能收集显式反馈。但是，当它的业务变为在线流媒体电影时，这家公司还能收集用户是否观看了向他们推荐的电影以及是否观看了整部影片的隐式反馈。然后 Netflix 从 1 到 5 星级评分系统切换到了简单的点赞（竖起大拇指）或差评（大拇指向下）单击评价系统，这使得它能够收集更多反馈，因为用户在这个系统上花费的时间更少。此外，细粒度的评分系统可能不是那么可行：如果一部电影被评为 3 颗星，那么模型应该如何响应？一个 3 颗星评价不能给模型明确的信号来说预测是正确还是不正确，而单击点赞或单击差评给出了一个明确的信号。[2]

注 2：反馈应该易于收集并给出可用的结果。

反馈循环的另一个例子（在本例中是一个负面例子）是微软臭名昭著的 Twitter 机器人 TAY。这在 2016 年成了新闻，因为它的冒犯性和有时带有种族主义的推文，在发布后的 16 小时内就被下线了。在下线之前，它已经发布了 96 000 次以上的推文。系统根据对其推文的回复自动进行了重新训练，而这些回复是故意具有挑衅性的。在这种情况下，反馈循环把对初始推文的回复纳入了训练数据中。这可能是为了使这个机器人听起来更人性化，但结果是它挑了最差的答复，反而变得非常令人反感。

会出什么问题？

重要的是要思考反馈循环可能会出什么问题，当然也包括最佳的情况。你的用户可能会做的最坏的事情是什么？如何防范他人有组织地或以自动化方式破坏你的系统？

反馈循环的第三个实际的例子来自在线支付公司 Stripe。[3] Stripe 构建了一个二分类器来预测信用卡交易的欺诈行为，如果模型预测交易可能是欺诈行为，则系统将阻止交易。该公司从过去的交易数据中获得了训练集，并对模型进行了训练，从而在训练集上产生了良好的效果。但是，该公司不可能知道生产系统的精度和召回率，因为如果模型预测交易是欺诈行为，则交易已经被阻止了。我们无法判断这是否真的是欺诈行为，因为它从未发生过。

当在新数据上训练模型时，出现了一个更大的问题：模型的准确率下降了。在这种情况下，反馈循环导致所有原始类型的欺诈性交易被阻止了，因此它们无法被用作新的训练数据。新模型只能对剩下的尚未被发现的欺诈交易进行训练。Stripe 的解决方案是放宽规则，并允许少量的交易通过，即使该模型预测这些交易是具有欺诈性的。这样就可以评估模型并提供新的相关训练数据了。

反馈循环的结果

反馈循环通常会带来一些在设计过程中并不明显的结果。在部署系统之后，必须持续对其进行监控，以检查反馈循环是在引起积极的变化，而不是带来恶性循环。建议使用第 7 章中的技术来密切关注系统。

在 Stripe 的上述示例中，反馈循环导致了模型的准确率降低。然而，准确率的提高也可能是你不希望看到的效果。YouTube 的推荐系统旨在增加人们观看视频的时间。用户的反馈意味着该模型可以准确预测他们接下来将要观看的内容。它取得了令人难以置信的成功：人们每天在 YouTube 上观看超过 10 亿小时的视频。不过，有人担心此系统会导致人们观看内容越来越特定的视频。当系统变得非常庞大时，很难预料到反馈循环的所有后果。因此，请谨慎操作并确保为用户提供保障。

注 3：请参阅 Michael Manapat 的演讲 "Counterfactual Evaluation of Machine Learning Models"（演讲：PyData Seattle 2015）。

如以上示例所示，反馈循环可能是积极的，可以帮助我们获取更多可用于改进模型甚至建立业务的训练数据。不过，它也可能导致严重的问题。如果你为模型仔细选择了指标，以确保反馈循环是积极的，那么下一步就是学习下一节将讨论的如何收集反馈。

13.2 收集反馈的设计模式

本节将讨论一些收集反馈的常用方法。你选择的方法将取决于以下几点。

- 要解决的业务问题。
- 应用或产品的类型和设计。
- 机器学习模型的类型：分类系统、推荐系统等。

如果打算从产品用户那里收集反馈，那么告知用户是非常重要的，这样他们才能同意提供反馈。这也可以帮助你收集更多反馈：如果用户在积极参与正在做改进的系统，则他们更有可能提供反馈。

本章将在以下内容中细分收集反馈的不同选项。

- 用户根据预测采取了某些措施
- 用户对预测的质量进行评分
- 用户纠正预测
- 众包打标
- 专家打标
- 自动产生反馈

尽管你的机器学习流水线正在尝试解决的问题在一定程度上推动了设计模式的选择，但是你的选择将影响你如何跟踪反馈以及如何将其整合回机器学习流水线。

13.2.1 用户根据预测采取了某些措施

通过这种方法，模型的预测结果会直接显示给用户，然后用户会进行一些在线操作。我们会记录此动作，此记录为模型提供了一些新的训练数据。

这样的例子可以是任何一种产品推荐系统，比如亚马逊用于向其用户推荐下一次购买的系统。把模型预测的用户会感兴趣的一组产品展示给他。如果用户单击这些产品中的某一个或继续购买之前买过的产品，那么这个推荐就是好的。不过，这个推荐不能说明用户未点击的其他产品是否是好的推荐。这是隐式反馈：它没有提供训练模型所需的确切数据（这需要对每个商品做预测并排名）。相反，我们需要将反馈汇总到许多不同的用户上，以提供新的训练数据。

13.2.2　用户对预测的质量进行评分

使用这种技术，可以向用户显示模型的预测结果，用户可以发出某种信号来表明他们喜欢或不喜欢该预测结果。这是显式反馈的示例，其中用户必须采取一些额外的措施来提供新数据。反馈既可以是星级评分，也可以是简单地单击点赞或单击差评。这非常适合推荐系统，对于个性化设置尤其有用。必须注意，反馈应具有可行性：5 颗星中的 3 颗星评分（比如前面的 Netflix 示例）不会提供太多有关模型预测结果是否有用或准确的信息。

这种方法的一个局限性是反馈是间接的，在推荐系统的场景中，用户虽然说了什么是不好的预测，但没有告诉你正确的预测是什么。另一个局限性是可以用多种方法来解释反馈。用户"喜欢"的内容不一定是他们希望看到的更多内容。例如，在电影推荐系统中，用户可能会竖起大拇指点赞，以表明他们想看更多同一题材或同一导演的电影，也可能是想看同一演员主演的电影。当只能提供二元的反馈时，所有这些细微差别都会丢失。

13.2.3　用户纠正预测

此方法是显式反馈的例子，其工作方式如下：

- 来自较低准确率模型的预测会展示给用户；
- 如果预测正确，用户就接受；如果预测不正确，则对其进行更新；
- 预测（现在已由用户验证）可以用作新的训练数据。

这在用户对结果高度参与的情况下效果最好。一个很好的例子就是银行应用，用户可以通过该应用存入支票。图像识别模型会自动填写支票金额。如果金额正确，用户就会确认；如果不正确，则用户会输入正确的值。在这种情况下，输入正确的金额符合用户的利益，以便钱被存入他们的账户。随着时间的推移，用户会创建更多的训练数据，该应用会变得越来越准确。如果你的反馈循环可以使用此方法，则这可能是一种快速收集大量高质量新数据的极好方法。

必须注意，应该仅在机器学习系统和用户的目标高度一致的情况下使用此方法。如果用户由于没有理由花精力去修正不正确的结果而接受了错误的结果，那么训练数据将充满错误，并且模型不会随着时间的推移而变得更加准确。如果用户提供不正确的结果会给其带来一些好处，那么这将使新的训练数据产生偏差。

13.2.4　众包打标

如果有大量未标记的数据并且无法通过正常使用产品来向用户收集标签，则此方法特别有用。自然语言处理和计算机视觉领域中的许多问题属于此类：收集大量图像很容易，但是这些数据没有针对机器学习模型的特定场景进行标注。如果要训练将手机图像分类为文档或非文档的图像分类模型，则可能会让用户拍摄很多照片，但不提供标签。

在这种情况下，通常会收集大量未标记的数据，然后将其传递到众包平台，比如 AWS Mechanical Turk 或 Figure Eight。然后，向人工打标者付费（通常是一小笔钱）以标记数据。这最适合不需要特殊培训的任务。

如果使用这种方法，则必须控制打标质量的多样性，并且通常会设置打标工具，以便多个人可以为同一数据示例添加标签。Google PAIR 手册为设计打标工具提供了一些出色、详细的建议，但要考虑的关键问题是打标者的动机必须与模型结果保持一致。这种方法的主要优点是，它可以尤其针对所创建的新数据，从而完全可以满足复杂模型的需求。

但是，此方法有很多缺点，例如，它可能不适用于私有数据或敏感数据。另外，请务必确保打标者群体的多样性，以代表产品的用户和整个社会。这种方法的成本也很高，可能无法扩展到大量用户。

13.2.5　专家打标

专家打标的设置类似于众包，但要有经过精心挑选的打标者。这可能就是你自己（构建流水线的人），使用着打标工具（比如 Prodigy）来处理文本数据；也可能是领域专家，如果你正在训练医学图像上的图像分类器的话。此方法特别适合以下情况：

- 数据需要一些专业知识才能打标；
- 数据在某种程度上是私有的或敏感的；
- 仅需要少量标签（比如迁移学习或半监督学习）；
- 打标的错误会给人们带来严重的现实后果。

这种方法可以收集高质量的反馈，但它价格昂贵、依赖人工且可扩展性不佳。

13.2.6　自动产生反馈

在某些机器学习流水线中，不需要人工收集反馈。该模型会做出预测，将来发生的一些事件会告诉我们该模型是否正确。在这种情况下，系统会自动收集新的训练数据。尽管这不会引入任何单独的基础设施来收集反馈，但仍需要小心：由于预测的存在会干扰系统，因此可能会发生意外情况。前面 Stripe 的示例很好地说明了这一点：该模型会影响其自身未来的训练数据。[4]

13.3　如何跟踪反馈循环

确定了最适合你的业务和模型类型的反馈循环类型之后，就该将其纳入机器学习流水线中了。正如第 7 章中讨论的那样，这就是模型验证必不可少的地方：新数据将在系统中传

注 4：有关更多信息，请参见刊登在 *Advances in Neural Information Processing Systems* 第 28 期由 D. Sculley 等人合著的文章 "Hidden Technical Debt in Machine Learning Systems"（NIPS，2015 年）。

递，并且这样做不会导致系统性能相对于所跟踪的指标下降。

这里的关键概念是每个预测结果都应接收跟踪 ID，如图 13-3 所示。这可以用某种预测注册表来实现，其中每个预测结果与跟踪 ID 一起存储在里面。将预测结果和 ID 传递到应用，然后将预测结果显示给用户。如果用户给出反馈，则该过程继续。

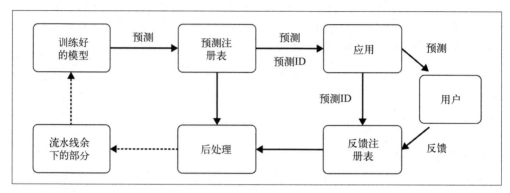

图 13-3：跟踪反馈

收集到反馈后，它将与该预测结果的跟踪 ID 一起存储在反馈注册表中。数据处理步骤将反馈与原始预测结合在一起。这使你可以跟踪数据和模型验证步骤中的反馈，以便知道哪个反馈为新模型版本提供了动力。

13.3.1　跟踪显式反馈

正如前面提到的，如果系统正在收集显式反馈，那么有两种方法可以跟踪它。

二元反馈

　　在大多数情况下，只有告诉你预测正确的反馈才能为你提供带有相关跟踪 ID 的新训练数据。例如，在多元分类系统中，用户反馈仅告诉你预测的类是否正确。如果预测的类被标记为不正确，则你不知道应该将其归为其他哪一类。如果预测的类是正确的，则数据与预测的配对将形成新的训练样本。二元分类问题是唯一可以使用预测不正确的反馈的情况。在这种情况下，反馈会告诉我们该样本属于负样本。

重新分类或更正

　　当用户为模型提供正确答案时，输入数据与新分类的配对将形成新的训练样本，并且应收到一个跟踪 ID。

13.3.2　跟踪隐式反馈

隐式反馈会生成二元反馈。如果推荐系统推荐一个产品，并且用户点击了该产品，则该产品与用户数据的配对将形成新的训练样本，并收到一个跟踪 ID。不过，如果用户未点击该产品，则并不代表推荐不正确。在这种情况下，在重新训练模型之前，可能有必要为推荐的每个产品收集许多二元反馈。

13.4 小结

反馈循环会将机器学习流水线变成一个循环，并帮助其成长和提高。必须将新数据整合到机器学习流水线中，以防止模型过时和准确率下降。确保选择最适合你的模型类型及其成功指标的反馈方法。

反馈循环需要仔细监控。一旦开始收集新数据，就很容易违反许多机器学习算法的最基本假设之一：训练数据和验证数据均来自同一分布。理想情况下，训练数据和验证数据都将代表你所建模型的真实世界，但实际上并非如此。因此，当你收集新数据时，生成新的验证数据集和训练数据集同样重要。

反馈循环要求你与产品中涉及的设计人员、开发人员和 UX 专家紧密合作。他们需要构建能够捕获数据并改进模型的系统。与他们合作，把反馈与用户将看到的改进联系起来，并设定预期何时反馈将改变产品，这一点很重要。这项工作将有助于用户投入更多精力来提供反馈。

需要注意的一点是，反馈循环会加剧初始模型中的任何有害偏见或不公平。永远不要忘记，最终面对的是人！考虑向用户提供一种方法，用来反馈模型对某人造成伤害的信息，以便他们标记出应当立即被修复的场景。这将比 1 到 5 星级评分需要更多的细节。

建立反馈循环并能够跟踪模型的预测和对预测的响应后，你便拥有了完整的流水线。

第14章

机器学习的数据隐私

本章介绍将数据隐私保护应用于机器学习流水线的一些方面。隐私保护机器学习是一个非常活跃的研究领域，刚刚开始被纳入 TensorFlow 和其他框架。本书将解释最有前途的技术背后的一些原理并展示一些实用的案例，以说明如何将它们纳入机器学习流水线。

本章将介绍 3 种用于隐私保护机器学习的主要方法：差分隐私、联邦学习和加密机器学习。

14.1 数据隐私问题

数据隐私关乎信任，旨在限制曝光人们原本希望保密的数据内容。隐私保护机器学习有很多方法，为了在它们之间进行选择，你应该尝试回答以下问题。

- 你试图向谁保密？
- 系统的哪些部分可以是私有的，哪些可以公开？
- 谁是可以查看数据的可信方？

这些问题的答案将帮助你确定本章描述的哪种方法最适合你的用例。

14.1.1 为什么关心数据隐私

数据隐私正在成为机器学习项目的重要组成部分。围绕用户隐私有许多法规，比如，于 2018 年 5 月生效的欧盟的《通用数据保护条例》（GDPR）和于 2020 年 1 月生效的《加利福尼亚州消费者隐私法案》。[1] 把个人信息用作机器学习的数据是有道德问题的，机器学习

注 1：2021 年 6 月 10 日，中国通过了《中华人民共和国数据安全法》，自 2021 年 9 月 1 日起施行；2021 年 8 月 20 日，中国通过了《中华人民共和国个人信息保护法》，自 2021 年 11 月 1 日起施行。——编者注

产品的用户开始深切关注他们的数据后期会发生什么。由于机器学习一贯依赖数据，并且机器学习模型做出的许多预测是基于从用户那里收集的个人数据，因此机器学习处于数据隐私纷争的最前沿。

涉及隐私是要付出代价的：加强隐私保护会带来模型准确率和计算时间等方面的代价。在一种极端情况下，不收集任何数据会使交互完全保密，但对机器学习一点儿用处也没有。在另一种极端情况下，知道一个人的所有细节可能会损害这个人的隐私，但是这使我们能够建立非常准确的机器学习模型。我们已经开始设想隐私保护机器学习的开发，其可以在不对模型准确率造成较大影响的情况下加强隐私保护。

在某些场景中，隐私保护机器学习可以帮助你使用由于隐私问题而无法用于训练机器学习模型的数据。然而，并不是说你使用了本章中的一种方法即可自由地掌控数据。你应该与其他干系人（比如数据所有者、隐私权专家，甚至公司的法务团队）讨论你的计划。

14.1.2　最简单的加强隐私保护的方法

通常，构建机器学习产品的默认策略是尽可能收集所有数据，然后再决定哪些对训练机器学习模型有用。尽管这是在用户同意的情况下完成的，但保护用户隐私的最简单的方法是仅收集训练特定模型所需的数据。对于结构化数据，可以简单地删除姓名、性别或种族等字段。文本或图像数据可以被处理以删除许多个人信息，比如从图像中删除面孔或从文本中删除姓名。但是，在某些情况下，这可能会降低数据的实用性或使其无法训练准确的模型。而且，如果没有收集有关种族和性别的数据，就无法判断模型是否对特定群体有偏见。

对收集哪些数据的控制权也可以交给用户：与简单地选择加入或退出相比，收集数据的授权可能会更加细致，产品的用户可以确切指定能够收集关于他们的哪些数据。这就带来了设计挑战：提供较少数据的用户是否比提供更多数据的用户获得更差的预测结果？如何通过机器学习流水线跟踪授权？如何衡量隐私对模型中单个特征的影响？这些都是需要机器学习社区进行更多讨论的问题。

14.1.3　哪些数据需要保密

在机器学习流水线中，数据通常是从人们那里收集的，但是某些数据对隐私保护机器学习有更高的要求。个人识别信息（personally identifiable information，PII）是可以直接识别一个人的数据，比如他们的姓名、电子邮件地址、街道地址、ID 号等，因此需要保密。PII会出现在公开文本里，比如反馈评论或客户服务数据，而不仅仅是在直接要求用户提供此数据时。在某些情况下，人像也可以被视为 PII。围绕这方面通常有法律标准，如果你的公司有隐私权团队，最好在着手使用此类数据之前咨询他们。

敏感数据也需要特别注意，通常将它定义为如果发布可能会对某人造成伤害的数据，比如健康数据或专有的公司数据（比如财务数据）。应注意确保在机器学习模型的预测中不会泄露此类数据。

另一类是"准标识"数据。如果已知足够多的准标识符，比如位置跟踪或信用卡交易数据，则准标识符可以准确地标识某人。如果已知有关同一个人的多个位置点，则这将提供一种可以与其他数据集组合的信息来重新识别这个人。2019 年 12 月，《纽约时报》发表了一篇深入介绍使用手机数据进行重新标识的文章"Twelve Million Phones, One Dataset, Zero Privacy"，这还只代表了几种质疑此类数据发布的意见里的一种。

14.2　差分隐私

如果在机器学习流水线中发现需要额外的隐私保护措施，那么可以使用多种方法来帮助增强隐私性，同时尽可能保持数据实用性。我们将讨论的第一个问题是**差分隐私**（differential privacy，DP）。[2] 差分隐私体现了这样一种想法：查询或数据集的转换不应该揭示某个人是否在该数据集中。它定义了一个人被加入数据集中所遭受的隐私损失这样一个数学度量，并通过添加噪声将隐私损失降至最低。

> 差分隐私描述了数据持有人或组织者对数据主体的承诺，承诺如下："通过将你的数据用于任何研究或分析（无论什么可以获取到的论文、数据集或信息来源），你不会受到影响（无论是负面影响还是其他影响）。"
>
> ——Cynthia Dwork[3]

换句话说，如果将一个人从该数据集中删除，则尊重隐私的数据集的变换不应发生变化。在机器学习模型的场景中，如果在考虑隐私的情况下对模型进行了训练，那么如果从训练集中删除一个人，则模型所做的预测不应更改。DP 通过在转换中添加某种形式的噪声或随机性来实现。

举一个更具体的例子，实现 DP 的一个最简单的方法就是随机回复，如图 14-1 所示。这在提出敏感问题的调查中很有用，比如："你曾被判为犯罪吗？"为了回答这个问题，被问到的人会抛硬币。如果出现正面，他们就如实回答。如果出现背面，则再抛一次硬币。如果硬币是正面，回答"是"；如果硬币是背面，回答"否"。这给了他们推脱之辞：他们可以说给出的是随机答案，而不是真实的答案。由于我们知道抛硬币的概率，因此如果问很多人这个问题，就可以以合理的准确率来计算被判为犯罪的人数比例。当更多的人参加调查时，计算的准确率将提高。

注 2：""差分隐私"源自 Cynthia Dwork 的文章"Differential Privacy"，此文章被收录在《密码学与安全百科全书》一书中。

注 3：参见 Cynthia Dwork 和 Aaron Roth 合著的文章"The Algorithmic Foundations of Differential Privacy"，出自 *Foundations and Trends in Theoretical Computer Science 9*，编号 3–4：211–407（2014 年）。

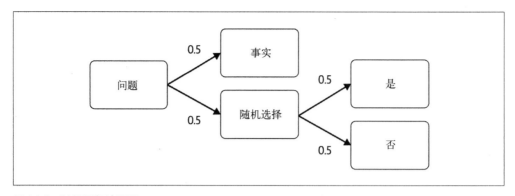

图 14-1：随机回复流程图

这些随机转换是 DP 的关键。

假设每人一个训练样本

为简单起见，本章会假设数据集中的每个训练样本都与一个人相关或是从一
个人那里收集到的。

14.2.1　局部差分隐私和全局差分隐私

DP 可以分为两种主要方法：局部 DP 和全局 DP。在局部 DP 中，如先前的随机回复案例
所示，在个人级别添加了噪声或随机性，因此在个人与数据采集者之间保持了隐私。在全
局 DP 中，噪声会被添加到整个数据集的转换中。数据采集者与原始数据是可以信任的，
但是转换结果不会显示有关个人的数据。

与局部 DP 相比，全局 DP 只要求添加更少的噪声，这可以提高查询的实用性或准确率，
从而获得相似的隐私保证。不利之处在于，数据采集者必须被全局 DP 信任，而对于局部
DP，只有一个个用户看得到他们自己的原始数据。

14.2.2　epsilon、delta和隐私预算

实现 DP 的最常见方法可能是用 ε–δ(epsilon–delta)DPε。当比较包含某一人的数据集上的随
机转换结果与不包含该人的另一结果时，e^{ε} 描述了这些转换结果之间的最大差异。因此，
如果 ε 为 0，说明两个转换会返回完全相同的结果。如果 ε 的值较小，则转换将返回相同
结果的可能性更大——ε 的值越小越隐秘，因为 ε 会衡量隐私保证的强度。如果多次查询
数据集，则需要对每次查询的 ε 求和，以获取总的隐私预算。

δ 是 ε 不成立的概率,或个体数据在随机变换结果中被暴露的概率。通常将 δ 设置为人数规模的倒数:对于包含 2000 人的数据集,将 δ 设置为 1/1000。[4]

应该选择什么值作为 ε 呢? ε 使我们能够比较不同算法和方法的隐私度,但是赋予我们"足够"隐私的绝对值取决于使用场景。[5]

为了确定要用于 ε 的值,当 ε 减小时,对系统的准确率可能会有所帮助。选择最私密的参数,同时保留对业务问题可接受的数据实用性。或者,如果泄露数据的后果非常严重,则你可能希望先设置可接受的 ε 值和 δ 值,然后调整其他超参数以获得可能的最佳模型准确率。 ε–δ DP 的一个弱点是 ε 不容易解释。我们正在开发其他方法来帮助解决此问题,比如在模型的训练数据中植入秘密,并衡量在模型预测中暴露这些秘密的可能性。[6]

14.2.3　机器学习的差分隐私

如果希望将 DP 用作机器学习流水线的一部分,有一些当前可行的选项能加入 DP,不过我们希望将来会看到更多。第一种选项:DP 可以包含在联邦学习系统(参见 14.4 节)中,并且可以使用全局 DP 或局部 DP。第二种选项:TensorFlow Privacy 库是全局 DP 的一个例子,原始数据可用于模型训练。

第三种选项是"教师模型全体的隐私聚合"(private aggregation of teacher ensemble,PATE)方法。[7]这是一种数据共享方案:假设 10 个人有标记好的数据,但你没有,他们会在局部训练模型并各自对你的数据做出预测。然后执行 DP 查询来针对数据集中的每个样本生成最终预测结果,这样你便不知道 10 个模型中哪个做了预测。然后,根据这些预测结果训练出一个新模型,该模型通过一种无法了解这些隐藏数据集的方法囊括了来自 10 个隐藏数据集的信息。PATE 框架展示了在这种场景中如何使用 ε。

14.3　TensorFlow Privacy

TensorFlow Privacy(TFP)在模型训练期间会将 DP 添加到优化器。TFP 中使用的 DP 类型是全局 DP 的一种:在训练过程中会添加噪声,以使私人数据不会在模型的预测结果中暴露出来。

这使我们能够提供有力的 DP 保证,即在不影响个人数据的情况下仍可最大限度地提高模型准确率。如图 14-2 所示,在这种情况下,原始数据可用于受信任的数据存储系统和模型

注 4:有关其背后的数学运算的更多细节,请参见 Dwork 和 Roth 合著的文章"The Algorithmic Foundations of Differential Privacy"。

注 5:更多细节可以参见 Justin Hsu 等人合著的文章"Differential Privacy: An Economic Method for Choosing Epsilon"(2014 年 2 月 17 日奥地利维也纳 2014 IEEE 计算机安全基础研讨会论文报告)。

注 6:参见 Nicholas Carlini 等人合著的文章"The Secret Sharer",2019 年 7 月。

注 7:参见 Nicolas Papernot 等人合著的文章"Semi-Supervised Knowledge Transfer for Deep Learning from Private Training Data",2016 年 10 月。

训练器，但最终的预测是不受信任的。

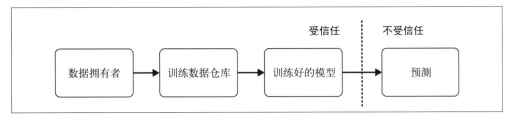

图 14-2：DP 的受信任方

14.3.1　使用差分隐私优化器进行训练

通过在每个训练步骤中将随机噪声添加进梯度可以修改优化器算法。这样比较了包含或不包含单个数据点的梯度更新，并能确保无法确定梯度更新中包含特定数据点。此外，应对梯度进行裁剪，以使它们不会变得太大（这限制了任何单个训练样本所起的作用）。作为一个额外的好处，这也有助于防止过拟合。

TFP 可以通过 pip 来安装。在撰写本书时，它支持 TensorFlow 1.X：

```
$ pip install tensorflow_privacy
```

我们从一个简单的 tf.keras 二分类例子开始：

```
import tensorflow as tf

model = tf.keras.models.Sequential([
  tf.keras.layers.Dense(128, activation='relu'),
  tf.keras.layers.Dense(128, activation='relu'),
  tf.keras.layers.Dense(1, activation='sigmoid')
])
```

与普通的 tf.keras 模型相比，差分隐私优化器要求设置两个额外的超参数：噪声乘数和 L2 范数裁剪。最好是调整它们以适合你的数据集并衡量其对 ε 的影响：

```
NOISE_MULTIPLIER = 2
NUM_MICROBATCHES = 32 ❶
LEARNING_RATE = 0.01
POPULATION_SIZE = 5760 ❷
L2_NORM_CLIP = 1.5
BATCH_SIZE = 32 ❸
EPOCHS = 70
```

❶ BATCH_SIZE 必须能被 NUM_MICROBATCHES 整除。

❷ 训练集中的样本数。

❸ 样本数必须能被 BATCH_SIZE 整除。

接下来，初始化差分隐私优化器：

```
from tensorflow_privacy.privacy.optimizers.dp_optimizer \
    import DPGradientDescentGaussianOptimizer

optimizer = DPGradientDescentGaussianOptimizer(
    l2_norm_clip=L2_NORM_CLIP,
    noise_multiplier=NOISE_MULTIPLIER,
    num_microbatches=NUM_MICROBATCHES,
    learning_rate=LEARNING_RATE)

loss = tf.keras.losses.BinaryCrossentropy(
    from_logits=True, reduction=tf.losses.Reduction.NONE) ❶
```

❶ loss 必须按每个样本计算，而不是对整个 minibatch 计算。

训练隐私模型就像训练普通的 tf.keras 模型。

```
model.compile(optimizer=optimizer, loss=loss, metrics=['accuracy'])

model.fit(X_train, y_train,
          epochs=EPOCHS,
          validation_data=(X_test, y_test),
          batch_size=BATCH_SIZE)
```

14.3.2　计算epsilon

现在，为模型计算差分隐私参数，并选择噪声乘数和梯度裁剪：

```
from tensorflow_privacy.privacy.analysis import compute_dp_sgd_privacy

compute_dp_sgd_privacy.compute_dp_sgd_privacy(n=POPULATION_SIZE,
                                              batch_size=BATCH_SIZE,
                                              noise_multiplier=NOISE_MULTIPLIER,
                                              epochs=EPOCHS,
                                              delta=1e-4) ❶
```

❶ delta 的值被设置为数据集大小的倒数。

TFP 仅支持 TensorFlow 1.X
本书 GitHub 仓库中展示了如何将先前章节中的示例项目转换为 DP 模型。
差分隐私优化器已从第 6 章添加到 get_model 函数中。但是，在 TFP 支持
TensorFlow 2.X 之前，该模型不能在我们的 TFX 流水线中使用。

此计算的最终输出，即 epsilon 的值，会告诉我们特定模型的隐私保证强度。然后，我们可以探索，更改前面讨论的 L2 范数裁剪和噪声乘数超参数将如何影响 epsilon 和模型准确率。如果增加这两个超参数的值，并保持其他参数不变，则 epsilon 会减小（因此，隐私

保证会更强）。在某些时候，准确率将开始下降，该模型将不再有用。可以探索这种折中，以获得尽可能强大的隐私保证，同时仍保持良好的模型准确率。

14.4　联邦学习

联邦学习（federated learning，FL）是一种协议，其中机器学习模型的训练分布在许多不同的设备上，并且训练后的模型在中心服务器上进行合并。关键点是原始数据永远不会离开单独的设备，也永远不会被集中在一个地方。这与在一个集中的地方收集数据集然后训练模型的传统架构大不相同。

FL 通常在拥有分布式数据的手机或用户浏览器环境中很有用。另一个潜在的使用场景是共享分布在多个数据所有者之间的敏感数据。例如，一个 AI 初创公司想训练模型以检测皮肤癌。皮肤癌的图片归许多医院所有，但由于隐私和法律方面的考虑，无法将它们集中在一个地方。FL 能够使初创公司在数据不离开医院的情况下训练模型。

在 FL 设置中，每个客户端都会收到模型架构和一些训练指令。我们会在每个客户端的设备上训练模型，并将权重返回到中央服务器。这会稍微增加隐私性，因为相对于原始数据，一个拦截器更难从模型权重中了解有关用户的任何信息，但它不能提供任何隐私保证。分布式模型训练这一步并不能在公司收集数据的过程中为用户提供更强的隐私保证，因为公司通常可以在了解模型架构和权重的情况下得出原始数据原本是什么样的。

不过，使用 FL 提高隐私性还有一个很重要的步骤：将权重安全地聚合到中央模型中。有很多算法可以做到这一点，但是它们都要求中央模型必须是可信的，不会试图在合并权重之前对其进行查看。

图 14-3 展示了在 FL 设置中哪些参与方可以访问用户的个人数据。公司可能会收集数据来设置安全聚合，这样它们就不会看到用户返回的模型权重了。中立的第三方也可以执行安全聚合。在这种情况下，只有用户才能看到他们的数据。

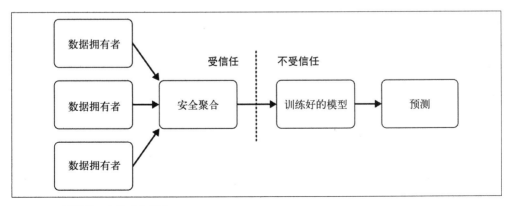

图 14-3：联邦学习中的受信任方

FL 的另一个隐私保护扩展是将 DP 合并到此技术中。在这种情况下，DP 会限制每个用户可以为最终模型提供的信息量。研究表明，如果用户数量很大，那么生成的模型几乎与无 DP 模型一样准确。[8] 不过，到目前为止，其尚未在 TensorFlow 或 PyTorch 中实现。

一个生产环境中的 FL 案例是 Android 手机的 Google Gboard 键盘。谷歌可以训练模型以做出更好的下一词预测，而无须了解用户的隐私消息。FL 在具有以下特征的场景中最有用：[9]

- 模型所需的数据只能从分布式的来源收集；
- 数据源的数量很大；
- 数据在某种程度上是敏感的；
- 数据不需要额外打标（标签可以由用户直接提供，不会离开源）；
- 理想情况下，数据是从几乎相同的分布中提取的。

FL 在机器学习系统的设计中引入了许多新的考虑因素，例如，并非所有数据源都在一次训练和下一次训练之间收集了新数据，并非所有移动设备都始终处于开启状态，以此类推……所收集的数据通常是不平衡的，并且实际上对于每个设备都是唯一的。当设备池很大时，最容易为每次训练获得足够的数据。必须为任何使用了 FL 的项目开发新的安全基础设施。[10]

必须注意避免在训练 FL 模型的设备上出现性能问题。训练会迅速耗尽移动设备的电量或导致大量的流量被使用，从而给用户带来费用。尽管移动电话的处理能力正在迅速增强，但它们仍然只能训练小型模型，因此应在中央服务器上训练更复杂的模型。

TensorFlow中的联邦学习

TensorFlow Federated（TFF）会模拟 FL 的分布式设置，并包含一个可以计算分布式数据更新的随机梯度下降（stochastic gradient descent，SGD）版本。常规 SGD 要求梯度更新是对中心化数据集的批次计算出来的，然而在联邦设置中不存在这样的中心化数据集。在撰写本书时，TFF 主要针对新的联邦算法进行研究和实验。

PySyft 是由 OpenMined 组织开发的开源 Python 平台，用于隐私保护机器学习。它包含使用安全的多方计算（下一节将进一步说明）来聚合数据的 FL 实现。它最初是为支持 PyTorch 模型而开发的，但已经发布了 TensorFlow 版本。

注 8：参见 Robin C. Geyer 等人合著的文章"Differentially Private Federated Learning: A Client Level Perspective"，2017 年 10 月。

注 9：在 H. Brendan McMahan 等人合著的这篇论文中涵盖了更多细节："Communication-Efficient Learning of Deep Networks from Decentralized Data"，出自第 20 届人工智能与统计国际会议论文集，PMLR 54（2017 年）：1273–82。

注 10：更多关于 FL 的系统设计，可以参考 Keith Bonawitz 等人合著的论文"Towards Federated Learning at Scale: System Design"（演讲：第二届 SysML 会议记录，美国加利福尼亚州帕洛阿尔托市，2019 年）。

14.5 加密机器学习

加密机器学习是隐私保护机器学习的另一个领域，目前正受到研究人员和从业人员的广泛关注。它依靠来自密码学界的技术和研究，并将这些技术应用于机器学习。到目前为止，已采用的主要方法是**同态加密**（homomorphic encryption，HE）和**安全多方计算**（secure multiparty computation，SMPC）。使用这些技术的方法有两种：加密已经用纯文本数据训练过的模型和对整个系统进行加密（如果数据必须在训练过程中保持加密状态的话）。

HE 与公钥加密类似，不同之处在于，在对数据进行计算之前不必解密数据。可以对加密数据执行计算（比如从机器学习模型获得预测）。用户可以使用存储在本地的密钥以加密形式提供其数据，然后接收加密的预测结果，接下来进行解密以获得其数据上的模型预测。这为用户提供了隐私保证，因为他们的数据没有与训练模型的一方共享。

SMPC 允许多个参与方合并数据、对其执行计算，并根据自己的数据查看计算结果，而无须了解其他参与方的数据。这是通过**秘密共享**实现的，在该过程中，任何单个值均被拆分为多份，并发送给各个独立的参与方。我们无法从任何一份中重建原始值，但仍可以分别对每一份进行计算。在重新组合所有部分之前，计算结果毫无意义。

这两种技术都是有代价的。在撰写本书时，HE 很少用于训练机器学习模型：它会导致训练和预测的速度降低几个数量级。因此，我们将不再讨论它。当一份份数据和结果在各方之间传递时，SMPC 在网络时间方面也有开销，但它比 HE 快得多。这些技术与 FL 一起使用，对于无法在一处收集数据的情况很有用。不过，它们并不能阻止模型存储敏感数据，DP 才是最佳解决方案。

TF Encrypted（TFE）为 TensorFlow 提供了加密的机器学习，它主要由 Cape Privacy 开发。TFE 还可以提供 FL 所需的安全聚合。

14.5.1 加密模型训练

你想使用加密机器学习的第一种情况可能是对加密的数据进行模型训练。当原始数据需要与训练模型的数据科学家保持私密性时，或者当两个或多个参与方拥有原始数据并希望使用所有参与方的数据来训练模型但又不想共享原始数据时，这个功能非常有用。如图 14-4 所示，在这种情况下，只有一个或多个数据拥有者受信任。

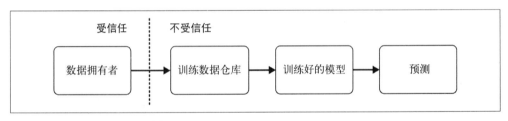

图 14-4：加密模型训练的受信任方

TFE 可用于为这种情况训练加密模型。 照常使用 pip 进行安装：

```
$ pip install tf_encrypted
```

建立 TFE 模型的第一步是定义一个可以批量生成训练数据的类。这个类由数据拥有者在本地实现。可以使用装饰器将其转换为加密数据：

```
@tfe.local_computation
```

在 TFE 中编写模型训练代码几乎与常规 Keras 模型相同，只需将 tf 替换为 tfe：

```
import tf_encrypted as tfe

model = tfe.keras.Sequential()
model.add(tfe.keras.layers.Dense(1, batch_input_shape=[batch_size, num_features]))
model.add(tfe.keras.layers.Activation('sigmoid'))
```

唯一的区别是必须将参数 batch_input_shape 提供给 Dense 的第一层。

TFE 文档提供了此示例。在撰写本书时，TFE 并未包含常规 Keras 的所有功能，因此无法以这种格式展示示例项目。

14.5.2　将训练好的模型转换为加密的预测服务

使用 TFE 的第二种情况是，你希望提供经过加密处理的纯文本数据模型。如图 14-5 所示，在这种情况下，你可以完全访问未加密的训练数据，但是你希望应用的用户能够收到私有预测结果。这为上传了加密数据并接收加密预测的用户提供了隐私保证。

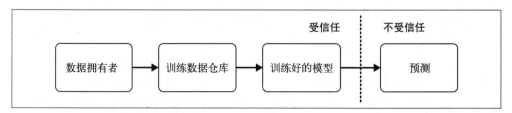

图 14-5：加密训练模型时的受信任方

这种方法可能最适合当今的机器学习流水线，因为可以正常训练模型并将其转换为加密版本。它也可以用于已使用 DP 训练的模型。它与未加密模型的主要区别是需要多台服务器：每台服务器托管原始模型的一部分。如果有人在一台服务器上查看模型的一部分，或者发送到任何一台服务器上的一份数据，那么它不会展现出有关该模型或数据的任何信息。

可以通过以下方式将 Keras 模型转换为 TFE 模型：

```
tfe_model = tfe.keras.models.clone_model(model)
```

在这种情况下，需要执行以下步骤：

- 在客户端本地加载和预处理数据；
- 在客户端加密数据；
- 将加密的数据发送到服务器；
- 对加密的数据进行预测；
- 将加密的预测结果发送到客户端；
- 在客户端解密预测结果并将结果显示给用户。

TFE 提供了一系列 notebook 来展示如何提供私有预测结果。

14.6　其他数据保密方法

还有许多其他技术可为将数据放在机器学习模型中的人们增强隐私保护。只需非常容易地用正则表达式和命名实体识别模型，就可以简单地抹去文本数据中的姓名、地址、电话号码等。

K-匿名

K-匿名，通常简称为**匿名化**，对于增加机器学习流水线中的隐私性不是一个很好的选择。*K*-匿名要求数据集中的每个个体在准标识符（可以间接标识个人的数据，比如性别、种族和邮政编码）方面与 $k–1$ 个其他实体都没有区别。这可以通过汇总或删除数据，直到数据集满足此要求来实现。数据的删除通常会导致机器学习模型的准确率大大降低。[11]

14.7　小结

当处理个人数据或敏感数据时，请选择最适合你需求的数据隐私解决方案，包括受信任的人、需要什么级别的模型性能以及从用户那里得到了哪些授权。

本章介绍的所有技术都是非常新的，它们的实际用途尚未普及。不要以为使用本章描述的框架之一就可以确保完全不泄露用户隐私。在向机器学习流水线增加隐私性时，总会涉及大量的工程工作。隐私保护机器学习的领域正在迅速发展，并且目前正在进行新的研究。我们鼓励你在此领域寻求改进，并支持围绕数据隐私的开源项目，比如 PySyft 和 TFE。

数据隐私和机器学习的目标通常很吻合，因为我们想了解整个人群，并做出对每个人都同样有益的预测，而不是只了解某一个人。增强隐私保护可以防止模型过度拟合一个人的数据。我们希望在将来，无论何时在模型上针对个人数据进行训练时，都会从一开始就将隐私保护设计到机器学习流水线中。

注 11：此外，可以使用外部信息重新标识"匿名"数据集中的个人。参见 Luc Rocher 等人合著的文章 "Estimating the Success of Re-identifications in Incomplete Datasets Using Generative Models"，出自《自然通讯》第 10 期，文章编号 3069（2019 年）。

第15章

流水线的未来和下一步

前面的 14 章介绍了机器学习流水线的当前状态，并给出了有关如何构建它的建议。机器学习流水线是一个相对较新的概念，还会有更多的东西进入这个领域。本章将讨论一些我们认为很重要但还不能与当前流水线适配得很好的事情，并且还会考虑机器学习流水线的下一步。

15.1　模型实验跟踪

本书假设你已经进行了实验，并且模型架构已基本确定。不过，我们想分享一些有关如何跟踪实验并使实验顺利进行的想法。你的实验过程可能包括探索潜在的模型架构、超参数和特征集。但是无论你进行什么探索，我们都想指出，实验过程应与生产过程紧密配合。

无论是手动优化模型还是自动调整模型，捕获和共享优化过程的结果都是必不可少的。团队成员可以快速评估模型的更新进度。同时，模型的作者可以自动接收已执行实验的记录。良好的实验跟踪可以帮助数据科学团队提高效率。

实验跟踪还增加了模型的审计跟踪，并且可能成为防止潜在诉讼的保障措施。如果数据科学团队面临在训练模型时是否考虑边缘情况的问题，则实验跟踪可以帮助跟踪模型参数和迭代。

用于实验跟踪的工具包括 Weights & Biases 和 Sacred。图 15-1 展示了 Weights & Biases 的示例，每个模型训练运行的损失均在训练时绘制。可以生成许多不同的图表，并且可以为每次模型运行存储所有超参数。

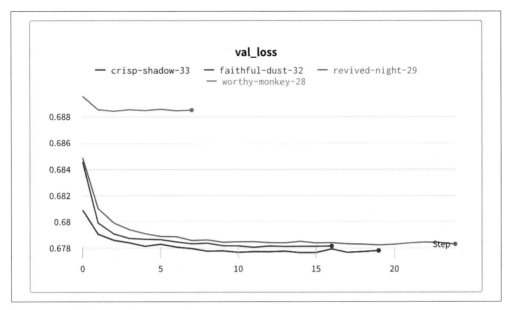

图 15-1：Weights & Biases 的实验跟踪

将来，我们希望看到实验和生产过程之间的联系更加紧密，以便数据科学家顺利地从尝试新的模型架构过渡到将其添加到他们的流水线中。

15.2　关于模型发布管理的思考

在软件工程中，对于版本控制和管理发行版有完善的程序。可能向后不兼容的较大更改将进行主版本更改（比如，从 0.x 到 1.0）。较小的功能添加会进行小版本更改（从 1.0 到 1.1）。但这在机器学习领域意味着什么呢？从一个机器学习模型到下一个机器学习模型，数据的输入格式可以相同，预测的输出格式也会保持不变，因此没有重大变化。流水线仍在运行，没有引发任何错误，但是新模型的性能可能与之前的模型完全不同。机器学习流水线的标准化需要模型版本控制实践。

建议采用以下用于模型发布管理的策略。

* 如果输入数据已更改，则模型版本会进行一次小改动。
* 如果更改了超参数，则模型版本会进行一次大改动。这包括网络中的层数或层中的节点数。
* 如果模型架构已完全更改 [比如，从循环神经网络（RNN）到 Transformer 架构]，则这将成为全新的流水线。

模型验证步骤通过验证新模型的性能是否比先前模型有所改善来决定是否发布。在撰写本书时，TFX 流水线在此步骤中仅使用一个度量。我们希望验证步骤在将来会变得更加复杂，以包括诸如不同数据切片的推算时间或准确率等其他因素。

15.3　未来的流水线能力

本书介绍了机器学习流水线的当前状态。但是，未来机器学习流水线将是什么样呢？我们希望看到以下新功能。

- 隐私和公平成为"一等公民"：在撰写本书时，我们假设流水线中不包括隐私保护机器学习。此外，我们假设流水线包括公平性分析，但是模型验证步骤只能使用整体指标。
- 整合了 FL（参见第 14 章）。如果在大量单独的设备上进行数据预处理和模型训练，则机器学习流水线看起来应与本书所述完全不同。
- 测量流水线碳排放量的能力。随着模型变大，其能源使用量也变得越来越大。尽管在实验过程中（尤其是搜索模型架构时）这通常相对更重要，但是将排放跟踪集成到流水线中将非常有用。
- 数据流的注入：本书中仅考虑了对数据批处理进行训练的流水线。但是，借助更复杂的数据流水线，机器学习流水线应该能够使用数据流。

未来的工具可能会进一步抽象出本书中的某些流程，希望未来的流水线使用起来更加流畅、更加自动化。

我们还预测，未来的流水线将需要解决其他一些类型的机器学习问题。本书仅讨论了监督学习，且大部分是分类问题。从监督分类问题开始是合理的，因为这些是最容易理解并构建到流水线中的问题。回归问题和其他类型的监督学习问题（比如图像命名或文本生成）将很容易替换为本书中介绍的流水线的大多数组件。但是强化学习问题和无监督学习问题可能不太适合。虽然这些在生产系统中仍然很少见，但是预计它们在将来会变得越来越普遍。虽然流水线的数据注入、验证和功能工程组件应该能够解决这些问题，但是训练、评估和验证部分仍需要进行大的修改。反馈循环也将看起来大不一样。

15.4　TFX与其他机器学习框架

未来的机器学习流水线可能更具开放性，因此数据科学家无须在 TensorFlow、PyTorch、scikit-learn 或任何其他未来框架间进行选择。

很高兴看到 TFX 正朝着消除纯 TensorFlow 依赖的方向发展。正如第 4 章讨论的那样，某些 TFX 组件可以与其他机器学习框架一起使用。其他组件也正在进行过渡，以允许与其他机器学习框架集成。例如，`Trainer` 组件现在提供了一个执行器，该执行器允许独立于 TensorFlow 训练模型。我们希望看到更多可以轻松集成 PyTorch 或 scikit-learn 等框架的通用组件。

15.5　测试机器学习模型

机器学习工程中的一个新兴主题是机器学习模型的测试。这里并不是要像第 7 章讨论的那样进行模型验证，而是要对模型推算进行测试。这些测试既可以是模型的单元测试，也可以是模型与应用交互的完整端到端测试。

除了测试系统是否端到端运行之外，其他测试可能围绕以下方面进行。

- 推算时间
- 内存消耗
- 移动设备上的电池消耗
- 模型规模和准确率之间的权衡

我们期待看到软件工程的最佳实践与数据科学实践的融合，而模型测试将是其中的一部分。

15.6　用于机器学习的CI/CD系统

随着机器学习流水线接下来变得更加精简，我们将看到机器学习流水线朝着更加完善的 CI/CD 工作流发展。作为数据科学家和机器学习工程师，我们可以从软件工程工作流中学习。例如，我们期待在机器学习流水线中更好地集成数据版本控制或促进机器学习模型部署回滚的最佳实践。

15.7　机器学习工程社区

随着机器学习工程领域的形成，围绕该主题的社区将至关重要。我们期待与机器学习社区共享最佳实践、自定义组件、工作流、用例和流水线设置。希望本书是对新兴领域的一个小贡献。与软件工程中的 DevOps 相似，我们希望看到更多的数据科学家和软件工程师对机器学习工程领域感兴趣。

15.8　小结

本书包含了将机器学习模型转变为流畅的流水线的所有建议。图 15-2 展示了我们认为在撰写本书时所需的所有步骤以及最佳的工具。我们鼓励你对此主题保持好奇、关注新的发展，并为围绕机器学习流水线的各种开源工作做出贡献。这是一个非常活跃的开发领域，经常发布新的解决方案。

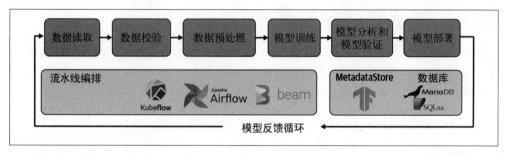

图 15-2：机器学习流水线架构

图 15-2 具有 3 个极为重要的功能：它是**自动化的**、**可伸缩的**和**可重现的**。由于它是自动化的，因此可以使数据科学家从维护模型中解放出来，使他们有时间探索新模型。由于它是可伸缩的，因此可以扩展以处理大量数据。由于它是可重现的，因此一旦在基础结构上为一个项目设置了它，就很容易构建第二个项目。这些对于成功的机器学习流水线都是必不可少的。

机器学习基础架构简介

本附录简要介绍了一些用于机器学习的最重要的基础架构工具：Docker 或 Kubernetes 形式的容器。虽然这可能是你将流水线移交给软件工程团队的关键点，但对于构建机器学习流水线的任何人来说，了解这些工具都很有用。

A.1 什么是容器

所有 Linux 操作系统都基于文件系统或包含所有硬盘驱动器和分区的目录结构。从文件系统的根目录（表示为 /）可以访问 Linux 系统的大部分功能。容器会创建一个较小的新根，并将其用作大主机中的"小 Linux"。这样，你就可以拥有针对特定容器的一组完整的独立库了。最重要的是，容器使你可以控制每个容器的资源，比如 CPU 时间或内存。

Docker 是用于管理容器的用户友好型 API。可以使用 Docker 多次构建、打包、保存和部署容器。它还允许开发人员在本地构建容器，然后将其发布到中央镜像仓库，其他人可以从中拉取镜像并立即运行。

依赖管理是机器学习和数据科学中的一个难题。无论用 R 还是 Python 编写程序，都要依赖于第三方模块。这些模块会经常更新，并且在版本冲突时可能会对流水线造成重大更改。通过使用容器，可以将数据处理代码与版本正确的模块一起预打包，从而避免出现这些问题。

A.2　Docker简介

要在 Mac 或 Windows 上安装 Docker，请访问官网相应页面（使用微软必应搜索关键词 docker desktop）并下载适用于你的操作系统的最新稳定版 Docker Desktop。

对于 Linux 操作系统，Docker 提供了一个非常方便的脚本，只需几个命令即可安装 Docker：

```
$ curl -fsSL https://get.docker.com -o get-docker.sh
$ sudo sh get-docker.sh
```

可以使用以下命令测试 Docker 安装是否成功。

```
docker run hello-world
```

A.2.1　Docker镜像简介

Docker 镜像是容器的基础，它包含对根文件系统的更改以及运行该容器的参数的集合。必须先"构建"镜像，然后才能运行它。

Docker 镜像背后的一个重要的概念是存储层。构建镜像意味着要为软件包安装整个 Linux 操作系统。为了避免每次都运行这种操作，Docker 使用了分层的文件系统。它是这样工作的：如果第一层包含文件 A 和文件 B，第二层添加了文件 C，则结果文件系统将显示 A、B 和 C。如果要创建使用文件 A、文件 B 和文件 D 的第二个镜像，只需要更改第二层以添加文件 D。这意味着我们可以拥有包含所有基本软件包的基本镜像，然后可以专注于对目标镜像的更改，如图 A-1 所示。

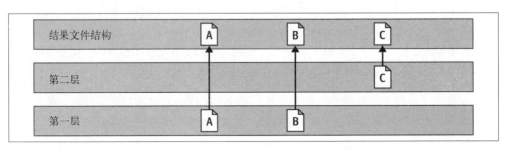

图 A-1：分层文件系统的示例

Docker 镜像的名称被称为**标签**。它们遵循以下模式：*docker registry/docker namespace/image name:tag*。例如 docker.io/tensorflow/tensorflow:nightly 将指向 DockerHub 中 `tensorflow` 命名空间中的 `tensorflow` 镜像。标签通常用于标记镜像的版本。在我们的示例中，标签 `nightly` 被保留用于 TensorFlow 的每夜构建。

Docker 镜像是基于 Dockerfile 构建的。Dockerfile 中的每一行必须用指令开头。其中重要的指令有以下几个。

FROM

表示要从其构建的 Docker 基本容器。每个 Dockerfile 都会使用此指令。有许多基本容器可供下载，比如 ubuntu。

RUN

该指令用于运行 bash。这是大多数 Docker 镜像的基础，是进行软件包安装、目录创建等操作的地方。由于每一行都会在镜像中创建一个层，因此最好将软件包安装和其他大的任务作为 Dockerfile 中的前几行。这样的话，在重建期间 Docker 将尝试使用已经缓存的层。

ARG

指定构建参数。如果想要相同镜像的多种不同衍生，比如**开发镜像**和**生产镜像**，那么这一特性将很有用。

COPY

从上下文中复制文件。上下文的路径是 docker build 中使用的一个参数。上下文是在构建期间暴露给 Docker 的一组本地文件，并且仅在运行过程中使用它们。使用此指令可以将源代码复制到容器中。

ENV

设置环境变量。此变量将是镜像的一部分，并且在构建和运行的时候可见。

CMD

这是容器默认要执行的命令。好的 Docker 使用习惯是一个容器只运行一个命令。Docker 随后将监视此命令，此命令退出后容器运行也会退出，并将此命令的标准输出（STDOUT）发布到 docker logs。指定此命令的另一种方法是使用 ENTRYPOINT 指令。两者之间有一些细微的差异，这里将重点介绍 CMD。

USER

设定容器中执行程序的默认用户身份。这与主机系统用户不同。如果要使用该用户身份运行命令，则应在构建过程中创建这个用户账号。

WORKDIR

镜像中的默认工作目录。默认命令将在这个目录中执行。

EXPOSE

指定容器将使用的端口。例如，HTTP 服务应该使用 EXPOSE 80。

A.2.2　构建第一个Docker镜像

现在开始构建第一个镜像吧！

首先，为我们的小型 Docker 项目创建一个新目录：

```
$ mkdir hello-docker
$ cd hello-docker
```

在此目录中，创建一个名为 Dockerfile 的文件，其内容如下：

```
FROM ubuntu
RUN apt-get update
RUN apt-get -y install cowsay
CMD /usr/games/cowsay "Hello Docker"
```

使用命令 docker build . -t hello-docker 来构建它。-t 会指定此镜像的标签。你将看到在容器中运行的一系列命令。镜像中的每一层（对应于 Dockerfile 中的每个命令）都在运行前一层的临时容器中调用。两层之间的差异被保存，最终得到完整镜像。第一层（并没有实际构建）是基于 Ubuntu Linux 的。Dockerfile 中的 FROM 命令告诉 Docker 从镜像仓库（示例中为 DockerHub）中拉取此镜像，并将其用作基础镜像。

构建完成后，调用 docker images 应显示以下内容：

```
REPOSITORY      TAG        IMAGE ID        CREATED          SIZE
hello-docker    latest     af856e494ed4    2 minutes ago    155MB
ubuntu          latest     94e814e2efa8    5 weeks ago      88.9MB
```

我们应该会看到 Ubuntu 镜像和新构建的镜像。

尽管已经构建了该镜像，但并不意味着它就可以使用了。下一步是运行镜像。可以说 docker run 是 Docker 中最重要的命令。它从现有镜像中创建一个新容器（如果系统上不存在该镜像，那么它将尝试从镜像仓库中拉取）。要运行镜像，应该执行 docker run -it hello-docker。运行结果将是 cowsay 命令的输出。

Docker 镜像仓库

Docker 的一大优势是可以很容易发布构建的镜像。Docker 镜像的存储库被称为**镜像仓库**。默认的 Docker 镜像仓库叫作 DockerHub，由 Docker 公司提供支持。DockerHub 上的账户是免费的，允许你将公开的镜像推送上去。

A.2.3　深入研究Docker CLI

Docker CLI 是与本地机器上的镜像和容器进行交互的主要方式。本节将讨论其中最重要的几个命令和相关选项。先从 docker run 命令开始。

docker run 有很多重要的选项。通过传递的这些参数，可以覆盖 Dockerfile 中的大多数选项。这个特性很重要，因为许多 Docker 镜像有一个默认的命令，但是很多时候我们并不想原封不动地运行这个默认的命令。下面来看我们的 cowsay 示例：

```
docker run -it hello-docker /usr/games/cowsay "Our own message"
```

镜像标签后面的参数将覆盖在 Dockerfile 中设置的默认命令。这是用我们自己的命令替代默认程序的最佳方式。docker run 中其他重要的选项还包括以下几个。

-it
　　表示"交互"（i）和终端（t），这使得我们可以与从 shell 程序启动的命令进行交互。

-v
　　将 Docker 卷或主机目录（比如包含数据集的目录）挂载到容器中。

-e
　　通过环境变量传递配置信息。例如，docker run -e MYVARNAME=value image 将在容器中创建名为 MYVARNAME 的环境变量。

-d
　　允许容器以分离模式运行，该模式非常适合长时间运行的任务。

-p
　　将主机的端口转发到容器，以允许外部服务通过网络与容器进行交互。例如，docker run -d -p 8080:8080 imagename 会将 localhost:8080 转发到容器的端口 8080。

Docker Compose

当你开始挂载目录、管理容器链接等时，docker run 会变得非常复杂。Docker Compose 是一个可以对此提供帮助的项目。它允许你创建一个 docker-compose.yaml 文件，在其中为任意数量的容器指定所有的 Docker 选项。你可以通过网络将容器链接在一起或挂载相同的目录。

其他常用的 Docker 命令包括以下几个。

docker ps
　　显示所有正在运行的容器。为了显示已经退出的容器，请添加 -a 标志。

docker images
　　列出机器上存在的所有镜像。

docker inspect *container id*
　　这个命令允许我们详细检查容器的配置。

docker rm
　　删除容器。

```
docker rmi
```
删除镜像。

```
docker logs
```
显示容器产生的标准输出和标准错误（STDERR）信息，这对于调试非常有用。

```
docker exec
```
允许你在正在运行的容器中调用命令。例如，`docker exec -it container id` bash 将允许你使用 bash 进入容器环境并从内部对其进行检查。`-it` 标志的工作方式与 `docker run` 中完全相同。

A.3　Kubernetes简介

到目前为止，本书讨论了如何在一台机器上运行 Docker 容器。如果要扩大规模该怎么做呢？Kubernetes 是一个开源项目，最初由谷歌开发，用于管理基础架构的调度和扩展。它动态地将负载扩展到许多服务器，并跟踪计算资源。Kubernetes 还通过将多个容器放在一台机器上（取决于它们的大小和需求）来最大化效率，并管理容器之间的通信。它可以在任何云平台上运行：AWS、Azure 或 GCP。

A.3.1　Kubernetes的一些概念定义

术语是 Kubernetes 入门中最困难的部分之一。以下是一些简单直白的术语定义。

集群

　　集群是一组机器，其中包含控制 Kubernetes API 服务器的中央节点和许多工作者节点。

节点

　　节点是集群中的单台机器（物理机器或虚拟机器）。

pod

　　pod 是在同一节点上一起运行的一组容器。通常情况下，一个 pod 仅包含一个容器。

Kubelet

　　Kubelet 是 Kubernetes 代理，位于工作者节点，负责管理其节点与中央节点的通信。

服务

　　服务是一组 pod 以及访问它们的策略。

卷

　　卷是由同一 pod 中的所有容器共享的存储空间。

命名空间

命名空间是将物理集群中的空间划分为不同环境的虚拟集群。例如，可以将集群划分为开发环境和生产环境或者不同团队拥有不同的环境。

ConfigMap

ConfigMap 提供了一个 API，用于在 Kubernetes 中存储不需要保密的配置信息（环境变量、参数等）。ConfigMap 可用于将配置与容器镜像分开。

kubectl

kubectl 是 Kubernetes 的 CLI。

A.3.2　Minikube和kubectl入门

可以使用名为 Minikube 的工具创建一个简单的本地 Kubernetes 集群。Minikube 的出现让在任何操作系统上设置 Kubernetes 变得轻松容易。它会创建虚拟机，在其上安装 Docker 和 Kubernetes，并添加一个对应的本地用户。

不要将 Minikube 用于生产环境

Minikube 不应该在生产环境中使用，其设计目的是为快速便捷地搭建本地开发环境。获得工业级的 Kubernetes 集群的最简单方法是从主要的公共云提供商处购买托管的 Kubernetes 服务。

首先，安装 Kubernetes 的 CLI 工具 kubectl。

对于 Mac 系统，可以使用 brew 安装 kubectl：

```
brew install kubectl
```

对于 Windows 系统，请参阅 Kubernetes 官方网站。

对于 Linux 系统，请使用以下步骤：

```
curl -LO https://storage.googleapis.com/kubernetes-release\
/release/v1.14.0/bin/linux/amd64/kubectl
chmod +x ./kubectl
sudo mv ./kubectl /usr/local/bin/kubectl
```

要安装 Minikube，首先需要安装诸如 VirtualBox 这种 hypervisor，才能创建并运行虚拟机。

在 Mac 系统上，可以使用 brew 安装 Minikube：

```
brew install minikube
```

对于 Windows 系统，请参阅 Minikube 官方文档。

对于 Linux 系统，请使用以下步骤：

```
curl -Lo minikube \
https://storage.googleapis.com/minikube/releases/latest/minikube-linux-amd64
chmod +x minikube
sudo cp minikube /usr/local/bin && rm minikube
```

安装完成后，只需一个命令即可启动简单的 Kubernetes 集群：

```
minikube start
```

为了快速检查 Minikube 是否已经可用，可以尝试列出集群中的节点。

```
kubectl get nodes
```

A.3.3　使用Kubernetes CLI进行交互

Kubernetes API 是基于**资源**的。Kubernetes 世界中的大多数事物被表示为资源。kubectl 是按照这一思想构建的，因此对于大多数资源交互，它们是相似的。

例如，列出所有 pod 的 kubectl 命令为：

```
kubectl get pods
```

这将列出所有正在运行的 pod，但是由于还没有创建任何 pod，因此列表将为空。这并不意味着集群上当前没有运行任何 pod。Kubernetes 中的大多数资源可以放置在命名空间中，除非特别指定命名空间，否则它们不会显示出来。Kubernetes 在名为 kube-system 的命名空间中运行其内部服务。要列出命名空间中的所有 pod，可以使用 -n 选项：

```
kubectl get pods -n kube-system
```

这应该会返回几个结果。也可以使用 --all-namespaces 来显示所有 pod，无论该 pod 的命名空间是什么。

可以通过名字指定要显示的 pod：

```
kubectl get po mypod
```

也可以按标签过滤。例如，下面的命令将在 kube-system 命名空间中显示所有具有标签 component 等于 etcd 的 pod：

```
kubectl get po -n kube-system -l component=etcd
```

get 命令显示的内容可以根据参数的不同而变化。比如下面这种：

```
# 显示pod的节点和地址
kubectl get po -n kube-system -o wide
```

```
# 显示mypod（pod类型）的yaml定义
kubectl get po mypod -o yaml
```

要创建新资源，kubectl 提供了两个命令：create 和 apply。区别在于，create 将始终尝试创建新资源（如果已经存在则失败），而 apply 将创建或更新现有资源。

创建新资源的最常见方法是使用带有资源定义信息的 YAML（或 JSON）文件，这将在下一节中介绍。以下 kubectl 命令允许我们创建和更新 Kubernetes 资源（比如 pod）：

```
# 创建在pod.yaml中定义的pod
kubectl create -f pod.yaml
# 这也可以与HTTP一起使用
kubectl create -f http://url-to-pod-yaml
# apply命令允许对资源进行更改
kubectl apply -f pod.yaml
```

如果要删除资源，请使用 kubectl delete：

```
# 删除名为foo的pod
kubectl delete pod foo
# 删除pods.yaml中定义的所有资源
kubectl delete -f pods.yaml
```

可以使用 kubectl edit 快速更新现有资源。这一命令将打开一个编辑器，你可以在其中编辑资源定义。

```
kubectl edit pod foo
```

A.3.4　定义Kubernetes资源

Kubernetes 资源通常被定义为 YAML（尽管也可以使用 JSON）格式。基本上，所有资源都是具有几个基本部分的数据结构。

apiVersion

每个资源都是由 Kubernetes 本身或第三方提供的 API 的一部分。版本号可以体现 API 的成熟度。

kind

资源的类型（比如 pod、卷等）。

metadata

资源所需的数据信息。

name

可以查询的键，每个资源的该键必须唯一。

labels

> 每个资源可以具有任意数量的称为标签的键 – 值对。然后可以在选择器中使用这些标签，以查询资源或仅仅作为信息使用。

annotations

> 次要的键 – 值对，供参考使用，不能用于查询或选择器中。

namespace

> 一种标签，用于标志资源属于特定的命名空间或团队。

spec

> 控制资源的配置。实际运行时所需的所有信息均应写在这个字段中。根据资源类型的不同，该字段的模式也不同。

以下是示例的 .yaml 文件的内容：

```
apiVersion: v1
kind: Pod
metadata:
  name: myapp-pod
  labels:
    app: myapp
spec:
  containers:
  — name: myapp-container
    image: busybox
    command: ['sh', '-c', 'echo Hello Kubernetes! && sleep 3600']
```

此文件中有 apiVersion 和 kind，它们定义了该资源是什么。文件中还有包含名称和标签的 metadata，并且具有构成资源主体的 spec 字段。pod 由一个容器组成，在 busybox 镜像中运行命令 sh -c echo Hello Kubernetes! && sleep 3600。

A.4　将应用部署到Kubernetes

本节将逐步使用 Minikube 完整部署功能齐全的 Jupyter Notebook。我们将为 notebook 创建永久卷，并创建 NodePort 服务以允许访问 notebook。

首先需要找到正确的 Docker 镜像。jupyter/tensorflow-notebook 是 Jupyter 社区维护的官方镜像。接下来将需要找出应用将监听的端口：在这个应用中它是 8888（Jupyter Notebook 的默认端口）。

我们希望 notebook 在会话间持久保存数据，因此需要使用 PVC（持久卷申领）。创建一个 pvc.yaml 文件来做这件事：

```
kind: PersistentVolumeClaim
apiVersion: v1
metadata:
  name: notebooks
spec:
  accessModes:
    - ReadWriteOnce
  resources:
    requests:
      storage: 3Gi
```

现在，可以调用以下命令来创建该资源：

```
kubectl apply -f pvc.yaml
```

这将创建一个卷。为了确认结果，可以列出所有卷和 PVC：

```
kubectl get pv
kubectl get pvc
kubectl describe pvc notebooks
```

接下来，创建开发用的 .yaml 文件。我们将使用一个 pod 来挂载我们的卷并暴露端口 8888：

```
apiVersion: apps/v1
kind: Deployment
metadata:
  name: jupyter
  labels:
    app: jupyter
spec:
  selector:
    matchLabels:
      app: jupyter ❶
  template:
    metadata:
      labels:
        app: jupyter
    spec:
      containers:
        - image: jupyter/tensorflow-notebook ❷
          name: jupyter
          ports:
          - containerPort: 8888
            name: jupyter
          volumeMounts:
          - name: notebooks
            mountPath: /home/jovyan
      volumes:
      - name: notebooks
        persistentVolumeClaim:
          claimName: notebooks
```

❶ 这个选择器必须与模板中的标签相匹配，这一点很重要。

❷ 我们用的镜像。

应用此资源（与 PVC 相同的方式）将创建一个具有 Jupyter 实例的 pod：

```
# 看看部署是否已准备就绪
kubectl get deploy
# 列出属于此应用的pod
kubectl get po -l app=jupyter
```

当 pod 处于运行状态时，可以获取一个令牌，以便能够连接到 notebook。该令牌将出现在日志中：

```
kubectl logs deploy/jupyter
```

为了确认 pod 是否正常工作，可以使用 port-forward 访问 notebook：

```
# 首先需要pod的名字，它将有一个随机后缀
kubectl get po -l app=jupyter
kubectl port-forward jupyter-84fd79f5f8-kb7dv 8888:8888
```

这样应该就能够通过 http://localhost:8888 访问 notebook 了。问题是，由于它是通过本地的 kubectl 代理的，因此其他人没有办法访问这个服务。现在创建 NodePort 服务来访问 notebook：

```
apiVersion: v1
kind: Service
metadata:
  name: jupyter-service
  labels:
    app: jupyter
spec:
  ports:
    – port: 8888
      nodePort: 30888
  selector:
    app: jupyter
  type: NodePort
```

创建此文件后，应该可以访问 Jupyter Notebook 了！但是首先需要找到 pod 的 IP 地址。可以在以下地址和端口 30888 下访问 Jupyter：

```
minikube ip
# 这将向我们显示kubelet的地址
192.168.99.100:30888
```

现在其他人可以使用获得的 IP 地址和服务端口访问 Jupyter Notebook 了（参见图 A-2）。使用浏览器访问地址后，将看到 Jupyter Notebook 实例。

图 A-2：在 Kubernetes 上运行的 Jupyter Notebook

这是 Kubernetes 及其各部分的简要概述。Kubernetes 生态系统非常广泛，一个简短的附录显然不能提供全面的介绍。有关 Kubernetes（Kubeflow 的底层系统）的详细信息，强烈推荐阅读 Brendan Burns 等人合著的 *Kubernetes: Up and Running*。

附录 B

在Google Cloud上设置
Kubernetes集群

本附录简要概述了如何在 Google Cloud 上创建 Kubernetes 集群，以运行示例项目。如果你是 Kubernetes 新手，请参阅附录 A 和第 9 章末尾推荐阅读的内容。虽然接下来将介绍的命令仅适用于 Google Cloud，但总体设置过程与其他托管 Kubernetes 服务（比如 AWS EKS 或 Microsoft Azure 的 AKS）相同。

B.1　开始之前

对于以下安装步骤，假定你已经拥有了 Google Cloud 账户。如果还没有账户，可以创建一个。此外，假定你已在本地计算机上安装 Kubernetes 的 kubectl（客户端版本 1.18.2 或更高版本），并且还可以执行 Google Cloud SDK gcloud（版本 289.0.0 或更高版本）。

 注意云平台花销

运行中的 Kubernetes 集群可能会产生大量的花销。因此，强烈建议你通过设置账单提醒和预算来监控花销。可以在 Google Cloud 文档中找到详细信息。建议你关闭闲置的计算实例，因为即使闲置（没有执行流水线任务），它们也会产生花销。

可以在 Kubernetes 文档中找到有关如何在操作系统上安装 kubectl 客户端的步骤。Google Cloud 文档则提供了有关如何在操作系统上安装 Google Cloud 客户端的详细信息。

B.2　Google Cloud上的Kubernetes

本节将逐步引导你基于 Google Cloud 从头开始创建 Kubernetes 集群。

B.2.1　选择Google Cloud项目

对于 Kubernetes 集群，需要创建一个新的 Google Cloud 项目或在 Google Cloud Project 仪表盘中选择一个现有项目。

请留意以下步骤中的项目 ID。我们将在 ID 为 oreilly-book 的项目中部署集群，如图 B-1 所示。

图 B-1：Google Cloud Project 仪表盘

B.2.2　设置Google Cloud项目

在创建 Kubernetes 集群之前，需要对 Google Cloud 项目进行设置。在操作系统的终端中，使用以下方法对 Google Cloud SDK 客户端进行身份验证：

```
$ gcloud auth login
```

然后使用以下命令更新 SDK 客户端：

```
$ gcloud components update
```

成功验证和更新 SDK 客户端后，下面来做一些基础的配置。首先，将 GCP 项目设置为默认项目，并选择一个计算区域作为默认区域。这里选择了 us-central-1。你可以在 Google Cloud 文档中找到所有可用区域的列表。选择离你的物理位置最近的区域，或者选择所需的 Google Cloud 服务可用的区域（并非所有区域都提供所有服务）。

通过设置这些默认值，就不必在下面的命令中再次指定它们了。我们还将启用 Google Cloud 的容器 API。最后一个步骤每个项目仅需执行一次。

```
$ export PROJECT_ID=<your gcp project id> ❶
$ export GCP_REGION=us-central1-c ❷
$ gcloud config set project $PROJECT_ID
$ gcloud config set compute/zone $GCP_REGION
$ gcloud services enable container.googleapis.com ❸
```

❶ 替换为上一步中的项目 ID。

❷ 选择你想要的区域。

❸ 启用 API。

B.2.3　创建 Kubernetes 集群

准备好 Google Cloud 项目之后，现在可以创建 Kubernetes 集群了，其中将包含许多计算节点。在名为 kfp-oreilly-book 的示例集群中，我们允许集群任何时候都可以在称为 kfp-pool 的池中在 0 到 5 个节点（期望为 3 个节点）上运行。分配给集群一个 service account。通过 service account，可以控制集群节点的访问权限。要了解有关 Google Cloud 中 service account 的更多信息，建议你阅读在线文档：

```
$ export CLUSTER_NAME=kfp-oreilly-book
$ export POOL_NAME=kfp-pool
$ export MAX_NODES=5
$ export NUM_NODES=3
$ export MIN_NODES=0
$ export SERVICE_ACCOUNT=service-account@oreilly-book.iam.gserviceaccount.com
```

在环境变量中定义了集群参数之后，现在可以执行以下命令：

```
$ gcloud container clusters create $CLUSTER_NAME \
    --zone $GCP_REGION \
    --machine-type n1-standard-4 \
    --enable-autoscaling \
    --min-nodes=$MIN_NODES \
    --num-nodes=$NUM_NODES \
    --max-nodes=$MAX_NODES \
    --service-account=$SERVICE_ACCOUNT
```

对于示例流水线，我们选择了实例类型 n1-standard-4，该实例类型为每个节点提供了 4 个 CPU 核心和 15GB 的内存。这些实例提供了足够的计算资源来训练和评估我们的机器学习模型及其数据集。可以运行以下 SDK 命令找到可用实例类型的完整列表：

```
$ gcloud compute machine-types list
```

如果要向集群添加 GPU，那么可以通过添加 accelerator 参数来指定 GPU 类型和数量，如以下示例所示：

```
$ gcloud container clusters create $CLUSTER_NAME \
    ...
    --accelerator=type=nvidia-tesla-v100,count=1
```

在将所有资源完全分配给项目并可用之前，创建的 Kubernetes 集群可能需要几分钟来完成启动。具体的时间长短取决于项目请求的资源和节点数。对于我们的演示集群，大约需要 5 分钟的启动时间。

B.2.4　使用kubectl访问Kubernetes集群

当新创建的集群可用时，可以设置 kubectl 来访问该集群。Google Cloud SDK 提供了一个命令，用于将集群注册到本地的 kubectl：

```
$ gcloud container clusters get-credentials $CLUSTER_NAME --zone $GCP_REGION
```

更新 kubectl 配置后，可以运行以下命令来检查是否选择了正确的集群。

```
$ kubectl config current-context
gke_oreilly-book_us-central1-c_kfp-oreilly-book
```

B.2.5　在Kubectl中使用Kubernetes集群

因为本地 kubectl 可以连接到远程的 Kubernetes 集群，所以现在所有的 kubectl 命令（比如下面和第 12 章中提到的 Kubeflow Pipelines 步骤）都将在远程集群上执行。

```
$ export PIPELINE_VERSION=0.5.0
$ kubectl apply -k "github.com/kubeflow/pipelines/manifests/kustomize/"\
                "cluster-scoped-resources?ref=$PIPELINE_VERSION"
$ kubectl wait --for condition=established \
               --timeout=60s crd/applications.app.k8s.io
$ kubectl apply -k "github.com/kubeflow/pipelines/manifests/kustomize/"\
                "env/dev?ref=$PIPELINE_VERSION"
```

B.3　Kubeflow Pipelines的持久卷设置

C.2 节将讨论 Kubeflow Pipelines 中持久卷的设置。在以下代码块中可以看到持久卷的完整配置及其申领。这里所提供的设置都仅限于 Google Cloud 环境。

示例 B-1 展示了 Kubernetes 集群的持久卷配置。

示例 B-1　持久卷配置

```
apiVersion: v1
kind: PersistentVolume
metadata:
  name: tfx-pv
  namespace: kubeflow
  annotations:
    kubernetes.io/createdby: gce-pd-dynamic-provisioner
    pv.kubernetes.io/bound-by-controller: "yes"
    pv.kubernetes.io/provisioned-by: kubernetes.io/gce-pd
spec:
  accessModes:
  - ReadWriteOnce
  capacity:
    storage: 20Gi
  claimRef:
    apiVersion: v1
    kind: PersistentVolumeClaim
    name: tfx-pvc
    namespace: kubeflow
  gcePersistentDisk:
    fsType: ext4
    pdName: tfx-pv-disk
  nodeAffinity:
    required:
      nodeSelectorTerms:
      - matchExpressions:
        - key: failure-domain.beta.kubernetes.io/zone
          operator: In
          values:
          - us-central1-c
        - key: failure-domain.beta.kubernetes.io/region
          operator: In
          values:
          - us-central1
  persistentVolumeReclaimPolicy: Delete
  storageClassName: standard
  volumeMode: Filesystem
status:
  phase: Bound
```

创建持久卷后，可以通过持久卷申领来申领部分或全部可用存储。可以在示例 B-2 中看到配置文件。

示例 B-2　持久卷申领配置

```
kind: PersistentVolumeClaim
apiVersion: v1
metadata:
```

```
    name: tfx-pvc
    namespace: kubeflow
spec:
  accessModes:
    - ReadWriteOnce
  resources:
    requests:
      storage: 20Gi
```

通过提供的配置，我们在 Kubernetes 集群中创建了一个持久卷及其申领。现在，可以按照
12.2.1 节或 C.2 节中的说明挂载该卷。

附录C

操作Kubeflow Pipelines的技巧

当使用 Kubeflow Pipelines 操作 TFX 流水线时，可能需要自定义 TFX 组件的基础容器镜像。如果组件依赖于 TensorFlow 和 TFX 软件包之外的其他 Python 依赖项，则需要自定义 TFX 镜像。就示例流水线而言，还有一个额外的 Python 依赖项，即 TensorFlow Hub 库，我们需要用它来使用语言模型。

本附录的后半部分想向你展示如何在本地计算机和持久卷之间来回传输数据。如果可以通过云存储提供商（比如使用内部 Kubernetes 集群）访问数据，则设置持久卷将非常有用。本附录将指导你完成集群和本地之间的数据复制。

C.1　自定义TFX镜像

示例项目中使用了 TensorFlow Hub 提供的语言模型。使用 `tensorflow_hub` 库可以有效地加载语言模型。这个特定的库不是原始 TFX 镜像的一部分，因此需要构建包含所需库的自定义 TFX 镜像。如果你打算使用自定义组件（比如第 10 章讨论过的组件），那么也需要自定义 TFX 镜像。

幸运的是，正如附录 A 中讨论的那样，构建 Docker 镜像并不难。以下 Dockerfile 显示了我们的自定义映像设置：

```
FROM tensorflow/tfx:0.22.0

RUN python3.6 -m pip install "tensorflow-hub" ❶
RUN ... ❷

ENTRYPOINT ["python3.6", "/tfx-src/tfx/scripts/run_executor.py"] ❸
```

❶ 安装所需的软件包。

❷ 如果需要，安装其他软件包。

❸ 不要更改容器入口点。

可以简单地继承标准 TFX 镜像作为自定义镜像的基础。为了避免 TFX API 中的任何突然更改，强烈建议将基本镜像的版本固定到一个特定的版本（比如 tensorflow/tfx:0.22.0），而不是常见的 latest 标签上。TFX 镜像建立在 Ubuntu Linux 发行版上，并安装了 Python。在我们的案例中，可以轻松地为 Tensorflow Hub 模型安装额外的 Python 软件包。

提供与基础镜像中一样的入口点非常重要。Kubeflow Pipelines 要求入口点能触发组件的执行器。

定义 Docker 镜像后，可以构建镜像并将其推送到容器镜像仓库。容器镜像仓库可以是 AWS Elastic、GCP 或 Azure。重要的是要确保正在运行的 Kubernetes 集群可以从容器镜像仓库中拉取镜像并且有权为私有容器这样做。以下代码演示了如何操作 GCP 容器镜像仓库：

```
$ export TFX_VERSION=0.22.0
$ export PROJECT_ID=<your gcp project id>
$ export IMAGE_NAME=ml-pipelines-tfx-custom

$ gcloud auth configure-docker
$ docker build pipelines/kubeflow_pipelines/tfx-docker-image/. \
    -t gcr.io/$PROJECT_ID/$IMAGE_NAME:$TFX_VERSION
$ docker push gcr.io/$PROJECT_ID/$IMAGE_NAME:$TFX_VERSION
```

一旦生成的镜像被上传，你就可以在云提供商的容器镜像仓库中看到该镜像，如图 C-1 所示。

图 C-1：Google Cloud 的容器镜像仓库

特定于组件的镜像

在撰写本书时，还无法为特定的组件容器定义自定义镜像。眼下，所有组件的依赖都必须包含在镜像中。但是，目前正在讨论一些提议，以允许将来使用组件特定的镜像。

现在，可以在 Kubeflow Pipelines 设置中将此容器镜像用于所有 TFX 组件。

C.2 通过持久卷交换数据

如前所述，我们需要提供容器来挂载文件系统，以从容器文件系统外读写数据。在 Kubernetes 世界中，可以通过 PV（持久卷）和 PVC 挂载文件系统。简而言之，可以在 Kubernetes 集群内部准备一个可用的驱动器，然后申领该文件系统的全部或部分空间。

可以通过 B.3 节中提供的 Kubernetes 配置来设置此类 PV。如果要使用此设置，则需要在云提供商（比如 AWS Elastic Block Storage 或 GCP Block Storage）上创建磁盘。以下示例创建了一个名为 tfx-pv-disk 的大小为 20GB 的磁盘驱动器：

```
$ export GCP_REGION=us-central1-c
$ gcloud compute disks create tfx-pv-disk --size=20Gi --zone=$GCP_REGION
```

现在，可以在 Kubernetes 集群中配置该磁盘以用作 PV。以下 kubectl 命令将帮我们设置：

```
$ kubectl apply -f "https://github.com/Building-ML-Pipelines/"\
    "building-machine-learning-pipelines/blob/master/pipelines/"\
    "kubeflow_pipelines/kubeflow-config/storage.yaml"
$ kubectl apply -f "https://github.com/Building-ML-Pipelines/"\
    "building-machine-learning-pipelines/blob/master/pipelines/"\
    "kubeflow_pipelines/kubeflow-config/storage-claim.yaml"
```

设置完成后，可以通过调用 kubectl get pvc 来检查执行是否正常，如以下示例所示：

```
$ kubectl -n kubeflow get pvc
NAME            STATUS      VOLUME   CAPACITY   ACCESS MODES   STORAGECLASS   AGE
tfx-pvc         Bound       tfx-pvc  20Gi       RWO            manual         2m
```

Kubernetes 的 kubectl 提供了一个很好用的 cp 命令，用于将数据从本地机器复制到远程 PV。为了复制流水线数据（比如用于转换和训练步骤的 Python 模块以及训练数据），需要将卷挂载到 Kubernetes 的 pod 中。对于复制操作，我们创建了一个简单的应用，该应用基本上只是处于空闲状态，能够允许我们访问 PV。可以使用以下 kubectl 命令创建 pod：

```
$ kubectl apply -f "https://github.com/Building-ML-Pipelines/"\
    "building-machine-learning-pipelines/blob/master/pipelines/"\
    "kubeflow_pipelines/kubeflow-config/storage-access-pod.yaml"
```

pod 的 data-access 将挂载 PV，然后可以创建必要的文件夹并将所需的数据复制到该卷：

```
$ export DATA_POD=`kubectl -n kubeflow get pods -o name | grep data-access`
$ kubectl -n kubeflow exec $DATA_POD -- mkdir /tfx-data/data
$ kubectl -n kubeflow exec $DATA_POD -- mkdir /tfx-data/components
$ kubectl -n kubeflow exec $DATA_POD -- mkdir /tfx-data/output

$ kubectl -n kubeflow cp \
    ../building-machine-learning-pipelines/components/module.py \
    ${DATA_POD#*/}:/tfx-data/components/module.py
$ kubectl -n kubeflow cp \
    ../building-machine-learning-pipelines/data/consumer_complaints.csv
    ${DATA_POD#*/}:/tfx-data/data/consumer_complaints.csv
```

将所有数据传输到 PV 之后，可以通过运行以下命令来删除 data-access pod：

```
$ kubectl delete -f \
    pipelines/kubeflow_pipelines/kubeflow-config/storage-access-pod.yaml
```

如果要将导出的模型从 Kubernetes 集群复制到集群之外的其他位置，那么 cp 命令也可以反过来传输数据。

C.3　TFX命令行界面

TFX 提供了一个 CLI 来管理你的 TFX 项目及其编排运行。CLI 工具为你提供了 **TFX 模板**、预定义的文件夹和文件结构。使用该文件夹结构的项目可以通过 CLI 工具而不是 Web UI（Kubeflow 和 Airflow）来管理。它还合并了 Skaffold 库，以自动创建和发布自定义 TFX 镜像。

正在积极开发的 TFX CLI

在撰写本书时，TFX CLI 还在积极开发中。因此命令可能会更改或者添加更多功能。此外，将来可能会提供更多的 TFX 模板。

C.3.1　TFX及其依赖项

TFX CLI 需要使用 Kubeflow Pipelines SDK 和名为 Skaffold 的用于持续构建和部署 Kubernetes 应用的 Python 工具。

如果尚未从 Kubeflow Pipelines 中安装或更新 TFX 和 Python SDK，那么请运行以下两个 pip install 命令：

```
$ pip install -U tfx
$ pip install -U kfp
```

Skaffold 的安装取决于操作系统类型。

在 Linux 中，需执行以下命令：

```
$ curl -Lo skaffold \
https://storage.googleapis.com/\
skaffold/releases/latest/skaffold-linux-amd64
$ sudo install skaffold /usr/local/bin/
```

在 MacOS 中，需执行以下命令：

```
$ brew install skaffold
```

在 Windows 中，需执行以下命令：

```
$ choco install -y skaffold
```

安装完 Skaffold 后，请确保将该工具的执行路径添加到你正在执行 TFX CLI 工具的终端环境的 PATH 中。以下 bash 示例展示了 Linux 用户如何将 Skaffold 路径添加到 bash 终端的 PATH 变量中：

```
$ export PATH=$PATH:/usr/local/bin/
```

在讨论如何使用 TFX CLI 工具之前，简要讨论一下 TFX 模板。

C.3.2　TFX模板

TFX 提供了项目模板来组织机器学习流水线项目。模板为特征、模型和预处理定义提供了预定义的文件夹结构和蓝图。下面的 `tfx template copy` 命令将下载 TFX 项目中的 texi cab 示例项目：

```
$ export PIPELINE_NAME="customer_complaint"
$ export PROJECT_DIR=$PWD/$PIPELINE_NAME
$ tfx template copy --pipeline-name=$PIPELINE_NAME \
                    --destination-path=$PROJECT_DIR \
                    --model=taxi
```

当复制命令完成其执行时，你可以找到一个文件夹结构，如以下 bash 命令输出所示：

```
$ tree .
.
├── __init__.py
├── beam_dag_runner.py
├── data
│   └── data.csv
├── data_validation.ipynb
├── kubeflow_dag_runner.py
├── model_analysis.ipynb
├── models
│   ├── __init__.py
```

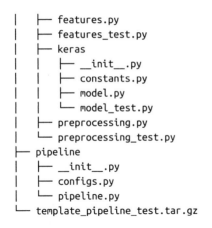

```
|   ├── features.py
|   ├── features_test.py
|   ├── keras
|   |   ├── __init__.py
|   |   ├── constants.py
|   |   ├── model.py
|   |   └── model_test.py
|   ├── preprocessing.py
|   └── preprocessing_test.py
├── pipeline
|   ├── __init__.py
|   ├── configs.py
|   └── pipeline.py
└── template_pipeline_test.tar.gz
```

我们已经获取了 texi cab 模板[1]，并调整了图书示例项目以适配该模板。可以在本书的 GitHub 仓库中找到上述项目输出结果。如果要继续使用此示例，那么请将 CSV 文件 consumer_complaints.csv 复制到下面的文件夹中：

```
$pwd/$PIPELINE_NAME/data
```

另外，再次检查文件 pipelines/config.py，该文件定义了 GCS 存储桶和其他关于流水线的详细信息。使用你创建的存储桶或通过 GCP AI Platform 创建 Kubeflow Pipelines 时创建的 GCS 存储桶更新配置中的存储桶路径。可以使用以下命令找到存储桶路径。

```
$ gsutil -l
```

C.3.3　使用TFX CLI发布流水线

可以将基于 TFX 模板创建的 TFX 流水线发布到 Kubeflow Pipelines 应用中。要访问 Kubeflow Pipelines，需要定义 GCP 项目、TFX 容器镜像的路径以及 Kubeflow Pipelines 的端点 URL。12.1.2 节讨论过如何获取端点 URL。在使用 TFX CLI 发布流水线之前，先来设置所需的环境变量：

```
$ export PIPELINE_NAME="<pipeline name>"
$ export PROJECT_ID="<your gcp project id>"
$ export CUSTOM_TFX_IMAGE=gcr.io/$PROJECT_ID/tfx-pipeline
$ export ENDPOINT="<id>-dot-<region>.pipelines.googleusercontent.com"
```

定义好细节后，现在可以使用以下命令通过 TFX CLI 创建流水线：

```
$ tfx pipeline create --pipeline-path=kubeflow_dag_runner.py \
                      --endpoint=$ENDPOINT \
                      --build-target-image=$CUSTOM_TFX_IMAGE
```

注 1：在撰写本书时，这是唯一可用的模板。

tfx pipeline create 命令会执行各种操作。在 Skaffold 的协助下，它会创建默认的 Docker 镜像，并通过 Google Cloud Registry 发布容器镜像。正如第 12 章中讨论的，它还会运行 Kubeflow Runner，并将 Argo 配置文件上传到流水线端点。命令完成执行后，你将在模板文件夹结构中找到两个新文件：Dockerfile 和 build.yaml。

这个 Dockerfile 包含了与 C.1 节中讨论的 Dockerfile 相似的镜像定义。build.yaml 文件会配置 Skaffold 并设置 Docker 镜像仓库的详细信息和标记策略。

你将能够看到现在在 Kubeflow Pipelines UI 中注册的流水线。可以使用以下命令启动流水线运行：

```
$ tfx run create --pipeline-name=$PIPELINE_NAME \
                 --endpoint=$ENDPOINT

Creating a run for pipeline: customer_complaint_tfx
Detected Kubeflow.
Use --engine flag if you intend to use a different orchestrator.
Run created for pipeline: customer_complaint_tfx
+------------------------+----------+----------+---------------------------+
| pipeline_name          | run_id   | status   | created_at                |
+========================+==========+==========+===========================+
| customer_complaint_tfx | <run-id> |          | 2020-05-31T21:30:03+00:00 |
+------------------------+----------+----------+---------------------------+
```

可以使用以下命令检查流水线运行的状态：

```
$ tfx run status --pipeline-name=$PIPELINE_NAME \
                 --endpoint=$ENDPOINT \
                 --run_id <run_id>

Listing all runs of pipeline: customer_complaint_tfx
+------------------------+----------+----------+---------------------------+
| pipeline_name          | run_id   | status   | created_at                |
+========================+==========+==========+===========================+
| customer_complaint_tfx | <run-id> | Running  | 2020-05-31T21:30:03+00:00 |
+------------------------+----------+----------+---------------------------+
```

可以使用以下命令获取给定流水线的所有运行实例。

```
$ tfx run list --pipeline-name=$PIPELINE_NAME \
               --endpoint=$ENDPOINT

Listing all runs of pipeline: customer_complaint_tfx
+------------------------+----------+----------+---------------------------+
| pipeline_name          | run_id   | status   | created_at                |
+========================+==========+==========+===========================+
| customer_complaint_tfx | <run-id> | Running  | 2020-05-31T21:30:03+00:00 |
+------------------------+----------+----------+---------------------------+
```

停止和删除流水线运行

可以使用 `tfx run terminate` 终止流水线运行。可以使用 `tfx run delete` 删除流水线运行。

TFX CLI 是 TFX 工具链中非常有用的工具。它不仅支持 Kubeflow Pipelines，还支持 Apache Airflow 和 Apache Beam 编排器。

关于作者

汉内斯·哈普克（Hannes Hapke），SAP Concur 公司 Concur 实验室高级数据科学家，负责探索使用机器学习的方法来改善商务旅客的体验。加入 SAP Concur 之前，汉内斯解决了多种行业的机器学习基础架构问题，包括医疗保健、零售、招聘和可再生能源。此外，他与人合著了一部关于自然语言处理和深度学习的出版物，并经常在与深度学习和 Python 有关的各种会议上发表演讲。汉内斯还是 wunderbar.ai 的创建者。他拥有美国俄勒冈州立大学电气工程理学硕士学位。

凯瑟琳·纳尔逊（Catherine Nelson），SAP Concur 公司 Concur 实验室高级数据科学家。她对隐私保护机器学习以及将深度学习应用于企业数据特别感兴趣。在之前的地球物理学家生涯中，她研究过古代火山，并在格陵兰岛进行过石油勘探。凯瑟琳拥有杜伦大学地球物理学博士学位和牛津大学地球科学硕士学位。

关于封面

本书封面上的动物是斑泥螈（Necturus maculosus）。这种夜行两栖动物生活在北美东部的湖泊、河流和池塘中，通过独特浓密的红色鳃呼吸，白天在水中的碎石下睡觉。

斑泥螈通常具有黏稠的棕色皮肤，带有黑蓝色斑点。从扁平的头到扁平的尾巴，一只成熟的斑泥螈长约 33 厘米。平均而言，斑泥螈在野外可以生存 11 年，人工饲养则可以生存 20 年。斑泥螈有 3 套不同的牙齿，经常捕食小鱼、小虾、其他两栖动物和昆虫。由于视力有限，它们依靠气味来进食。

斑泥螈依靠稳定的环境来繁衍生息，因此它们可以成为其生态系统的生物指标，向我们警告水质的变化。虽然斑泥螈的生存状态被列为无危（least concern，LC），但 O'Reilly 图书封面上的许多动物濒临灭绝，它们对世界很重要。

封面插图来自 Karen Montgomery 的作品，该插图基于 *Wood's Illustrated Natural History* 中的黑白版画。

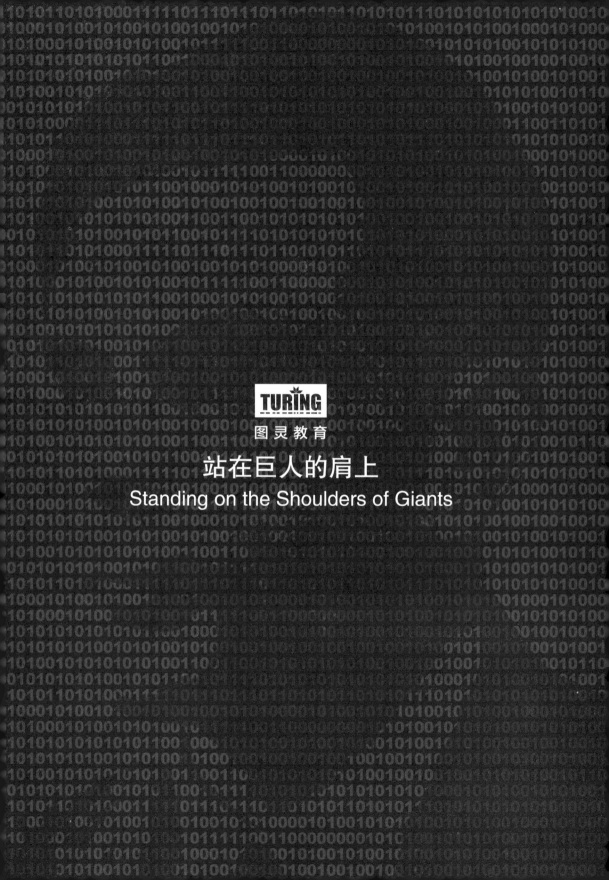

TURING

图灵教育

站在巨人的肩上

Standing on the Shoulders of Giants